新編

食品の保健機能と生理学

編著者

西村 敏英／関 泰一郎

著者

浦野 哲盟／江草 愛／草野 由理／新藤 一敏
細野 朗／細野 崇／増澤 依／武藤 信吾

アイ・ケイ コーポレーション

はじめに

　日本の超高齢化は急速に進んでおり，生活習慣病の罹患率も高くなっていることから，日本人の健康への関心はますます高くなっている。また，このような背景から，マスコミ等による健康，健康によい食品やサプリメントに関する情報が氾濫している。

　特に健康によい食品に関する情報などは，消費者がそれを鵜呑みにして買い求めるため，スーパーでその食品が品薄になることが多く見受けられる。このような混乱が生じている大きな理由は，食べ物の機能と健康との関係が十分に理解されていないことによると考えられる。

　食べ物には，三つの機能があるといわれている。一つは，栄養素の供給の機能である。われわれの健康維持には，日々の栄養素の供給が不可欠であることは多くの人が知っている。二つ目の機能は，おいしさの付与である。ヒトには，常においしいものを食べたいという欲求がある。おいしいと評判の高いラーメン店に長い列ができるとか，「食べログ」でおいしい店を探す人が多いのは，まさしくおいしい食べ物を食べたい欲求の現れである。三つ目の機能は，病気を予防する機能である。中国では，昔から「医食同源」という言葉どおり，食べ物には医者が病気を治すことと同じように，病気を予防する機能があるといわれている。食べ物には栄養素を供給するだけでなく，積極的に病気を予防することができるとの考えである。この考えから，日本を含む多くの国で機能性食品（functional food）やサプリメントが開発され，販売されている。このように，食べ物にはヒトの健康維持のために重要な機能があることがわかってきた。これらの機能のうち，栄養素の供給とおいしさの付与の機能に関しては，多くの教科書や専門書があり，専門家，学生，消費者が系統的に学ぶことができる環境にある。しかし，病気の予防に関する機能は，新しい考え方であるため，食品機能化学，食品機能学等の授業で，この機能に関する講義はなされているが，学生諸氏がそれらの内容をわかりやすく理解できる教科書はあまり多くない。それは，多くの教科書が，機能性成分の名称，作用機序やそれらが多く含まれている食品を挙げているだけで，「ある機能が不調であるときの疾病の成り立ち」や「その機能を正常に戻すための食品成分の働き」等について，系統的に書かれた教科書がほとんどないからだと思われる。

　本書は，医学系と農学系の専門家がジョイントし，ヒトの健康維持に関わる各機能について，生理学的部分並びに疾病の成り立ちに関する部分を医学系の専門家が，その機能を正常に保つ食品成分に関する部分を農学系の専門家が担当し，それぞれの項目をわかりやすく解説したものである。2017年に初版を刊行したが，食品成分表の改定や新たな機能性食品の誕生により，改訂をすることとなった。

　新編は，序章を含めて16章からなる。

　序章で「食べ物の機能」を概説した後，1章では「食品に含まれる栄養素と必要量」で，

食品成分の栄養的な知識を総括的に学べるようにした。また2章では「身体のしくみの概論」でヒトの健康維持に重要な機能が概説されている。3章から14章までは，本書の各論部分である。ヒトの健康維持に重要な12の機能を取りあげ，各章の前半部分は，各機能を生理学的な観点から詳しく解説すると同時に，機能が不調となって生じる疾病の成り立ちに関する解説がなされている。後半部分では，その病気を予防するため，あるいは機能を強化できる食品成分とその作用機序が解説されている。このような組み立てにより，各機能を理解したうえで，それを強化する食品として，どのようなものを食べればよいかを系統的に学べるように配慮している。最後の15章の「機能性食品」では，ヒトの不規則な生活等のやむ得ない事情で，各機能が低下したときに摂取することを目的とした機能性食品やサプリメントを解説している。

　各章の最初には，到達目標を掲げ，最後にはその目標が達成できたかを確認する問題をつけている。学生諸氏は，学習前に到達目標を確認すると同時に，各章を学んだ後に，必ずこの問題を自分で解き，目標に到達できたか否かを確認してほしい。これを繰り返すことにより，学習効果の向上が期待できる。学生諸氏の知識の定着に利用していただきたい。

　これからますます高齢化が進み，健康長寿が望まれる時代となっている。また2015年4月からは，食品への新たな「機能性表示制度」が導入され，これまでの特定保健用食品だけでなく，生鮮食品や加工食品にヘルスクレームが表示された「機能性表示食品」が認められた。このような現状では，食べ物の保健機能を正しく理解するための重要性が，益々高まると考えられる。本教科書は，そのような社会で活躍したい学生，並びに健康に関心が高い学生が勉強するための手助けとなる教科書として企画されたものである。有効に活用していただけると幸いである。また，一般の人にも読んでいただけるように，わかりやすい図を入れながら解説している。ご一読いただければ幸いである。

　文章，図表に関して，初版で掲載されたものを転用しているものがある。転用をご許可くださった先生方に感謝申し上げる。

　最後に，新編を作成するに当たり，長きにわたり叱咤激励を賜りましたアイ・ケイコーポレーションの森田富子社長に深く感謝申し上げる。また，文章や図表の校閲をしてくださった編集部信太ユカリさんに厚くお礼申し上げる。

2024年3月

編著者　西村敏英／関 泰一郎

目　次

15章　機能性食品(保健機能食品)

江草　愛

序章　食べ物の働き

　食べ物は，栄養素を供給するだけでなく，からだのさまざまな機能を調節しており，健康維持には大変重要である。1900年(明治33年)，日本人の平均寿命は，男女ともに約35歳であったが，スウェーデン，オーストラリア，ニュージーランドの平均寿命は，すでに50歳を超えていた。これらの国の平均寿命が日本人のものより長い理由の一つとして，これらの国が酪農国であり，動物性食品タンパク質を多く摂取していたことが考えられる。明治時代の日本人の食生活は，米などの穀類の摂取が中心で，栄養素としては炭水化物が主体であり，タンパク質の摂取量は少なく，主なタンパク質源は大豆であった。第二次世界大戦後，日本人の平均寿命は急激に延び，1947年に50歳を超えた。1980年には，スウェーデンの平均寿命を追い越し，今や世界に例のない長寿国となっている。2023年には，男性で81.1歳(世界第4位)，女性で87.1歳(世界第1位)であると報告されている。このように日本人の平均寿命が，第二次世界大戦後，急激に延びた理由として，抗生物質の開発等による医療技術の発展があるが，食事内容が大きく変化し，炭水化物の摂取量が減り，動物性タンパク質と脂質の摂取量が増えたことが挙げられている(図序−1)。動物性タンパク質は，タンパク質のなかでも必須アミノ酸バランスがよく，生体の

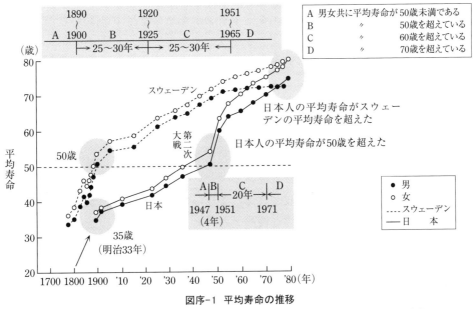

図序-1　平均寿命の推移

「食肉と健康」，光琳(1989)より改変

機能性タンパク質の生合成に効率よく利用される。また脂質は，生体内でエネルギー源としてだけではなく，細胞膜の構成成分や機能性成分の前駆体として利用され，生体恒常性維持に関わっていることが明らかとなっている。毎日の食生活でどのような食べ物を食べるかは，健康維持に極めて重要であることがわかる。

それでは食べ物は健康維持にどのような役割を果たしているのであろうか。食べ物には「栄養素を供給する」，「おいしさを与える」，「病気を予防する」という3つの働きがあるといわれている。

（1） 栄養素を供給する働き

私たちは健康を維持するために，毎日の食べ物から栄養素を摂取している。

① 炭水化物，脂質

からだや脳が活動するときや生体内で新しく物質を生合成するときのエネルギー源として，炭水化物や脂質の摂取が必要である。

炭水化物は消化酵素で単糖に分解され，消化管から吸収される。吸収された単糖は，生体内のエネルギー源として利用される。そのなかでも，単糖の代表であるグルコースは，脳のエネルギー源として重要である。朝ごはんに米を食べるとよい理由は，脳を含む体内で必要なエネルギー源であるグルコースを効率的に補給し，元気に仕事をすることができるためである。

脂質は一旦，小腸のリパーゼで消化され，モノアシルグリセロールと脂肪酸に分解された後，吸収され体内で脂質に再合成される。そして，その後体内で肝臓，筋肉，脂肪などの組織に蓄積されて，有酸素運動時のエネルギー源等で使用されている。脂質を構成している脂肪酸は，細胞膜をつくる原料となるだけでなく，血圧の調節，血液の凝固，免疫力の調節を行う生理活性物質であるエイコサノイド（プロスタグランジン，ロイコトリエン，トロンボキサンなど）の前駆体となる。

② タンパク質

筋肉や骨などの構造タンパク質，生体のさまざまな機能を制御する酵素やペプチドホルモンをつくるときに，食事由来のタンパク質が使用される。生体内のタンパク質は，その構造や機能を維持するため，定期的に代謝されて新しいものにつくりかえられている。このときには生体内にプールされたアミノ酸だけでなく，食べ物から摂取するタンパク質のアミノ酸も利用されている。アミノ酸の結合体であるタンパク質は，摂取後，消化管の酵素で，トリペプチド，ジペプチド，遊離アミノ酸に分解され，消化管から吸収される。これらのペプチドも，ほとんどは吸収後，遊離アミノ酸に分解され，体内で機能する。アミノ酸のなかで生体内で生合成されない9種類の必須アミノ酸は，食べ物から摂らなくてはならない。

③ ビタミン，ミネラル

ビタミンは水溶性ビタミンと脂溶性ビタミンがある。水溶性ビタミンは，補酵素として糖や脂質の代謝に関わったり，あるいはコラーゲンの生合成などに関わって

いる。脂溶性ビタミンは視覚色素の形成，成長促進作用，体内のカルシウムの恒常性維持，骨形成を促すなどの役割を果たしている。

またミネラルは，骨や歯の構成成分であるだけでなく，浸透圧やpHの調節，神経刺激の伝達，筋肉の収縮などの生体調節に関わっている。さらに生体の機能性タンパク質の構成成分として不可欠な物質である。

このように，すべての栄養素は，生体内で健康維持のために必要なもので，食べ物から摂らなくてはならない。しかし，重要なのは，どの栄養素をどのくらい摂るか，あるいは，どの栄養素は，どのような食品にどれだけ含まれているかであり，これらのことに対する正しい知識をもつことが必要である。

また生理学的な観点からみると，食べ物に含まれる炭水化物，脂質およびタンパク質は，それぞれを分解する消化酵素，消化過程，および吸収過程が異なっているので(3章参照)，個々の栄養素がどのように消化吸収され，どのように利用されるのかを学んでほしい。

(2)　おいしさを与える働き

おいしい食べ物を食べたときの満足感は，何ものにも変えがたい。食べ物のおいしさは，さまざまな要因によって決まっている。

食べ物の素材からくる要因として，味，香り，食感，色，形がある(図序-2)。食べる前の情報として，香り(鼻先香)，色，形があるが，私たちが多くの場合，おいしさを判断するのは，食べ物を口に入れてからである。口に入れたときに感じる味，香り(口中香)，硬さや舌ざわりなどの食感が，食べ物のおいしさを決めている。素材のもつ香りやそれを活かすような味つけがされた食べ物は多くの人がおいしいと思う。また硬さや舌ざわりも重要である。噛み切れないような肉よりも軟らかくてジューシーな肉がおいしいと評価される。

しかし，おいしさは単純ではない。同じものを食べてもおいしいと感じる人とそうでない人がいる。それは，おいしさの基準が食習慣，食体験，食文化等の違いに

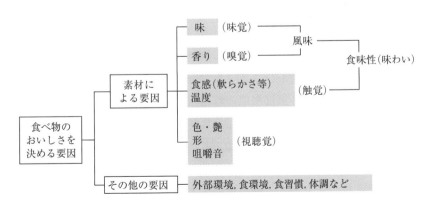

図序-2　食べ物のおいしさを決める要因

よって異なっているからである。また体調もおいしさを決める重要な要因である。風邪をひいて熱があると，普段おいしいと思っている食べ物をおいしいと感じない。おなかが空いているときは，何を食べてもおいしく感じる場合が多い。しかし満腹状態だと，普段はおいしく感じていたものも，それほどおいしく感じないことが多い。このように，おいしさを決める要因は複雑である。

　生理学的観点からみると，甘味，酸味，塩味，苦味，うま味の5基本味は，舌の味蕾に存在する化学受容器で感知される。辛みは基本味ではないが，カプサイシンという化学物質の受容体への刺激で伝えられ，熱に反応する痛み刺激として感知される。舌ざわりという物理刺激も食べ物の味わいには重要である。これらは大脳に伝えられ嗅覚や視覚からの情報と統合され，総合的に味わいが感知される。聴覚や過去の経験もこれに加味されるであろう。さまざまな工夫で，おいしく食べることが可能になる。おいしさを感じることで，大脳からの指令により消化管の運動，消化液の分泌は高まる。消化吸収が促進されると，血液循環等基本的な生理機能が改善され，健康の維持につながると期待される。したがって，おいしい食べ物を食べたときの満足感は，健康維持にきわめて大切である。

（3）　病気を予防する働き

　「医食同源」という言葉をよく聞くが，これは「毎日の食生活は医者が病気を治すこと同様に，健康を維持するために重要である。」という意味である。この言葉は中国で最初に使われたが，中国では食べ物には単なる栄養素だけではなく，健康維持にもっと積極的に寄与する成分があることがわかっていたのではないだろうか。

　日本では1980年代に，食べ物には健康維持に積極的に寄与する成分があると考え，食べ物から生体機能を調節する成分に関する研究が始まった。その結果，植物性食品や動物性食品に関して多くの機能性成分が見いだされ，同定されている。また，これらの機能を強化した多くの機能性食品が開発されている。そのなかには，病気を予防する食品として消費者庁が認可する「特定保健用食品」や「機能性表示食品」に分類される食品もある。

　このように超高齢化社会に備えるべく，多くの企業がさまざまな知恵をしぼりながら，新しい機能性食品の開発に取り組んでいる。このような機能性食品の開発にあたっては，食品のもつさまざまな機能を理解しなければならない。またそれぞれの機能性成分の生体調節機能の作用機序を知っていなければならない。このような知識があって初めて機能性食品を理解し，利用できるのである。

　これまで知られている機能は，血圧の上昇を抑える働き，カルシウムや鉄の吸収を促進する働き，おなかの調子を整える働き，血液中のコレステロールや中性脂肪の上昇を抑制する働き，筋肉を強化する働きなどがある。

　このように食品中の栄養素は身体の必要成分であるので，それぞれの栄養素が生

体内でどのような役割を果たしているのかを理解し，食の重要性を再確認することが重要である。必要成分の摂取によって健康維持が可能となるが，適正量以上の摂取は，逆に病気の発症を招く恐れがあり，注意が必要である。炭水化物や脂質の過剰摂取による肥満や糖尿病，コレステロールの過剰摂取による動脈硬化症などがその例である。また，昨今の偏りがちな食生活において不足しがちな栄養素は，機能性食品(15章参照)から摂取することも考慮するべきであろう。

1章　食品に含まれる栄養素と必要量

> **概要**：食品に含まれる健康維持に必要な栄養素の役割と1日当たりに摂取すべき必要量を学ぶ。
> また，病気の予防効果が期待される食品中の機能性成分とその効果を学ぶ。

到達目標　＊　＊　＊　＊　＊　＊　＊
1. 食べ物に含まれる栄養素を挙げ，それぞれのもつ役割を説明できる。
2. それぞれの栄養素の必要量を正しく説明できる。
3. 過剰に摂取すると，からだにとって害となる栄養素を挙げることができる。
4. 病気の予防効果が期待できる食品の機能性成分を挙げ，それぞれのもつ役割を説明できる。

● 1　タンパク質

　食品から摂取されたタンパク質は，消化されて，アミノ酸となり体内に吸収される。体内に吸収されたアミノ酸は，体内の筋肉を構成するミオシン，アクチン，コラーゲン，毛髪のケラチンなどの構造タンパク質，あるいはペプシン，トリプシンなどの消化酵素，生体防御に必要な抗体などの機能性タンパク質の生合成の原料となるほか，エネルギー源としても利用される。摂取したタンパク質やアミノ酸がエネルギー源として利用される場合は，1g当たり4kcalとなる。

（1）　食品中に含まれるタンパク質の特性

　タンパク質は，アミノ酸がペプチド結合により多数結合した高分子物質である。動物や植物のタンパク質は，種によって含まれている量やその特性が異なっていて，食品としての栄養的価値が違っている。食品からタンパク質を摂取する際は，「食品100g当たりに含まれるタンパク質量」や「タンパク質を構成するアミノ酸の組成」が重要となる。

　食品のなかで，タンパク質が多く含まれる食品は，表1-1に示すように，食肉，魚肉，卵，大豆などである。

　食品に含まれるタンパク質の質的な良否は，生体内で生合成されない必須アミノ酸の含量と組成によって決まる。それは摂取したタンパク質が，生体内で効率的に利用されるか否かに関わってくる。世界保健機構（WHO）は，2007年に1gのタンパク質当たり，9種類の必須アミノ酸がどれくらい必要であるかを決め，アミノ酸パターンで示した（表1-2）。すべての必須アミノ酸の含量がその基準値を超えてい

表1-1　タンパク質が多く含まれる食品

食　品	100g 当たりの含量(g)	食　品	100g 当たりの含量(g)
かつお節	77.1	しろさけイクラ	32.6
するめ	69.2	ぶた[大型種肉]　もも(皮下脂肪なし, 焼き)	30.2
かたくちいわし(田作り)	66.6	むろあじ(焼き)	29.7
ほたてがい　貝柱(煮干し)	65.7	抹茶	29.6
パルメザンチーズ	44.0	玉露(茶)	29.1
あまのり　焼きのり	41.4	まるあじ(焼き)	28.7
ぼら　からすみ	40.4	べにざけ(焼き)	28.5
ぶた[大型種肉]ヒレ(赤肉, 焼き)	39.3	すけとうだら　たらこ(焼き)	28.3
にわとり[若鶏肉]むね(皮なし, 焼き)	38.8	くるまえび(養殖, ゆで)	28.2
大豆はいが	37.8	うし[乳用肥育牛肉]　もも(皮下脂肪なし, 焼き)	28.0
きな粉(全粒大豆, 黄大豆)	36.7	うし[和牛肉]　もも(皮下脂肪なし, 焼き)	27.7

文部科学省：日本食品標準成分表2020年版(八訂)より作成

表1-2　食品タンパク質のアミノ酸スコアの比較

必須アミノ酸	2007年制定のアミノ酸パターン(mg/g protein)	タンパク質1g当たりの必須アミノ酸の含量(mg/g protein)						
		小麦粉(中力粉1等)	米(精白米)	大　豆	くろまぐろ	豚肉大型ロース(赤肉(生))	卵(卵白)	生　乳
ヒスチジン(His)	18	23 (130)	28 (155)	30 (164)	95 (526)	44 (245)	29 (160)	28 (155)
イソロイシン(Ile)	31	38 (129)	41 (132)	50 (162)	45 (147)	48 (156)	55 (179)	53 (171)
ロイシン(Leu)	63	72 (115)	82 (130)	86 (136)	76 (120)	79 (126)	90 (143)	97 (154)
リシン(Lys)	52	21(41)	36 (69)	71 (137)	87 (168)	88 (169)	72 (139)	81 (156)
含硫アミノ酸(SAA) メチオニン(Met) + シスチン(Cys)	26	44 (171)	48 (183)	33 (125)	38 (146)	39 (151)	67 (259)	34 (132)
芳香族アミノ酸(AAA) フェニルアラニン(Phe) + チロシン(Tyr)	46	84 (184)	93 (203)	98 (212)	72 (156)	79 (172)	109 (237)	84 (183)
トレオニン(Thr)	27	31 (115)	38 (140)	47 (175)	45 (168)	53 (196)	50 (187)	44 (162)
トリプトファン(Trp)	7.4	12 (165)	14 (188)	15 (200)	11 (154)	12 (167)	17 (227)	13 (177)
バリン(Val)	42	44 (106)	59 (141)	53(127)	53 (126)	48(115)	73 (174)	66 (156)
アミノ酸スコア		41	69	100	100	100	100	100

＊アミノ酸組成の数値に関して, かっこ内に記載されている数値は, WHOが制定したアミノ酸パターンと比較した割合

文部科学省：日本食品標準成分表2020年版(八訂)より作成

れば, そのタンパク質のアミノ酸スコアは100であり, 摂取後に効率的に生体内で利用されることを意味する。多くの動物性食品のタンパク質のアミノ酸スコアは, 100である。一方, 植物性食品のタンパク質は基準に対して, 不足する必須アミノ酸が存在するため, アミノ酸スコアが100になるものは多くない。パンやうどんの原料となる小麦のタンパク質は, 必須アミノ酸のリシンが不足しており, アミノ酸スコアは41である。これは, 小麦粉タンパク質だけを摂取した場合, 生体では, リシン以外の必須アミノ酸も41％分しか利用できないことを意味している。また, 米のタンパク質もリシンが不足しており, アミノ酸スコアは69である。

これらのことを総合すると、体内のタンパク質を生合成するためには、植物性食品よりも動物性食品からタンパク質を摂るほうが、効率的であるといえる。パンや米を主食とする場合、主菜として肉類や魚類を一緒に摂り入れることにより、植物性タンパク質によるリシン不足を補える。

(2) なぜ、タンパク質を毎日摂取しなければならないか

生体内にタンパク質は1万種類以上存在し、そのなかの多くが私たちの健康維持に関わっている。これらのタンパク質は、一定の周期で新しいものにつくりかえられている。これを「タンパク質の代謝」という（図1-1）。タンパク質の種類によってその周期の長さは異なるが、生体内タンパク質の約30分の1は、毎日新しくつくりかえられているのである。タンパク質の代謝時に、分解されて生じた一部のアミノ酸は、生合成に使用されるが、それ以外のアミノ酸は、さらに分解されて体外に排出されてしまう。分解されたタンパク質を新しく生合成するためには、不足したアミノ酸を食事から摂取しなければならない。これが、タンパク質を毎日摂取しなければならない理由である。もしタンパク質の摂取量が不足すると、分解された生体内タンパク質が新しく生合成されないため生体の機能が低下し、疾病や老化の原因となる。

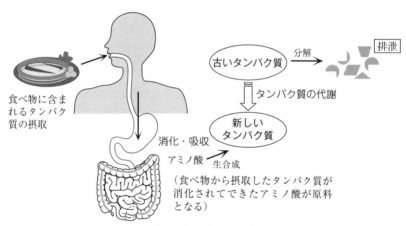

図1-1 タンパク質の代謝

(3) タンパク質の1日当たりの必要量

1日に必要なタンパク質の摂取量は、18～29歳以上の成人男性で65g、成人女性では50gが推奨されている（表1-3）。この推奨量は高齢者でも同じで、最近は、高齢者でもタンパク質を十分に摂ることが重要であるとされている（11章参照）。

日本人の食事摂取基準(2020年版)では、高齢者のフレイル予防のため、65歳以上のタンパク質摂取によるエネルギー量の割合に関して、これまでの下限である13％を15％に引き上げている。また、高齢者のロコモティブシンドローム予防のために、65歳以上の摂取目標量は、15～20％（g/日）と以前より高く設定された。

表1-3 18～29歳のタンパク質，脂質，炭水化物の摂取推奨量・目標量・目安量

＜摂取推奨量＞		男 性	女 性
		推奨量	推奨量
タンパク質(g/日)		65	50
＜摂取目標量＞		男 性	女 性
		目標量	目標量
タンパク質*	(%エネルギー)	13～20	13～20
脂質：脂肪エネルギー比率(%エネルギー)		20～30	20～30
飽和脂肪酸	(%エネルギー)	7以下	7以下
炭水化物	(%エネルギー)	50～65	50～65
食物繊維	(g/日)	21以上	18以上
＜摂取目安量＞		男 性	女 性
		目安量	目安量
n-6脂肪酸	(g/日)	11	8
n-3脂肪酸	(g/日)	2.0	1.6

＊65歳以上では，男性，女性ともに，摂取目標量は15～20%引き上げられた。
厚生労働省：「日本人の食事摂取基準2020年版(八訂)」より作成

　体格の違いにより，タンパク質の摂取量を計算する方法も提案されている。これは以下の式で求められる。

タンパク質の摂取推奨量(g)＝身長(m)×身長(m)×22(BMIの標準値)

　身長が171cmのヒトの場合，推奨量は$1.71 \times 1.71 \times 22 = 64.3$gと計算できる。ヒトの標準体重1kg当たり，約1gとなる。

　高齢者は，サルコペニアを予防するため，男女とも50～64歳では摂取目標量を14～20% Eに，65歳以上では15～20% Eに，以前よりも高く設定された。

　それぞれ，自分の必要量を計算してみよう。

● 2　炭水化物

　炭水化物は，主にエネルギー源として利用される。1g当たり4kcalとなる。

(1)　食品に含まれる炭水化物の特性

　炭水化物は，単糖がグリコシド結合により，複数個が結合した物質である。単糖が2～10個結合したものをオリゴ糖，多数の単糖が結合したものを多糖という。

　私たちが普段，摂取する主な炭水化物は，米に含まれるデンプン，砂糖であるスクロース，牛乳に含まれる乳糖，果物に含まれる果糖(フルクトース)などである。表1-4には，炭水化物が多く含まれている食品が挙げられている。

　食品から摂取された炭水化物は，消化酵素で単糖に分解された後，吸収される。消化酵素で分解されない高分子量の炭水化物は食物繊維に分類され，おなかの調子を整える機能やコレステロールの吸収を抑制する。また消化酵素で分解されないオリゴ糖は，プレバイオティクスとしておなかの調子を整える効果が期待される。

表1-4 炭水化物が多く含まれる食品

食　　　品	100g当たりの含量(g)	食　　　品	100g当たりの含量(g)
グラニュー糖	100.0	中華スタイル即席カップめん（非油揚げ）	62.2
ドロップキャンデー	98.0	カステラ	61.8
米菓（しょうゆせんべい）	83.9	メロンパン	59.9
コーンフレーク	83.6	ポップコーン	59.6
はちみつ	81.9	きんつば	58.6
ぶどう（干しぶどう）	80.3	どら焼（こしあん入り）	58.4
キャラメル	77.9	フランスパン	57.5
ビスケット（ハードビスケット）	77.8	ポテトチップス	54.7
甘納豆（えんどう）	72.2	もち	50.8
ようかん（練りようかん）	69.9		

文部科学省：日本食品標準成分表2020年版（八訂）より作成

（2）　なぜ，炭水化物を毎日摂取しなければならないか

　　炭水化物は，重要なエネルギー源である。多くの臓器は脂肪と糖をエネルギー源として利用しているが，脳神経細胞や血球細胞は，そのほとんどをグルコースに依存している。脳神経細胞は低血糖に弱く，低血糖になると意識がなくなることもある。それが持続すると神経細胞に障害が起こり，最後は死に至る。

　　グルコースは非常に大切な栄養素であるので，体内でグルコースが不足すると肝臓では特定のアミノ酸，グリセロール，乳酸などからグルコースを生合成する糖新生の機構が働いてグルコースをつくりだしている。余分なグルコースは，エネルギー源であるグリコーゲンとして貯蔵されるが貯蔵できる量は限られているため，その量を超えると，脂肪に変換されて皮下脂肪や内臓脂肪として蓄積されることになる。炭水化物の過剰摂取は肥満症につながるので，適切な炭水化物量を摂取しなければならない。

（3）　炭水化物の1日当たりの必要量

　　炭水化物の摂取量は，1日に必要な消費エネルギーを考慮して決めなければならない。消費エネルギーは，基礎代謝量と活動状態によって計算されるが，個人によってかなり変わってくる。以下に，まず1日に必要な消費エネルギーの算出方法を示す。基礎代謝基準値は，年齢や性別で異なっている（表1-5）。

1日の基礎代謝量（kcal）＝基礎代謝基準値（kcal／kg体重／日）× 体重（kg）

　　この式で得られた「1日の基礎代謝量」を用いて，次の式で身体活動レベルの異なるヒトの1日に必要な消費エネルギー量を算出できる。

1日に必要な消費エネルギー(kcal)＝1日の基礎代謝量(kcal)
×身体活動レベル(Ⅰ〜Ⅲ)

　この式において，身体活動レベルⅠの場合，1.50，Ⅱの場合，1.75，Ⅲの場合は2.00とする。身体活動レベルは以下を目安として決定する。

〈身体活動レベルの目安〉

　Ⅰ（低　い）：生活の大部分が座位で，静的な活動が中心の場合

　Ⅱ（ふつう）：座位中心の仕事だが，職場内での移動や立位での作業・接客等，あるいは通勤・買い物・家事・軽いスポーツ等のいずれかを含む場合

　Ⅲ（高　い）：移動や立位の多い仕事への従事者，あるいは，スポーツなど余暇における活発な運動習慣をもっている場合

　炭水化物の推奨摂取量は，上記で計算された1日に必要な消費エネルギーに応じて決まる(p.2, 表1−3参照)。すなわち，必要な消費エネルギーに相当するエネル

表1-5　各年齢の参照体重における基礎代謝量(2020年版)

年齢(歳)	男　性			女　性		
	基礎代謝基準値(kcal/kg体重/日)	参照体重[*1](kg)	基礎代謝量[*2](kcal/日)	基礎代謝基準値(kcal/kg体重/日)	基準体重(kg)	基礎代謝量(kcal/日)
1〜2	61.0	11.5	700	59.7	11.0	660
3〜5	54.8	16.5	900	52.2	16.1	840
6〜7	44.3	22.2	980	41.9	21.9	920
8〜9	40.8	28.0	1,140	38.3	27.4	1,050
10〜11	37.4	35.6	1,330	34.8	36.3	1,260
12〜14	31.0	49.0	1,520	29.6	47.5	1,410
15〜17	27.0	59.7	1,610	25.3	51.9	1,310
18〜29	23.7	64.5	1,530	22.1	50.3	1,110
30〜49	22.5	68.1	1,530	21.9	53.0	1,160
50〜64	21.8	68.0	1,480	20.7	53.8	1,110
65〜74	21.6	65.0	1,400	20.7	52.1	1,080
75以上	21.5	59.6	1,280	20.7	48.8	1,010

＊1　参照体重は，日本人の平均的な体重の者を想定した参照値である。基礎代謝量は，各年齢における基礎代謝基準量に，基準体重を乗じて計算した。

＊2　各人の基礎代謝量は，自分の体重に基礎代謝基準値を乗じて，求めることができる。

厚生労働省：「日本人の食事摂取基準2020年版（八訂）」より作成

ギー源を食べ物から摂取すればよい。これを守っていれば，食べ過ぎによる肥満を防ぐことができる。ヒトはエネルギー源を炭水化物と脂質から摂取するが，そのうち50〜65％を炭水化物から摂取することが推奨されている。1日当たり2,000 kcalの消費エネルギーを必要とするヒトであれば，どのくらいの炭水化物を摂取すればよいのか，計算してみよう。2,000 kcalの60％を炭水化物からまかなうと仮定すると，1,200 kcal（2,000 kcal×0.6）が炭水化物を摂取することによって消費するエネルギー量となる。炭水化物は1 gが4 kcalに相当するので，300 g（1,200 kcal/4 kcal）と

なり，1日に300gの炭水化物を摂取すればよいことになる。ご飯1杯(100g)がほぼ40gの炭水化物相当分になるので，ご飯だけで満たすのであれば，1日に約7杯のご飯を食べればよいことになる。しかし副菜やお菓子などの嗜好品などにも炭水化物が含まれているので，7杯のご飯を食べると明らかに炭水化物の過剰摂取となる。

毎日の食生活の内容をチェックし，ご飯以外の炭水化物摂取量を考慮してご飯を食べる量を決める必要がある。

● 3 脂　質

食品に含まれる脂質には，中性脂肪，レシチンなどのリン脂質，コレステロールエステルなどがある。体内では中性脂肪は，主にエネルギー源として利用される。脂質1g当たり，9kcalのエネルギーとなる。リン脂質やコレステロールは，主に細胞膜の構成成分として利用されると同時に，生理活性物質の前駆体としても利用される。

サイドメモ：脂質の消化と吸収
中性脂肪はモノアシルグリセロールと2つの脂肪酸に，レシチンはリゾレシチンと脂肪酸に，コレステロールエステルはコレステロールと脂肪酸に分解された後，吸収される。これらの分解はリパーゼの作用による(3章参照)。

(1)　食品に含まれる脂質の特性

食品に脂質が含まれていると，おいしくなることはよく知られている。一般的には，植物性食品より動物性食品に脂質が多く含まれている(表1-6)。また加工食品でも，脂質が使われているものが多い。動物性食品や加工食品で多く含まれてい

表1-6　脂質が多く含まれる食品

食　品	100g当たりの含量(g)	食　品	100g当たりの含量(g)
サフラワー油	100.0	うし[乳用肥育牛肉]　ばら(脂身つき，焼き)	44.2
大豆油	100.0	ぶた[大型種肉]　ばら(脂身つき，焼き)	43.9
マーガリン(家庭用，無塩)	83.1	あんこうきも(生)	41.9
食塩不使用バター	83.0	クリーム　乳脂肪	43.0
マカダミアナッツ(いり，味付け)	76.7	ホイップクリーム　乳脂肪	40.7
マヨネーズ全卵型	76.0	アーモンドチョコレート	40.4
アーモンド(フライ，味付け)	55.7	フレンチドレッシング乳化液状	38.8
にわとり[副生物]皮もも(生)	51.6	ポテトチップス	35.2
うし[和牛肉]ばら(脂身つき，生)	50.0	<調味料類>　(ルウ類)カレールウ	34.1
がちょう　フォアグラ(ゆで)	49.9	チェダーチーズ	33.8
らっかせい(大粒種，いり)	49.6	ぶた[ベーコン類](ばらベーコン，焼き)	24.9
うし[和牛肉]サーロイン(脂身つき，生)	47.5	ビスケット類　ソフトビスケット	27.6

文部科学省：日本食品標準成分表2020年版(八訂)より作成

る脂肪は，大体トリアシルグリセロール（トリグリセリド，中性脂肪ともいう）の混合物である。

　トリアシルグリセロールは，グリセロールの3つの水酸基に脂肪酸がエステル結合したものである。トリアシルグリセロールを構成する脂肪酸の種類によって，脂肪の性質が異なると同時に機能も変わってくる。一般的に不飽和脂肪酸が含まれている脂肪は融点が低く，体温で溶けやすいので，舌ざわりがよい。

　脂肪を構成する脂肪酸のなかで，リノール酸とリノレン酸は，それぞれn-6系脂肪酸とn-3系脂肪酸に属している。これらは生体内では生合成できないので必須脂肪酸とよばれており，食品から摂取しなければならない（表1-3参照）。

サイドメモ：n-6系脂肪酸とn-3系脂肪酸

　n-6系脂肪酸とn-3系脂肪酸は，脂肪酸のメチル基側から6番目の炭素あるいは3番目の炭素に二重結合があることから名づけられた。これらの脂肪酸は植物では合成されるが，ヒトでは生合成されないため，必須アミノ酸と同様に，食べ物から摂取しなければならない。リノール酸から体内で合成されるアラキドン酸も必須脂肪酸に入れることがある。

(2)　なぜ脂質を摂取しなければならないか

　脂質のうち，トリアシルグリセロール（中性脂肪）は，主にエネルギー源として利用される。また細胞膜の構成成分としても利用される。さらに必須脂肪酸であるリノール酸やリノレン酸は，生体内の血圧，免疫，血液凝固などの調節を行っている生理活性物質エイコサノイドの前駆体としてなくてはならないものである。

　リン脂質やコレステロールは，細胞膜の構成成分として利用される。またコレステロールは，胆汁酸，性腺ホルモン，副腎皮質ホルモン，ビタミンDの前駆体であることから，これが不足すると健康維持に支障をきたすことになる。

(3)　脂質の1日当たりの必要量

　脂質の摂取目標量は，エネルギー源の20～30％に相当する量とされている（表1-3参照）。1日当たり2,000kcalの消費エネルギーを必要とするヒトであれば，どのくらいの脂質を摂取すればよいのか。計算してみよう。

　脂質からのエネルギー摂取量を20％と仮定すると，400kcal（2,000kcal×0.2）が脂質による摂取エネルギー量となる。脂質は1gが9kcalに相当するので，1日の資質摂取量の目安は，約45g（400kcal/9kcal）となる。脂質の摂りすぎになっていないかをチェックする必要がある。

　また脂質の構成脂肪酸に関しても，摂取すべき目標量や目安量が細かく決められている。飽和脂肪酸はエネルギー源の7.0％以下とする。n-6系脂肪酸の摂取目安量は，男性11g，女性8g，n-3系脂肪酸の場合は，男性2.0，女性1.6とされている。これらの目安量は，必須脂肪酸を摂取するためである。

　コレステロールに関しては，2010年の「日本人の食事摂取基準」で摂取推奨量が

男性750 mg 未満，女性600 mg 未満とされていたが，2015年のものでは摂取基準が削除された。コレステロールは不足すると健康に支障をきたすので注意が必要である。

しかし，日本人の食事摂取基準(2020年版)では，新たに，「脂質異常症の人は，コレステロールを200 mg 未満の摂取にとどめることが望ましい」と記載された。

(4) 必須脂肪酸から多価不飽和脂肪酸やエイコサノイドの生合成

必須脂肪酸であるリノール酸とα-リノレン酸は，体内の酵素の作用を受け炭素数の延長や二重結合の付加が生じ，より炭素数が多くかつ二重結合の多い多価不飽和脂肪酸であるアラキドン酸，エイコサペンタエン酸(EPA)やドコサヘキサエン酸(DHA)に変化する(図1−2)。EPAとDHAは，生体内でα-リノレン酸から合成される。これらは，血小板凝集抑制作用をもっていることから，血小板凝集による疾病を予防するためには，食べ物からEPAやDHAを直接摂り入れることも大切である(8章参照)。また，必須脂肪酸からは生体の状態によって血圧，免疫，血液凝

表1-7 エイコサペンタエン酸(EPA)が多く含まれる食品

(単位：mg/可食部100 g)

食　品	量	食　品	量
くじら／本皮，生	4,300	あまのり／焼きのり	1,200
やつめうなぎ／干しやつめ	2,200	ぼら／からすみ	1,100
しろさけ／すじこ	2,100	たちうお／生	970
たいせいようさば／生	1,800	ぶり／成魚／生	940
あゆ／養殖，内臓，焼き	1,800	めざし／生	930
みなみまぐろ／脂身，生	1,600	まいわし／焼き	790
しろさけ／いくら	1,600	塩ざけ	600
にしん／開き干し	1,400	あなご／生	560
かずのこ／乾	1,400	うなぎ／白焼き	510
さんま／皮つき／焼き	1,300	いしだい／生	500

文部科学省：日本食品標準成分表2020年版(八訂)より作成

表1-8 ドコサヘキサエン酸(DHA)が多く含まれる食品

(単位：mg/可食部100 g)

食　品	量	食　品	量
あんこう／きも，生	5,100	さんま／開き干し	1,500
みなみまぐろ／脂身，生	4,000	たちうお／生	1,400
くじら／本皮，生	3,400	まあじ／開き干し／焼き	1,300
くろまぐろ／脂身，生	3,200	まいわし／みりん干し	1,300
やつめうなぎ／干しやつめ	2,800	うなぎ／白焼き	1,100
たいせいようさば／焼き	2,100	さわら／生	1,100
しろさけ／いくら	2,000	まいわし／焼き	980
あゆ／養殖，内臓，生	2,000	はまち／養殖，皮つき，生	910
ぼら／からすみ	1,900	にしん／開き干し	880
かずのこ／乾	1,700	にしん／かずのこ／生	870

文部科学省：日本食品標準成分表2020年版(八訂)より作成

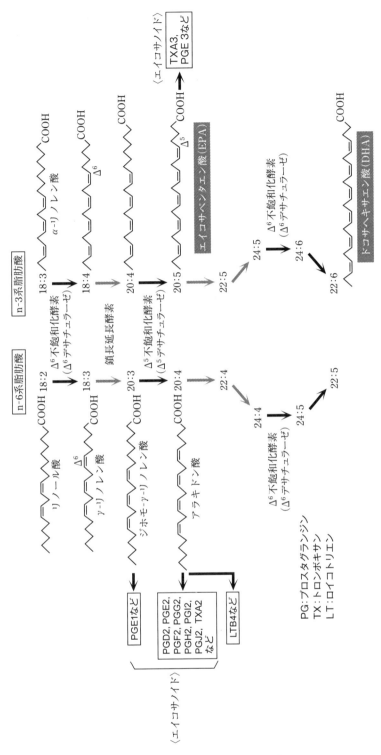

図1-2 必須脂肪酸から多価不飽和脂肪酸やエイコサノイドの生合成

固などの生体反応を制御するエイコサノイドが生合成される。

① EPA と DHA

EPA は，炭素数が20からなる n-3系脂肪酸で，二重結合を5個有する多価不飽和

脂肪酸である。これは，α-リノレン酸から複数の不飽和化酵素と鎖長延長酵素によって生合成される（図1−2）。EPAは，血小板凝集阻害作用をもつことが知られている。EPAは，くじら，やつめうなぎ，すじこなどの海産物に多く含まれている（表1−7）。DHAは，炭素数が22からなるn-3系脂肪酸で，二重結合を6個有する多価不飽和脂肪酸である。EPAと同様に血小板凝集阻害作用をもつことが明らかになっている。あんこう，みなみまぐろ，くじらなどに多く含まれている（表1−8）。 **QRコード** 表-1，2（p.10）も参照すること。

② エイコサノイド

エイコサノイドは，生体内でリノール酸あるいはα-リノレン酸から酵素反応によって生合成される生理活性物質である。リノール酸からは，ジホモ-γ-リノレン酸，あるいはアラキドン酸を経て，各種のプロスタグランジン，トロンボキサン，ロイコトリエンが生合成される（図1−2）。また，α-リノレン酸からは，エイコサペンタエン酸を経て，同様に各種エイコサノイドが生合成される。

エイコサノイドの種類は多く，それぞれが血圧の上昇と降下，血小板の凝集とその阻害ならびに免疫力の応答と抑制などの相反する働きをもっている（表1−9）。アラキドン酸から生合成されるトロンボキサンA2（TXA 2）は血小板凝集作用，動脈収縮作用，気管支収縮作用をもつ。プロスタグランジンI2（PGI 2）は相反する生体反応を引き起こし，血小板凝集阻害作用や動脈の弛緩作用をもっている。エイコサノイドは半減期が短く，標的部位の近くで産生され，短時間，限定的に作用するのが特徴である。働きが終了したらすぐに消失する。このように，生体では，体調に応じてすぐに正常に戻すための制御システムができており，ヒトの健康維持に重

表1-9 各種エイコサノイドとその生物活性

前駆体	エイコサノイド	生物活性
ジホモ-γ-リノレン酸	PGE 1	血小板凝集阻害，血管拡張，免疫機能正常化
アラキドン酸	TXA 2	血小板凝集，動脈収縮，気管支収縮
	LTB 4	白血球活性化
	LTCA, LTD 4	気管支収縮，腸管運動亢進，血管透過性の亢進
	PGD 2	血小板凝集阻害，末梢血管拡張，睡眠誘発
	PGE 2	血圧降下，血管拡張，胃液分泌抑制，腸管運動亢進，子宮収縮，利尿，気管支拡張，骨吸収，免疫応答抑制
	PGF 2	血圧上昇，血管収縮，腸管運動亢進，子宮収縮，黄体退行，気管支収縮
	PGG 2, PGH 2	血小板凝集誘起，動脈収縮，気管支収縮
	PGI 2	血小板凝集阻害，動脈弛緩
	PGJ 2	抗腫瘍作用
エイコサペンタエン酸	TXA 3	弱い血小板凝集
	PGE 3	血圧降下，血管拡張，胃液分泌抑制，腸管運動亢進，子宮収縮，利尿，気管支拡張，骨吸収，免疫応答抑制

要な働きをしている。

● 4　ビタミン

　ビタミンは，生体の機能を調節する重要な栄養素である。ビタミンのほとんど
は，生体内で合成されないことから毎日の食品から摂取しなければならない。1日
に必要なビタミンの摂取量はタンパク質，炭水化物や脂質に比べて少量であること
から微量栄養素とよばれている。

（1）　食品に含まれるビタミンの働き

　ビタミンは，水に溶けるか，あるいは脂質に溶けるかによって2種類に分類され
る。水溶性ビタミンにはビタミン B_1, B_2, B_6, B_{12}, 葉酸，ナイアシン，パントテ
ン酸，ビオチン，ビタミン C がある。一方，脂溶性ビタミンとしてはビタミン A,
D, E, K がある。

　ビタミンは，体内の糖質や脂質，アミノ酸の代謝，核酸の合成などの反応におい
て，それぞれの反応に関わっている酵素の補酵素として反応が正常に進行するため
の役割を担っている。体内のビタミンが欠乏すると生体内で必要とする上記の代謝
産物が合成されなくなり各ビタミンに特徴的な欠乏症が生じる。

①　水溶性ビタミン

a）　ビタミン B_1

　ビタミン B_1（チアミン）は，主に糖代謝に関わる補酵素としてエネルギー代謝に
寄与している。具体的には TCA サイクルの入り口で，解糖系から生じたピルビン
酸を脱炭酸してアセチル CoA に変換するピルビン酸デヒドロゲナーゼ複合体の補
酵素やペントースリン酸回路において五炭糖などの生成に関わるトランスケトラー
ゼの補酵素として重要な役割を果たしている。また分岐鎖アミノ酸の代謝や神経機
能を正常に保つ働きもある。不足すると脚気による腱の反射喪失，神経障害，運動
障害を引き起こすことが知られている。

b）　ビタミン B_2

　ビタミン B_2（リボフラビン）は，体内に吸収されるとフラビンモノヌクレオチド
（FMN）やフラビンアデニンジヌクレオチド（FAD）に変換されクエン酸回路，脂肪
酸の β-酸化，電子伝達系などのエネルギー代謝における酸化還元反応を触媒する
酵素の補酵素として，重要な役割を果たしている。不足すると舌炎，口角炎，口唇
炎，脂漏性皮膚炎を引き起こすことが知られている。

c）　ナイアシン

　ナイアシンは，ニコチン酸とニコチン酸アミドの総称で，ビタミン B_3 ともよば
れている。これは解糖系，クエン酸回路，電子伝達系などにおける酸化還元反応に
関わる酵素の補酵素として働き，不足するとペラグラ症（粗い皮膚：イタリア語）を
引き起こす。皮膚炎，下痢，神経障害による痴呆は，ペラグラの典型的な症状であ

る。また過剰症としては，血管拡張による皮膚の紅潮が引き起こされる。

d）ビタミンB6

ビタミンB6には，ピリドキシン，ピリドキサール，ピリドキサミンの三種類がある。生体内では各種アミノ酸のアミノ基転移，ラセミ化，脱炭酸などの反応に関わる補酵素として働き，糖代謝にも関わっている。不足すると湿疹，脂漏性皮膚炎，口角炎，舌炎が引き起こされる。また過剰症としては，感覚神経障害，骨の疼痛，筋肉の脆弱，精巣委縮症が起こる。

e）ビタミンB12

ビタミンB12(シアノコバラミン)は，アミノ酸や脂肪酸の代謝に関わり，クエン酸回路の補酵素として働く。また葉酸の生合成，細胞内のDNA合成や調整にも関わり，不足すると悪性貧血や高ホモシステイン血症になる(6章参照)。

f）葉　酸

葉酸はアミノ酸や核酸合成において，ホルミル基(-CHO)，ホルムイミノ基(-CH2-NH-)，メチレン基(>CH2)，メチル基(-CH3)などの一つの炭素含有官能基を転移する反応に関わっている。特にメチオニンの生合成に重要である。不足すると，高ホモシステイン血症，巨赤芽球性貧血，神経障害，神経管異常新生児の生まれる確率が上昇する(6章参照)。

g）ビオチン

ビタミンB群に分類されるビタミンであり，糖代謝に関わるピルビン酸カルボキシラーゼや脂肪酸代謝に関わるアセチルCoAカルボキシラーゼなどの補酵素として働いている。欠乏症はまれであるが，皮膚炎や脱毛症を起こすことがある。

h）パントテン酸

パントテン酸は，ビタミンB群に含まれ，ビタミンB5ともよばれていた。CoAの構成成分として糖，脂肪酸，タンパク質の代謝に関わっている。

i）ビタミンC

ビタミンCは，アスコルビン酸ともよばれる抗酸化物質である(13章参照)。ビタミンCは，コラーゲン合成に関わっており，構成アミノ酸であるヒドロキシプロリンやヒドロキシリシンが合成される時の酵素反応の補酵素として働いている。不足するとコラーゲンが正常に合成されないため，壊血病を引き起こすことが知られている。

② 脂溶性ビタミン

a）ビタミンA

ビタミンAとは，レチノール，レチナール，レチノイン酸ならびにこれらの誘導体の総称であり，レチノイドともよばれる。β-カロテンのようにヒトの体内でビタミンAに変換される物質は，プロビタミンAとよばれる。通常，野菜に多く含まれるβ-カロテンは小腸の上皮細胞，肝臓，腎臓でビタミンAに変換される。ビタミンAは，視色素であるロドプシンの前駆体であるため，眼の機能維持に重

要である。また抗酸化作用をもち，皮膚や粘膜などの上皮組織の健康維持に関わっている(13章参照)。不足すると夜盲症や上皮機能の障害を引き起こすことが知られている。

b）ビタミンD

ヒトの体内で重要なビタミンDは，ビタミンD_3(コレカルシフェロール)である。コレカルシフェロールは紫外線を受けると，皮膚で7-デヒドロコレステロール(プロビタミンD_3)から生合成される。血中のカルシウム濃度が低下すると，コレカルシフェロールは，活性型ビタミンD_3(1, 25-ジヒドロキシコレカルシフェロール)になり腸からのカルシウム吸収を高めたり，腎臓での血中から尿へのカルシウム移行を抑制する働きがある(10章参照)。不足すると，くる病や骨粗しょう症に罹りやすくなり，摂り過ぎると，高カルシウム血症や腎障害を引き起こす。

c）ビタミンE

ビタミンEは，トコフェロールとよばれる抗酸化物質である。α-, β-, γ-, δ-の4種類が存在しており，α-トコフェロールの抗酸化作用が最も強い(13章参照)。ビタミンEは，生体膜に存在する不飽和脂肪酸の酸化抑制を介して，生体膜の機能を正常に保つ働きをしている。不足すると，未熟児で溶血性貧血や脂肪吸収障害に伴う深部感覚障害や小脳失調などの神経障害を起こすことが知られている。

d）ビタミンK

ビタミンKは，γ-カルボキシグルタミン酸の生合成に不可欠な成分であり，これを含むオステオカルシンや骨基質タンパク質の生合成(10章参照)，血液凝固因子の生合成(8章参照)に関わっている。

ビタミンKには，緑葉に多いビタミンK_1(フィロキノン)と細菌が産生するビタミンK_2(メナキノン)があるが，それぞれは同じ機能をもっている。ビタミンK_2には官能基の構造が異なる複数が存在しており，その長さによってメナキノン-nとよばれている。納豆などの発酵食品に含まれるビタミンK_2は，メナキノン-7が多い。

ビタミンKが不足すると，血液凝固能が低下したり，骨粗しょう症にかかりやすくなる。

(2) ビタミンの1日当たりの推奨量と耐容上限値

厚生労働省が公表している「日本人の食事摂取基準2020年版(八訂)」には，ビタミンに関して推奨量や目安量だけではなく，過剰に摂取したときの副作用を防ぐために，摂取する際の上限値(耐容上限値)も設定されている。

表1-10に示したように，推奨量や耐容上限値は男性と女性で異なっているものがある。これらの値を意識して，不足しやすいビタミンを知っておくことが健康維持に大変重要である。

表1-10　18〜29歳のビタミン類の摂取推奨量あるいは目安量と耐容上限値

＜摂取推奨量＞	男　性		女　性	
	推奨量	耐容上限量	推奨量	耐容上限量
ビタミンA　（μgRE/日）注1	850	2,700	650	2,700
ビタミンB₁　（mg/日）	1.4		1.1	
ビタミンB₂　（mg/日）	1.6		1.2	
ナイアシン　（mgNE/日）	15	300(80)注2	11	250(65)注2
ビタミンB₆　（mg/日）	1.4	55	1.1	45
ビタミンB₁₂　（μg/日）	2.4		2.4	
葉　酸　　（μg/日）	240	900	240	900
ビタミンC　（mg/日）	100		100	

＜摂取目安量＞	男　性		女　性	
	目安量	耐容上限量	目安量	耐容上限量
ビタミンD　（μg/日）	8.5	100	8.5	100
ビタミンE　（mg/日）注3	6.0	850	5.0	650
ビタミンK　（μg/日）	150		150	
パントテン酸　（mg/日）	5		5	
ビオチン　　（μg/日）	50		50	

注1：レチノール活性当量（μgRAE）

$$= レチノール(\mu g) + \beta\text{-カロテン}(\mu g) \times \frac{1}{12} + \alpha\text{-カロテン}(\mu g) \times \frac{1}{24}$$

$$+ \beta\text{-クリプトキサンチン}(\mu g) \times \frac{1}{24} + その他のプロビタミンAカロテノイド(\mu g) \times \frac{1}{24}$$

注2：ニコチンアミドの重量(mg/日)，（　）内はニコチン酸の重量(mg/日)

注3：α-トコフェロールについて算定した。α-トコフェロール以外のビタミンEは含んでいない。

厚生労働省：日本の食事摂取基準2020年版（八訂）より作成

（3）　ビタミンが多く含まれる食品

　　種々のビタミンが多く含まれる食品を表1−11に示す。含有量に関しては， QRコード 表-1〜13 (p.6〜9) を参照すること。これらの表を参考にビタミンが不足しないように，日々の食生活を考えることが大切である。

表1-11　各種ビタミンが多く含まれる食品

働　き	栄　養　素
ビタミンA	鶏肝臓，豚肝臓，あんこう肝，うなぎかば焼，牛肝臓，モロヘイヤ，にんじん
ビタミンD	あんこう肝，すじこ，紅ざけ，銀ざけ，うなぎかば焼，まいわし
ビタミンE	ひまわり油，アーモンド，綿実油，サフラワー油，米ぬか油，すじこ
ビタミンK	抹茶，納豆，パセリ，春菊，あしたば，にら，こまつな，ほうれんそう，豆苗
ビタミンB₁	豚ヒレ，小麦胚芽，豚もも，豚ロース，うなぎかば焼，たらこ，焼きのり
ビタミンB₂	豚肝臓，牛肝臓，鶏肝臓，焼きのり，せん茶，うなぎかば焼，小麦胚芽
ナイアシン	たらこ，かつお，鶏むね，まぐろ，鶏ささみ，まさば，ぶり，さんま
ビタミンB₆	小麦胚芽，牛肝臓，黒まぐろ，かつお，鶏むね，鶏ささみ，豚肝臓
ビタミンB₁₂	しじみ，焼きのり，すじこ，牛肝臓，あさり，いくら，鶏肝臓，はまぐり
葉　酸	焼きのり，鶏肝臓，牛肝臓，豚肝臓，小麦胚芽，うに，からし菜，枝豆
パントテン酸	鶏肝臓，豚肝臓，牛肝臓，たらこ，糸ひき納豆，鶏卵黄，鶏ささみ
ビオチン	鶏肝臓，豚肝臓，牛肝臓，鶏卵黄，焼きのり，らっかせい
ビタミンC	アセロラ，赤ピーマン，パセリ，レモン，甘柿，いちご，ブロッコリー

● 5　ミネラル

　生体には20種類のミネラルが存在しており，生体内の構成成分，あるいは機能成分として働いている。そのなかでカルシウム，リン，マグネシウム，ナトリウム，カリウムは存在量が多く，多量元素とよばれている。一方，鉄，亜鉛，銅，ヨウ素などのように存在量の少ないものは微量元素とよばれている。日本では，これらのうち13種類のミネラルに摂取基準（表1-12）が決められている。

（1）　食品に含まれるミネラルの特性（ミネラルの生体内での役割）

①　硬組織の構成材料

　カルシウム，リン，マグネシウムは，骨や歯を構成する主成分であり，組織に強さ，硬さ，耐久性などを付与している。このなかで，カルシウムが不足すると骨粗しょう症を引き起こすことが知られている（10章参照）。また幼児では，発育不全や興奮しやすくなるといわれている。

②　軟組織の構成材料

　鉄，リン，カリウム，硫黄などは，タンパク質などの有機物質と結合し，筋肉，皮膚，血液，臓器，神経などの固体の構成成分を形成している。このなかで，鉄は赤血球の構成成分であるヘム鉄として，酸素を運搬する働きがある。これが不足すると赤血球の数が減り，鉄欠乏性貧血を引き起こすことがわかっている（6章参照）。

③　生体機能の調節

　ナトリウム，カリウム，カルシウム，塩素，リン，マグネシウムは，体液中にイオンとして存在し，神経線維の感受性，細胞膜の透過性，筋肉の収縮，血液や体液の酸アルカリ平衡の維持，浸透圧の調節などに関わっている。このなかで，マグネシウムが不足すると筋痙攣を引き起こすといわれている（6章参照）。

④　酵素やホルモンの構成成分

　マグネシウム，銅，亜鉛，マンガン，コバルト，鉄，セレンなどは，酵素の活性中心に存在し，種々の生体反応の触媒として関わっている。このなかで，亜鉛が不足すると味覚障害，精神障害（鬱状態）を引き起こすことがわかっている。またヨウ素は甲状腺ホルモンの構成成分として，生命活動の調節に関わっている。これが不足すると甲状腺腫になり，過剰摂取では甲状腺機能亢進症になる。

（2）　ミネラルの1日当たりの必要量

　厚生労働省が公表している「日本人の食事摂取基準（2020年版）」には，ミネラルに関して，推奨量だけではなく，過剰に摂取したときの副作用を防ぐために，摂取する際の上限値（耐容上限値）も設定されている。表1-12に示したように，推奨量や上限値は，ビタミンと同様に，男性と女性で異なっているものがある。これらの値を意識して，不足しやすいミネラルを知っておくことが，健康維持に重要である。

表1-12　18～29歳のミネラルの摂取推奨量，目安量，目標量と耐容上限量

＜摂取推奨量＞	男　性		女　性	
	推奨量	耐容上限量	推奨量	耐容上限量
カルシウム　（mg/日）	800	2,500	650	2,500
マグネシウム　（mg/日）	340		270	
鉄　　（mg/日）注1	7.5	50	6.5	40
亜　鉛　（mg/日）	11	40	8	35
銅　　（mg/日）	0.9	7	0.7	7
ヨウ素　（μg/日）	130	3,000	130	3,000
セレン　（μg/日）	30	450	25	330
モリブデン　（μg/日）	30	600	25	500
＜摂取目安量＞	男　性		女　性	
	目安量	耐容上限量	目安量	耐容上限量
リ　ン　（mg/日）	1,000	3,000	800	3,000
マンガン　（mg/日）	4.0	11	3.5	11
クロム　（μg/日）	10	500	10	500
＜摂取目安量・目標量＞	男　性		女　性	
	目安量	目標量	目安量	目標量
ナトリウム　（g/日）注2		7.5未満		6.5未満
カリウム　（mg/日）	2,500	3,000以上	2,000	2,600以上

注1：女性の鉄推奨量は「月経あり」では10.5mg/日。注2：ナトリウム値は食塩相当量で表示。

厚生労働省：日本人の食事摂取基準2020年版（八訂）より作成

（3）　ミネラルが多く含まれる食品

　種々のミネラルが多く含まれる食品を表1－13に挙げる。含有量に関
しては， QRコード 表-1～13（p.2～5）を参照すること。

表1-13　各種ミネラルが多く含まれる食品

働　き	栄　養　素
ナトリウム	昆布茶，塩昆布，うすくちしょうゆ，出汁入りみそ，カレールー，焼き肉のたれ
カリウム	刻み昆布，抹茶，焼きのり，せん茶，かつお節，干し柿，さわら，鶏むね，豚ヒレ
カルシウム	干しえび，田つくり，ごま，エメンタールチーズ，紅茶，プロセスチーズ，しらす干し
マグネシウム	干しひじき，干しえび，ごま，焼きのり，きな粉，紅茶，らっかせい，するめ
リン	田つくり，するめ，しらす干し，プロセスチーズ，焼きのり，鶏卵黄，ししゃも
鉄	あさり佃煮，豚肝臓，焼きのり，鶏肝臓，きな粉，かつお節，鶏卵黄，牛肝臓，牛もも
亜　鉛	カキ（貝），豚肝臓，牛もも，干しえび，マトンロース，するめ，たらこ，豚肩ロース
銅	牛肝臓，干しエビ，紅茶，カシューナッツ，入り大豆，きな粉，かき（貝），あんこう肝
マンガン	せん茶，紅茶，いたや貝，焼きのり，きな粉，ごま，日本栗，モロヘイヤ
ヨウ素	刻み昆布，焼きのり，まだら，たらこ，うなぎかば焼，まあじ，さんま，まさば
セレン	あんこう肝，たらこ，黒まぐろ，かつお，豚肝臓，鶏肝臓，ぶり，牛肝臓，鶏卵黄
クロム	刻み昆布，干しひじき，紅茶，小豆（あん），きな粉，豆みそ，せん茶，まさば
モリブデン	きな粉，糸ひき納豆，豚肝臓，牛肝臓，あずき，鶏肝臓，大豆

● 6　食物繊維

（1）　食品に含まれる食物繊維の特性

　食物繊維は，ヒトの消化酵素によって加水分解されない高分子難消化成分と定義されている。主な食物繊維は多糖類やその誘導体である。また食物繊維は不溶性食物繊維と水溶性食物繊維に分類される。

　表1-14，15に，不溶性食物繊維と水溶性食物繊維が多く含まれている食品とその含量を示した。 QRコード 表-3，4（p.10）も参照すること。

表1-14　不溶性食物繊維が多く含まれる食品

食　　品	100g当たりの含量(g)
きくらげ(乾)	57.4
せん茶　茶	43.5
玉露　茶	38.9
紅茶　茶	33.7
抹茶　茶	31.9
あずきあん(さらしあん)	25.8
かんぴょう(乾)	23.3
えごま(乾)	19.1
グリンピース(揚げ豆)	18.7
米ぬか	18.3
ココア　ピュアココア	18.3
いり大豆(黄大豆)	17.1
きな粉(全粒大豆，黄大豆)	15.4
青汁　ケール	15.2
あらげきくらげ(ゆで)	15.0
ブルーベリー(乾)	14.7
小麦はいが	13.6
干しがき	12.7
アーモンド(フライ，味付け)	9.0
甘ぐり(中国ぐり)	7.5

表1-15　水溶性食物繊維が多く含まれる食品

食　　品	100g当たりの含量(g)
しろきくらげ(乾)	19.3
らっきょう(りん茎，生)	18.6
青汁　ケール	12.8
干しわらび(乾)	10.0
エシャレット(りん茎，生)	9.1
かんぴょう(乾)	6.8
抹茶　茶	6.6
あらげきくらげ(乾)	6.3
干しぜんまい(干し若芽，乾)	6.1
おおむぎ　米粒麦	6.0
ココア(ピュアココア)	5.6
玉露　茶	5.0
紅茶　茶	4.4
干しあんず(乾)	4.3
にんにく(りん茎，生)	4.1
いちじく(乾)	3.4
プルーン(乾)	3.4
ゆず(果皮，生)	3.3
えんばく　オートミール	3.2

文部科学省：日本食品標準成分表2015年版（七訂）より作成

①　不溶性食物繊維

　不溶性食物繊維には，細胞壁を構成しているセルロース，ヘミセルロース，キチン，リグニンがある。これらを多く含む食品は干ぴょう，グリーンピース，きな粉，干しがき，アーモンド，おから，落花生，オートミール，枝豆などである。

②　水溶性食物繊維

　水溶性食物繊維には，ペクチン，グルコマンナン，植物ガム（グアガム），寒天，アルギン酸ナトリウムなどがある。これらを多く含む食品は，らっきょう，かんぴょう，干しあんず，にんにく，いちじく，えんばくオートミールなどである。これらの食物繊維は消化されないので，小腸では吸収されず高分子のまま大腸へ送ら

れる。大腸ではその多くが腸内微生物の栄養源として利用される。また食物繊維は保水性が高いため，便の容積を増やすことができる。

（2） なぜ，食物繊維を毎日摂取しなければならないか

食物繊維は，栄養素として体内には吸収されないが，表1-16に示すように，健康維持に効果があるため，毎日の食生活で必ず摂取しなければならない成分である。

毎日の食事で男性では21g以上，女性では18g以上の食物繊維を摂取することが推奨されている（p.9，表1-3）。

表1-16 食物繊維の病気の予防効果とその理由

病気の予防効果	メカニズム
便秘の予防	便の容量を増やす。蠕動運動を促進する
糖尿病の予防	糖の吸収を遅らせ，血糖値の急激な上昇を予防する
動脈硬化，高血圧，高脂血症の予防	コレステロール，胆汁酸，ナトリウムの吸収を抑制する
大腸がんの予防	大腸で発生する発がん物質を吸着し，排泄する

食物繊維は，保水性をもつため，大腸で便の容積を増やすことで消化管の蠕動運動を促進し，便秘を予防する効果が知られている（3章参照）。小腸においては糖の拡散を抑えることにより，その吸収を遅らせ血糖値の急激な上昇を抑制する（4章参照）。

また，ヒトの健康維持において摂りすぎてはならないコレステロール，中性脂肪，ナトリウムなどの食品成分の吸収を抑制する働きがあり，さまざまな病気の予防に貢献している（5章参照）。また大腸内では，発がん物質を吸着して排泄することができるので，大腸がんの予防効果があるといわれている。

● 7　その他の機能成分

（1）　ポリフェノール

フェノール性水酸基を有する物質を総称し，ポリフェノールとよぶ。ポリフェノールは，ラジカルと反応するラジカルスカベンジャーとして作用する抗酸化物質である（13章参照）。これはラジカルと反応すると自らがラジカルになるが，このラジカルは共鳴構造により安定化され，連鎖反応を停止する効果がある。生体内で生じるラジカルは細胞の損傷，DNAやタンパク質の切断による発がんや老化の促進，またコレステロールなどの脂質酸化による動脈硬化の発症などに関わっていることから，ポリフェノールによりラジカルを消去することは健康維持に重要である。ポリフェノールを多く含む食品には，赤ワイン，ブルーベリー，春菊，ミルクチョコレート，りんご，緑茶，コーヒーなどが挙げられる。

食品に含まれるポリフェノールは，さまざまな構造をもっているが，大きく分け

てフラボノイド類とフェノールカルボン酸類に分けられる。

① フラボノイド類

$C_6-C_3-C_6$の骨格をもつ化合物の総称。フラバンを中心に，フラバノン，イソフラバノン，フラボン，イソフラボン，カルコン，フラバノール，フラボノール，アントシアニジンなど構造の異なる複数の基本骨格が存在し，それぞれに水酸基や糖類が結合することにより，多数のポリフェノールが生成される。

食品中で多く存在するポリフェノール化合物には，カテキン類，アントシアニン類，タンニンなどがある（図1-3）。

タンニン類は，フラバノール誘導体であり，そのなかには構造Ⅰをもつカテキンのほかに，エピカテキン（構造Ⅱ），ガロカテキン（構造Ⅲ），エピガロカテキン（構造Ⅳ）がある。また，没食子酸とエステル結合したガロイルエステル（没食子酸エステル）に相当するエピカテキンガレート（構造Ⅴ），エピガロカテキンガレート（構造Ⅵ）が存在する。ワイン，ブルーベリー，りんご，緑茶などにカテキンが多く含ま

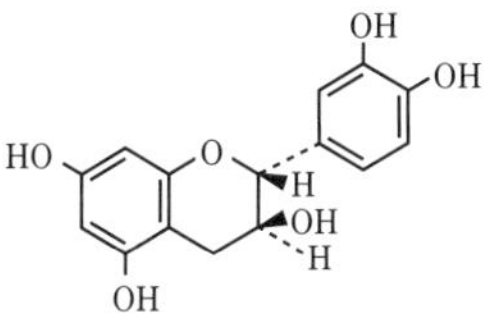

(Ⅰ) (+)-カテキン
((+)-catechin)

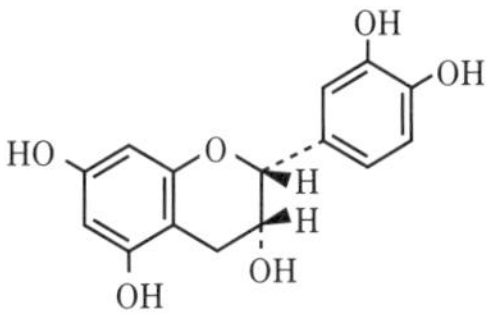

(Ⅱ) (-)-エピカテキン
((-)-epicatechin)

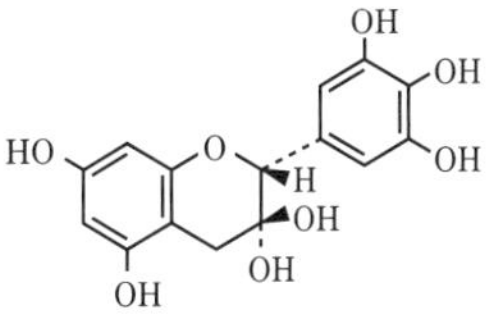

(Ⅲ) (+)-ガロカテキン
((+)-gallocatechin)

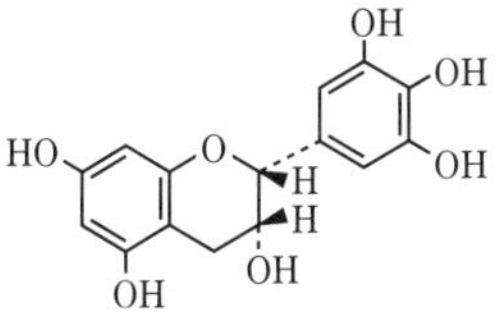

(Ⅳ) (-)-エピガロカテキン
((+)-epigallocatechin)

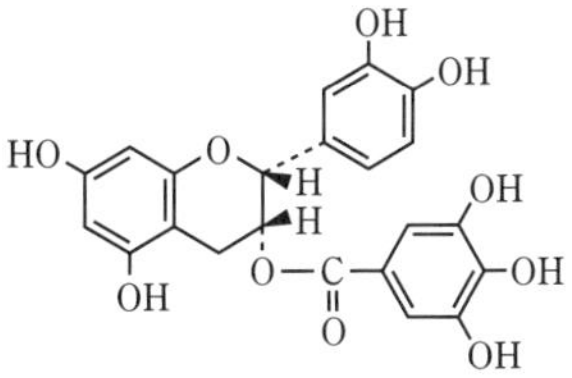

(Ⅴ) (-)-エピカテキンガレート
((-)-epicatechin gallate)

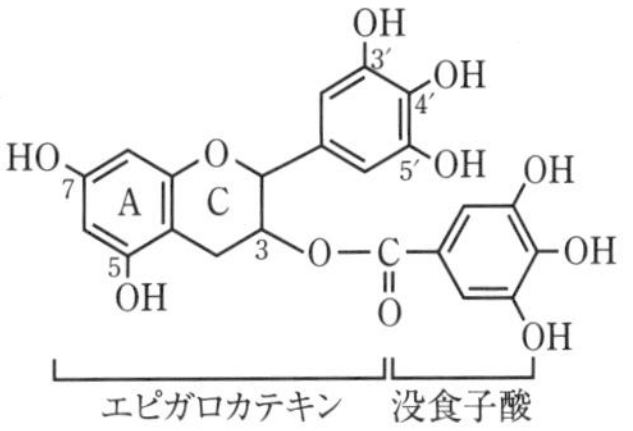

エピガロカテキン　　没食子酸
(Ⅵ) (-)-エピガロカテキンガレート
((-)-epigallocatechin gallate)

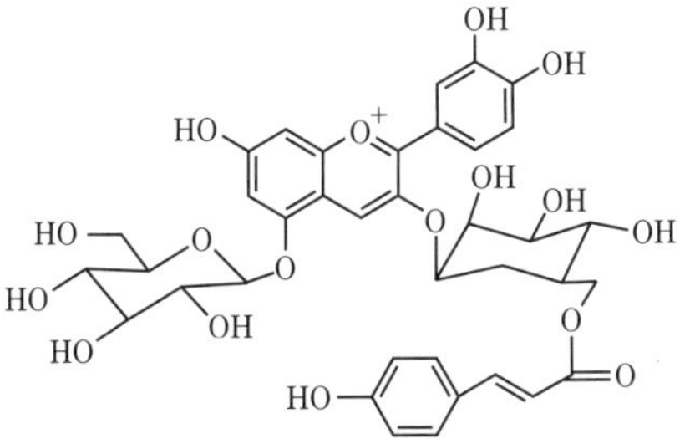

(Ⅶ)アントシアニン類のシソニンの構造

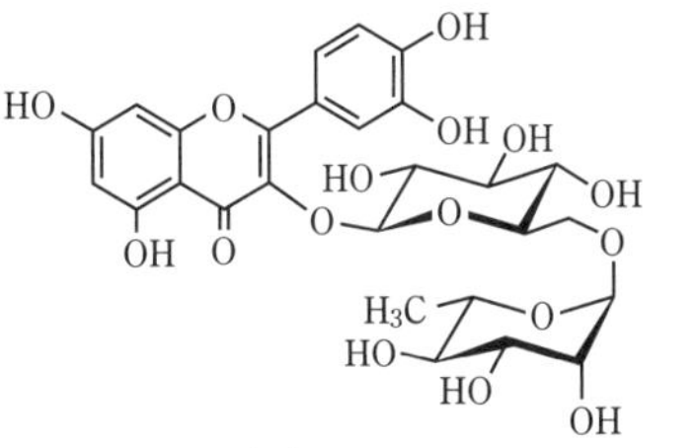

(Ⅷ)ルチン

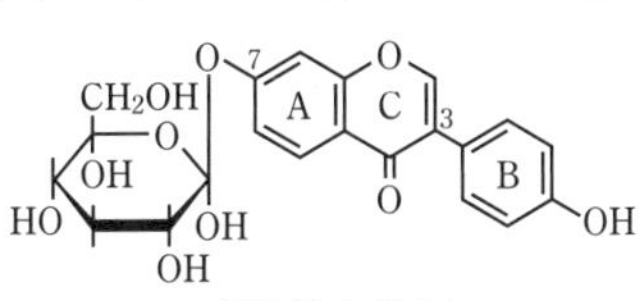

(Ⅸ)ダイゼイン

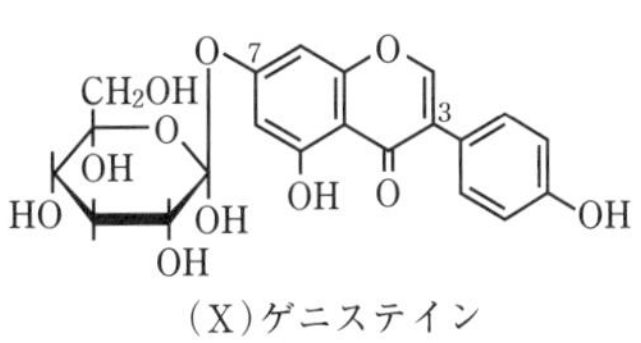

(Ⅹ)ゲニステイン

図1-3 ポリフェノール（フラボノイド類）の構造

れており，脂質代謝促進作用，抗酸化作用，抗アレルギー作用などのさまざまな機能が知られている（5章，12章，13章参照）。

アントシアニンは，アントシアニジンを骨格とし，その水酸基に糖類が結合した配糖体である。アントシアニンは，赤や紫の水溶性色素であり，いちご，なす，ぶどう，紫いも，しそなどに多く含まれている。しそに含まれるシソニンの構造をⅦに示した。アントシアニン構造で，水酸基が多くなると紫が濃くなり，メトキシル基が多くなると赤色となる。

タンニンは，カテキンが重合した縮合型タンニンと加水分解型タンニンがある。これらは赤ワインや茶に含まれる渋味成分である。このほかには，ルチン（構造Ⅷ）がそばに，また，ダイゼイン（構造Ⅸ）やゲニステイン（構造Ⅹ）といったイソフラボンがだいずに多く含まれている。

② フェノールカルボン酸類

ベンゼン環にカルボキシ基をもつ側鎖が結合した物質で，代表的なものとして没食子酸（構造Ⅰ），フェルラ酸（構造Ⅱ），カフェ酸（構造Ⅲ），p-クマル酸（構造Ⅳ）がある（図1−4）。これらのベンゼン環に水酸基やメトキシル基が結合した誘導体が多く存在する。またカルボキシ基に糖などの化合物が結合したものが食品に多く含まれている。食品に含まれる代表的なフェノールカルボン酸類はクロロゲン酸（構造Ⅴ）で，コーヒー豆やごぼうなどの植物性食品に多く含まれている。

またゴマに多く含まれるセサミン（構造Ⅵ）はリグナンとよばれるポリフェノールである。またカレーの成分であるウコンにはクルクミン（構造Ⅶ）とよばれるポリフェノールが含まれている。米糠には，γ-オリザノール（構造Ⅷ）が含まれているが，これはフェルラ酸とシクロアルテノールなどとのエステル化合物である（図1−4）。

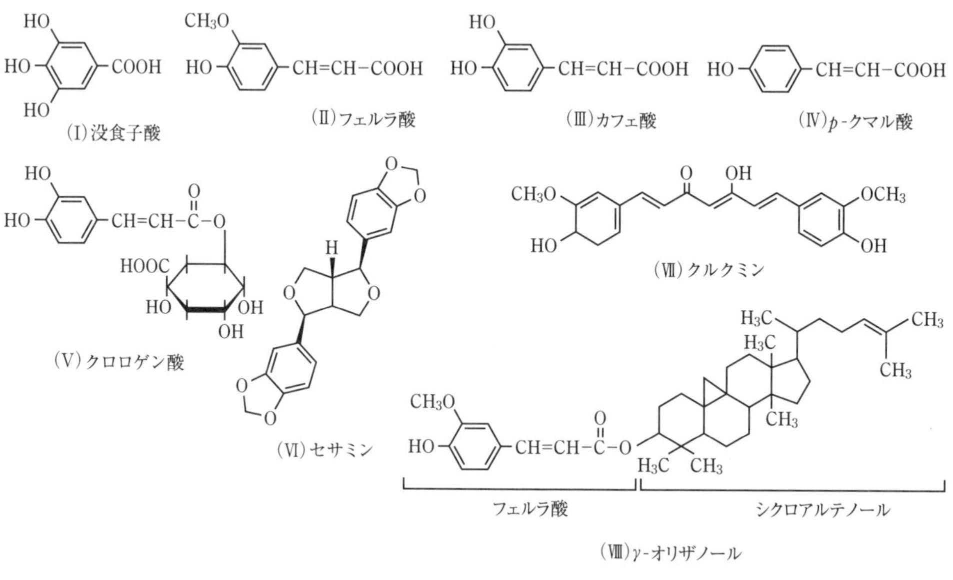

（Ⅰ）没食子酸　（Ⅱ）フェルラ酸　（Ⅲ）カフェ酸　（Ⅳ）p-クマル酸

（Ⅴ）クロロゲン酸　（Ⅵ）セサミン　（Ⅶ）クルクミン

フェルラ酸　シクロアルテノール

（Ⅷ）γ-オリザノール

図1−4　ポリフェノール（フェノールカルボン酸類）の構造

(2) 植物ステロール

　　米ぬかや菜種油には，主にβ-シトステロール，スティグマステロール，カンペステロールなどとよばれる植物ステロールが存在している（図1-5）。これらは動物ステロールであるコレステロールの構造と類似している。

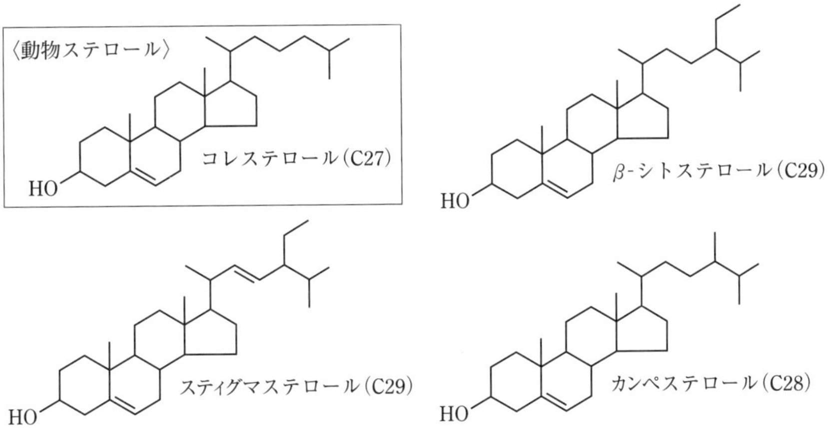

図1-5　植物ステロール

　　植物ステロールは，ヒト小腸で吸収されにくく，コレステロールとミセル形成で拮抗して，コレステロールの吸収を抑制する作用がある（5章参照）。

(3) オリゴ糖

　　オリゴ糖は，単糖が2～10個結合した炭水化物のことである。オリゴ糖のなかで，特に消化酵素により分解されないものを難消化性オリゴ糖とよんでいる。難消化性オリゴ糖には，さまざまな効果が知られている。これらの機能を有するオリゴ糖を機能性オリゴ糖とよぶ。

　　食品に含まれる機能性オリゴ糖としては，野菜や果物に含まれているフラクトオ

表1-17　ビフィズス菌の増殖作用をもつオリゴ糖の構造と特徴

名　称	主な構造	nの数	～部分の結合様式	原　料	製造法
ラフィノース	Gal～Glc-Fru		α1-6	甜　菜	植物から抽出
大豆オリゴ糖	(Gal)n～Glc-Fru	1～2	α1-6	大　豆	植物から抽出
ラクチュロース	Gal～Fru		β1-4	乳　糖	アルカリ異性化反応
フラクトオリゴ糖	Glc-Fru～(Fru)n	1～3	β2-1	ショ糖	酵素による転移・縮合反応
ガラクトオリゴ糖	Gal～(Gal)n-Glc	1～4	β1-4	乳　糖	酵素による転移・縮合反応
ラクトスクロース	Gal-Glc～(Fru)n	1～2	β2-1	乳糖・ショ糖	酵素による転移・縮合反応
イソマルトオリゴ糖	(Glc)n～Glc	1～3	α1-6	でんぷん	酵素による転移・縮合反応
キシロオリゴ糖	Xyl～(Xyl)n	1～6	β1-4	キシラン	酵素による多糖類の分解
イヌロオリゴ糖	Glc-Fru～(Fru)n	1～7	β2-1	イヌリン	酵素による多糖類の分解

＊　Fru：フルクトース，Gal：ガラクトース，Glc：グルコース，Xyl：キシロース

リゴ糖，大豆に含まれるガラクトオリゴ糖，ミルクに含まれるシアロオリゴ糖などがあるが，その含有量は多くない。そこで多糖類やオリゴ糖を酵素で処理したものが多く開発されている。表1−17に主な機能性オリゴ糖を示した。機能性オリゴ糖の主な機能として，プレバイオティクスとしてのおなかの調子を整える作用が知られている（3章参照）。

　このように食べ物のなかには，さまざまな成分が含まれていると同時に，食品によって成分含量に特徴がある。これらの成分がヒトの健康維持のための栄養素や生体調節機能成分として病気を予防しているのである。食べ物に含まれる栄養素や機能性成分をよく理解し，それらを恒常的に摂取するためにバランスのよい食生活をすることが大切である。バランスのよい食生活により，毎日必要な栄養素を必要量摂取するよう心がけなければならない。

●確認問題　　＊　　＊　　＊　　＊　　＊

1. タンパク質を毎日摂取しなければならない理由を説明しなさい。

2. あなたが，健康維持のために必要とされる炭水化物と脂質の1日当たりの推奨摂取量を計算しなさい。

3. ビタミンには，過剰に摂取すると副作用を起こす可能性があるので，いくつかのビタミンには摂取量の上限（耐容上限値）が定められている。これらのビタミンの名称と耐容上限値を書きなさい。

4. 食品成分のなかで，病気の予防効果が期待される機能性成分を4つ挙げ，その作用を書きなさい。

解答例・解説：QRコード(p.1)

〈参考文献〉

今堀和友，山川民夫監修：生化学辞典（第4版），東京化学同人（2007）
宮澤陽夫，五十嵐脩共著：「新訂食品の機能化学」，（株）アイ・ケイコーポレーション（2010）
厚生労働省：日本人の食事摂取基準2020年版（八訂）
文部科学省：日本食品標準成分表2020年版（八訂）

2章　身体のしくみの概論

> **概要**：生体の基本的な生理機能（しくみ）を紹介する。食品がどのようにこれらの機能に関わるか概略
> を学習し，次章以降の各論の理解につなげたい。

　経口摂取された食べ物は，消化・吸収され，栄養素となり血液中を運搬され，身
体のなかのいろいろな臓器で，それぞれの目的に利用される。個々の臓器や個々の
細胞周囲では，吸収された糖質や脂質を燃焼させ，エネルギーを産生させるための
酸素の濃度が一定に保たれており，効率的に利用できる環境が維持されている（恒
常性）。これには消化・吸収，酸素摂取に関わる呼吸，栄養素や酸素の運搬に関わる
心臓・循環，不要物質の排泄に関わる腎の尿生成等の生理機構が関わる（図2−1）。
　これらは身体の基本的な働きであり，無意識下でも最適な条件で働くよう，主に
自律神経系によって調節されている。また生体はさまざまな侵襲や障害に対し防御
するしくみがある。

　本書では食品と関連づけながら，これらの基本的な生理機能を理解することを目
的にしている。この章では，まずこれらの基本的しくみの概略を説明する。全体像
を把握し，各論を理解する手助けにしてほしい。

（1）　栄養素の摂取：消化と吸収（3章，4章，5章参照）

　食品中の栄養素を体内に吸収するためには，吸収しやすいように小分子に分解し
ながら，主な吸収部位である小腸に運搬する必要がある。食塊を口側から肛門側に
進める蠕動運動，小腸で消化液と充分混ぜる分節および振り子運動，消化酵素を多
く含む消化液の分泌は，消化管壁内の神経叢と主に自律神経の副交感神経により調
節されている。消化により小分子に分解された栄養素は消化管壁から吸収され，最
終的には血液中に入り必要部位に運ばれる。
　3大栄養素である炭水化物，タンパク質，脂質はそれぞれ異なる消化酵素で分解
され，最小単位，あるいはそれに近い形で吸収される。唾液，胃液，膵液，胆汁，
十二指腸・小腸液，大腸液からなる消化液は，これらの消化酵素や消化管の運動を
調節する消化管ホルモン等を含み，総量は1日7リットルにも及ぶ。これにより効
率的な消化と吸収が可能となる。大量の水分の大半が小腸および大腸で吸収される。

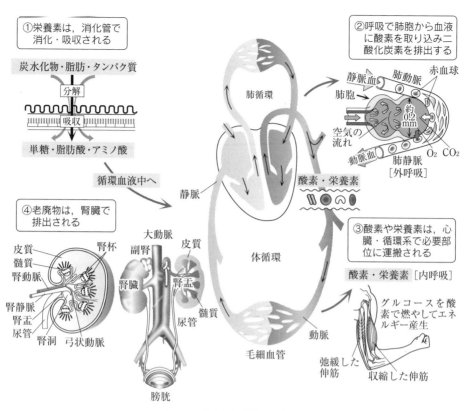

①栄養素は，消化管で消化・吸収される

炭水化物・脂肪・タンパク質

分解

吸収

単糖・脂肪酸・アミノ酸

循環血液中へ

②呼吸で肺胞から血液に酸素を取り込み二酸化炭素を排出する

肺循環

静脈

静脈血　肺動脈　赤血球

肺胞

空気の流れ

約0.12mm

動脈血　肺静脈　O_2　CO_2

[外呼吸]

④老廃物は，腎臓で排出される

大動脈

副腎　皮質

皮質
髄質
腎動脈

腎杯

腎臓　腎盂

酸素・栄養素

③酸素や栄養素は，心臓・循環系で必要部位に運搬される

体循環

酸素・栄養素 [内呼吸]

腎静脈
腎盂
尿管

腎洞　弓状動脈

髄質

尿管

動脈

毛細血管

グルコースを酸素で燃やしてエネルギー産生

弛緩した伸筋　収縮した伸筋

膀胱

図2-1　基本的な身体のしくみ

（2）　酸素の摂取：呼吸（6章）

　生体では，個々の細胞が固有の機能を発揮している。神経細胞は興奮，筋肉の細胞は興奮と収縮，内分泌腺の細胞は興奮と分泌，肝臓の細胞は解毒と胆汁の分泌などである。個々の細胞が生存し，これらの固有の機能を発現するには，エネルギーが必要であり，そのすべてを個々の細胞自身が，多くは糖質，あるいは脂質を酸素を用いて燃焼させることにより産生している。したがって，全身のすべての細胞に栄養素とともに酸素を供給することが生命の維持に必須である。

　呼吸器系による体外から体内への酸素の摂取と二酸化炭素の排泄を外呼吸とよび，細胞での酸素の利用によるエネルギー産生を内呼吸とよぶ。外呼吸では，呼吸筋による換気運動と，肺胞から血液への酸素の拡散，血液による酸素，および二酸化炭素の運搬の機構を理解する必要がある。換気運動は気道，および肺胞内の気体を出入りさせる運動であり，ガス交換に関わる肺胞内の酸素濃度，および二酸化炭素濃度を一定にする効果がある。肺胞壁は毛細血管が網の目のように被っており，肺胞内の気体と血管内の血液とは，肺胞の上皮細胞，基底膜，および血管内皮細胞の3層で隔てられるだけである。酸素や二酸化炭素のようなガスは細胞膜を自由に通過するので，肺胞中に高い濃度で存在する酸素は血液中に拡散し，組織から戻ってきた静脈血中に多く存在する二酸化炭素は逆に肺胞中に拡散することになる。多

くのエネルギーが消費される運動時には，動脈血中の酸素分圧が低下し二酸化炭素分圧が増加する。これらを呼吸調節のための受容体が感知すると「苦しい」と感じるとともに換気運動が増え，より多くの酸素の摂取と二酸化炭素の排泄が可能になる。

（3） 酸素や栄養素の運搬：血液と心臓循環系(6章，7章)

血液を全身の組織や肺に送るポンプ役は心臓であり，血管内の血液を移動させ，組織に酸素や栄養素を送る。心臓や血管の各部位は，自律神経系で巧妙に調節されており，必要なときに，必要な部位に，効率よく酸素や栄養素を運搬している。血液の移動は圧差によるので，血圧の高い部位から低い部位に向かって流れる。酸素や栄養素を多く必要とする運動中には，心拍数が増え，また収縮力も増して心臓からの駆出量を増加させ，全身に多くの血液を送る(左心系からの体循環)。右心系からは同量の血液が肺を循環(肺循環)するので，より多くの酸素を血液中に取り込むことができる。さらに多く使う筋肉では，血管を拡張させて圧を低くし，より多くの血液が流れ込むことを可能にしている。このようにして，どのような条件下でも細胞周囲の酸素や栄養素の濃度を含めた環境を一定にする(恒常性)ために，心臓循環系は機能している。これも意思によらない生体の自動調節であり，自律神経系によるものである。

血液のなかで酸素の運搬に関わるのは，赤血球に含まれるヘモグロビンである。ヘモグロビンは酸素との結合能が高く，高い酸素分圧(100 mmHg 程度)では1分子に4分子の酸素分子を結合することができる。逆に低い酸素分圧(40 mmHg 程度)では酸素との結合能は低く，酸素を放してしまう。ヘモグロビンのこのような性質により，酸素分圧の高い肺で酸素を受け取り，低い組織で酸素を放出するという赤血球の主要な役割が可能となる。ヘモグロビン1分子は4本のヘモグロビン鎖からなっており，各々は1個の鉄イオンを含んでいる。鉄欠乏時には正常なヘモグロビン，および赤血球が産生できず(鉄欠乏性貧血)，組織の酸素不足に伴って，息切れや持久力の低下等が認められる。

（4） 老廃物の排泄：腎臓(9章参照)

身体のなかでは水分量や Na^+ あるいは K^+ のような電解質濃度，さらには pH も一定に保たれている。食べ物から摂取した水分，電解質は消化管で吸収された後，循環系で運ばれ血中，および組織液中に分布する。細胞周囲だけでなく細胞内においてもこれらが一定に保たれていることが細胞の生存，および固有機能の発現に不可欠である。腎臓では，老廃物とともに，過剰の電解質を水分と一緒に尿として排泄し，生体内の環境を保持する。Na^+ 等の摂取が多ければ尿中に多く排泄して体内の Na^+ 量は一定に保たれることになる。アルカリ食品を多く摂れば，尿をアルカリにして体内の pH は一定に保たれる。このようにして腎臓は水分，電解質，pH 等

の恒常性維持に寄与する。

(5) 運動や歩行の能力を保つ機能(10章，11章)

運動や歩行には，骨や筋肉が重要な働きをしている。これらはCaやアミノ酸のプールとしての役割も有しているため，食事からの摂取が不足すると，骨を溶かしてCaを供給したり，筋肉を分解してアミノ酸の供給を行う。

高齢になると，運動不足やタンパク質の摂取不足でサルコペニアになる。また，Caの不足で，骨粗しょう症になりやすくなる。食事に気をつけ，運動をすることで，正常な状態に戻すことができるが，それを放置すると，要介護状態になる。

(6) 身体を守る機能：免疫，血液凝固，酸化ストレス抑制，肌の健康
(8章，12章，13章，14章)

身体に病原体が侵入しないように防御するのが免疫系である。自然免疫と適応(獲得)免疫に大別されるが，両者は連続して協調して働き，異物(自分の成分ではないもの)を認識し速やかに体内から排除する。適応免疫では，病原微生物等の構成成分等免疫応答を引き起こす分子(抗原)を認識して記憶し，再度の侵入時に抗体やT細胞を用いて速やかにこれを排除する。アレルギーは抗原に対する免疫反応が引き起こす過敏症であり，食べ物に起因するものが食物アレルギーである。アレルギーを起こす抗原をアレルゲンとよぶ。通常，経口で摂取したタンパク質は消化酵素で小分子に分解されるため過剰な免疫反応を起こさない。しかし，消化機能が未熟な乳幼児では，アレルゲンを充分に消化できずに残るため食物アレルギーが発症しやすい。

組織や血管の傷害時に血液を固めて止血するのも生体の防御機構の一つである。血小板と血液凝固系が関わる。血管傷害部位等血栓形成が必要な部位では凝固系が効率的に活性化され，速やかに止血する。一方不要な部位では，さまざまな抑制機構が働き，不要な血栓形成に伴う血管閉塞を防いでいる。

エネルギー産生のために摂取する酸素は，一方では活性酸素というかたちで酸化という化学反応を通じて生体を障害する。生体は酵素反応や別の酸化還元反応を利用して活性酸素を不活化することによって，組織の障害を防いでいる。

皮膚は，紫外線や病原体などの外的環境から人体を保護し，発汗などを通して内的環境の維持に働いている。皮膚を健康に保つためには，肌の健康と保全に関わる機能性成分や食品を摂ることは重要である。

食べ物から摂取された栄養素は，さまざまな生体機能により必要な臓器に運ばれ有効に利用される。その運搬を担う機構の構成・維持も栄養素によっている。これらの機構は，基本的な食品の適切な摂取により，はじめて維持が可能となる。経口摂取が困難であったり，偏った食生活では，単にエネルギー産生が悪くなるだけでなく，基本的なからだの機能が損なわれることになる。

3章　おなかの調子を整える機能
─食べ物の消化・吸収や排泄と健康

> **概要**：経口摂取した食品中の栄養素を体内に吸収するためには，吸収しやすいように小分子に分解（消化）することと，主な吸収部位である小腸に運搬する必要がある。また消化・吸収できなかったものは大腸に運搬され，その後，排泄される。消化・吸収・排泄のしくみを理解し，その機構に影響を及ぼし，おなかの調子を整える効果をもつ食品とその成分について学ぶ。

到達目標　　＊　　＊　　＊　　＊　　＊　　＊　　＊

1. 消化管（口～咽・喉頭～食道～胃～十二指腸～小腸～大腸～肛門）の構造と各部位の機能を理解し説明できる。
2. 食べ物がどの部位でどのように消化され，その後どの部位で栄養素として吸収されるのかを理解し説明できる。
3. 大腸の機能を理解すると同時に，大腸の環境改善に効果のある食品成分を挙げ，それらの働きを説明できる。
4. 食物繊維が多く含まれる食品を挙げることができる。
5. プロバイオティクスとプレバイオティクスの違いを説明でき，それを多く含む食品を挙げることができる。

● 1　食べ物の消化

　食べ物は，体内で消化されてから，吸収される。吸収された食品成分は，栄養素として生体の健康維持に使用される。消化・吸収されなかったものは大腸に送られ，最終的に排泄される。

　消化の第一段階は，咀しゃくと嚥下である。ある程度，つぶれた食べ物は，食道，胃，小腸の消化管で消化される。

（1）　咀しゃくと嚥下

　食物は口腔内で下顎の運動と歯，舌，口唇と頬の協調運動（咀しゃく運動）により，噛み砕かれ唾液と混ぜられて，適当な大きさの塊になる。唾液は食物が最初に出合う消化液で，唾液腺で産生・分泌される。唾液腺は左右に3対ある大唾液腺（耳下腺，舌下線，顎下腺）と，口腔粘膜に存在する小唾液腺に分けられる。唾液の大部分は水分で，主成分は消化酵素である唾液アミラーゼと粘液のムチンである。

　唾液は以下の生理作用がある。

① 唾液アミラーゼの働きによりデンプンを加水分解する。

② ムチンにより食塊を滑らかにして咀しゃく・嚥下をしやすくし，口腔粘膜を保護する。

③ 食物成分を溶かし味覚刺激を助ける。

④ 口腔内を湿った状態にする。

⑤ 口腔内と歯を清浄に保つ。

⑥ 抗菌作用を発揮する。

　咀しゃくにより小さくなった食塊は，嚥下により口腔から咽頭と食道を通って胃に送られる。嚥下運動は3相に分けられる（図3-1）。

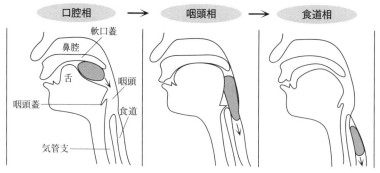

図3-1　嚥下運動

① 口腔相：形成された食塊が，複雑な舌の運動により咽頭に送られる。

② 咽頭相：咽頭は，鼻腔，口腔，食道，気管につながっている。食塊が咽頭に入ると，延髄の嚥下中枢を介する反射により，軟口蓋が挙上して鼻腔を塞ぎ，喉頭蓋が閉鎖して気管を塞ぎ，舌根を押し上げる。これらの一連の動きにより，食塊の口腔への逆流を防ぎ，咽頭の筋が収縮して咽頭内圧を上昇させるとともに食道の入口部を開き，食塊を食道へと送る。

③ 食道相：食塊は食道の蠕動運動により，下方に向かって移送され，胃の噴門部に至ると噴門が開き，胃に収容される。

サイドメモ：誤嚥（むせる）

　これは誤って飲食物が気管に入ったとき，咳き込むことによって排出する一種の防衛反応である。この現象は，嚥下がいかに精巧な機序で行われているかの証拠でもある。脳卒中等で嚥下に関与する神経が障害されると嚥下機能が低下し，誤嚥を起こしやすくなる。脳卒中患者で肺炎のリスクが高まるのは，この誤嚥による肺炎（誤嚥性肺炎）のためである。

（2）　消化管の構造，運動と調節

　消化管の壁は，各部位によって差はあるが，一般に管腔側から粘膜，粘膜下層，筋層，漿膜下層，漿膜の5層構造をもつ。筋層は内輪走（環状）筋層と外縦走筋層に分かれ，いずれも平滑筋でできている（図3-2）。消化管運動は主に内輪走筋と外縦走筋の収縮と弛緩によって行われている。

　消化管運動は神経性および液性（消化管ホルモン）調節を受けている。神経性調節

は，腸管内に存在する内在性神経系と，腸管外の外来性神経系からなる自律神経による。内在性神経系には，粘膜下層に分布する粘膜下神経叢(マイスナー神経叢)と内輪走筋層と外縦走筋層との間に分布する筋層間神経叢(アウエルバッハ神経叢)がある。前者は主として分泌や吸収等の粘膜機能の制御に関わり，後者が主として消化管運動の調節に関わる。

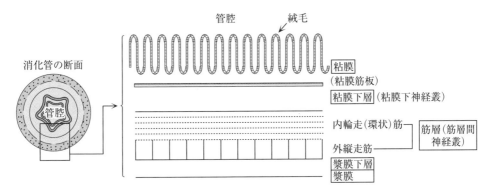

図3-2 消化管の壁構造

また，消化管は，胃・腸管上皮に散在する消化管内分泌細胞より種々の消化管ホルモンを分泌し，血液あるいは組織を介して消化管運動を調節する(液性調節)。消化管運動に関わる消化管ホルモンの作用を表3-1にまとめる。

表3-1 消化管ホルモンの作用

ホルモン	作用	産生細胞
ガストリン	胃酸分泌，胃の運動を促進する	胃前庭部のG細胞
コレシストキニン	膵酵素分泌，胆嚢収縮	十二指腸のI細胞
セクレチン	胃酸分泌抑制，膵液への水・重炭酸分泌	十二指腸のS細胞
ソマトスタチン	ガストリン，セクレチン，胃液，成長ホルモン，インスリン，グルカゴンの分泌抑制	胃・十二指腸のD細胞
セロトニン	消化管運動促進，腸液分泌促進	小腸のEC細胞
モチリン	胃腸内容推進運動(空腹時)	小腸
グレリン	食欲の促進，成長ホルモンの分泌促進，消化管運動促進，胃酸分泌促進など	胃体部のX/A-like細胞
GLP1，GIP	インスリンの分泌促進	小腸のL，K細胞

(3) 食 道

　食道は，咽頭の下から胃に達する管状の臓器で，胃の噴門につながっている(食道胃接合部)。成人の食道の長さは25～30cmである。食道には咽頭との接合部，気管支に接する部位，横隔膜を通過する部位の3か所の生理的狭窄部(せまくなっている部分)があり，これらの部位では食物がつまりやすい。食道の壁は内腔側から粘膜，粘膜下層，筋層，漿膜下層，漿膜で構成されている(図3-2)。食道の粘膜は，口腔や咽頭粘膜と同様に重層扁平上皮で，形のある食塊が通過する際に傷つ

かないようになっている。筋層にある内輪走筋と，外縦走筋が収縮・弛緩する蠕動運動で食塊を胃に送り出している。また，粘膜下層に多数ある食道腺が粘膜の表面に粘液を分泌し，食塊の通りをよくしている。

（4）　胃

　胃は，食道と十二指腸をつなぐ臓器で，入口と出口が狭くなっている袋状の構造をもつ。胃の入り口を噴門，出口を幽門とよび，残りは上から順に胃底部，胃体部と幽門に向かって狭くなった前庭部に分けられる。J字形に湾曲した外縁を大彎，内縁を小彎とよび，小彎の胃体部と前庭部の境には胃角とよばれるくびれがある（図3-3）。

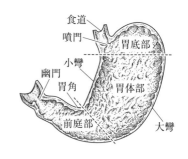

図3-3　胃の各部位

　胃には，以下の5つの機能がある。

①　貯留機能

　食塊が入ると，反射性に胃壁は弛緩し，胃内圧をあまり高めずに胃内容積を増やし数時間程度まで貯留する。手術にて胃を摘出すると，この貯留能がなくなったり，または低下するため，一度に食べられる量が減る。

②　ホルモンと消化酵素の分泌

　粘膜は円柱上皮で，豊富な腺をもち，活発な分泌活動を行っている。食塊が入ると幽門前庭部のG細胞からガストリンが分泌される。ガストリン刺激により，胃底腺に存在する壁細胞から塩酸，主細胞からペプシンの前駆体ペプシノゲンが分泌される。また副細胞からは塩酸とペプシンから細胞自身を保護する粘液が分泌される。ペプシノゲンは，塩酸により活性化されペプシンになる。胃液の分泌は自律神経とホルモンによって調節されている。

③　胃酸による殺菌

　壁細胞から塩酸が分泌され，胃液は強い酸性（pHは1〜2）を示す。胃内の食物を酸性に保つことで殺菌し腐敗を防ぐ。胃内の強酸性環境には細菌はいないと考えられていたが，1980年代前半ピロリ菌が発見された。近年これが胃・十二指腸潰瘍や胃がんの原因であることが判明した。除菌することにより，潰瘍の再発は激減し，胃がんの予防効果もあると考えられている。

④　撹拌・消化

　食塊が入った胃は，しばらくすると蠕動運動を開始する。蠕動は毎分約3回の頻度で，体上部に始まりゆっくりと幽門に向かって伝わる。これにより食塊は撹拌され，胃液とよく混和され糜汁となる。このときペプシンによりタンパク質が分解される。

⑤　排　出

蠕動運動が幽門部におよぶと，幽門部の内圧が高まり，糜汁は幽門から少量ずつ十二指腸に送り出される。

> **サイドメモ**
>
> 食道胃接合部は弁の役目をしており，食物が胃内に入ると閉まる。通常は閉じている。腹部の内圧が高まる脊椎湾曲や肥満の場合，この弁がゆるくなり胃内容物が食道に逆流しやすくなる。胃内容物には消化液や酸が豊富であるため，食道胃接合部付近の食道粘膜が障害され，逆流性食道炎が起こることがある。症状として，胸焼け，げっぷ(曖)，呑酸などがある。今後，高齢化，肥満者の増加とピロリ菌罹患率の低下で，この病気の増加が懸念される。

(5) 小 腸

胃から続く小腸は，十二指腸，空腸と回腸よりなり，長さ約6mの管状の臓器である(図3-4)。ここで内容物は長く滞留し，吸収可能な大きさまで消化されて大部分の栄養素が吸収される。

十二指腸は幽門から長さ約25cm(指の幅12本程度の長さで名前の由来になっている)の部分で，膵臓の右側を囲むようなC字形をしている。十二指腸には，膵臓の導管(膵管)と肝臓から胆汁を導く総胆管が合流して開口しており，膵液と胆汁が流入する。

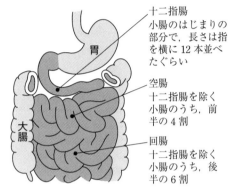

十二指腸
小腸のはじまりの部分で，長さは指を横に12本並べたぐらい

空腸
十二指腸を除く小腸のうち，前半の4割

回腸
十二指腸を除く小腸のうち，後半の6割

図3-4 小腸の各部位

空腸と回腸の境目は明白でないが，おおよそ2/5が空腸，3/5が回腸である。

小腸には，①分泌と吸収，②胃酸の中和，③腸管運動(分節・振り子・蠕動運動(図3-5))などの機能があり，消化内容物を十二指腸から大腸に送っている。

① 分泌と吸収

小腸壁には多数の輪状ヒダがあり，粘膜には高さ1mm程度の絨毛が突出している。絨毛は吸収上皮細胞に覆われ，この細胞にも微絨毛とよばれるブラシのような突起が並ぶ。そのため小腸粘膜上皮の表面積は$200m^2$(体表の100倍)ときわめて大きく，効率的な吸収に好都合である。

絨毛内には毛細血管とリンパ管が発達しており，大部分の栄養素が毛細血管で，また脂質はリンパ管により運搬される。絨毛の根元には，陰窩という穴が存在し，消化液を分泌する。

② 胃酸の中和

十二指腸には十二指腸腺(ブルンネル腺)が多数存在し，粘度が高いアルカリ性分泌物を供給し，胃酸を中和して腸壁を保護している。

③ 腸管運動

小腸の運動には分節，振り子，蠕動の3つがある。

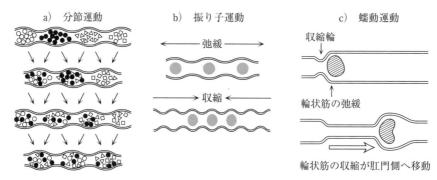

| a) 分節運動 | b) 振り子運動 | c) 蠕動運動 |

図3-5 小腸の運動

a) **分節運動** 輪走筋による運動で，収縮部と弛緩部が隣り合って現れ次いで収縮部が弛緩し，弛緩部が収縮する。これにより腸内容物を混和する（図3-5a)）。

b) **振り子運動** 縦走筋による運動で，腸管の長軸方向に伸展運動が起こり，内容物の混和に役立つ（図3-5b)）。

c) **蠕動運動** 主として輪状筋が運動することにより，消化内容物を口側から肛門側に向かって押し進める。この運動は，胃から十二指腸に内容物が入った段階から始まり，大腸まで伝播するように続く（図3-5c)）。

> **サイドメモ：蠕動運動**
> 胃腸炎になり嘔吐した経験が皆さんにもあると思う。口から食べたものが消化吸収され，約8 m先の肛門から便として排泄されるまで運搬する蠕動運動は，巧妙な調節を受けている。小腸に炎症が起こると蠕動は亢進し，しかもその調節機構が障害されるため，内容物の逆流という嘔吐が起こるのである。

（6） 大腸の運動と排便のメカニズム

大腸は，小腸で栄養素が吸収された後の内容物を糞便として，排泄する役割をもっている。これは，構造的に，盲腸，上行結腸，横行結腸，下行結腸，S状結腸と直腸の6つに分けられる（図3-6)。上行結腸と下行結腸は後腹膜内に固定されているが，横行結腸とS状結腸は腸間膜に包まれ，小腸と同様に遊離した状態にある。

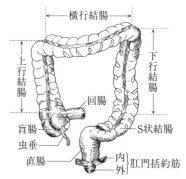

図3-6 大腸の各部位

① 水と電解質の吸収と粘液の分泌

大腸は，ある意味「糞便をつくる」臓器ともいえる。小腸で栄養素が吸収され，盲腸に到達した内容物は液状である。徐々に水分と電解質が吸収され横行結腸では粥状，下行結腸では半固形状となり，S状結腸では固形状となる。なお排便された糞便の組成は，水分が75％，その他固形成分が25％である。固形成分は食物繊維，細菌，粘膜細胞，栄養素の分解産物などである

② 大腸の運動と排便

大腸も小腸と同様に，分節運動と蠕動運動を行うほか，逆蠕動運動も行うが，こ

れらは概して弱く，内容物は停滞しがちである。1日数回，横行結腸からS状結腸にかけ広範囲の筋が同時に収縮する「大蠕動」が起こり，これにより内容物が一気に直腸に運ばれる。

　直腸に糞便が到達し直腸壁が伸展されると，骨盤神経を伝って脊髄から大脳に伝わり便意となる。反射的にS状結腸と直腸が収縮し，肛門にある内肛門括約筋（平滑筋）を弛緩させるが，外肛門括約筋（横紋筋）は便の漏れを防ぐため弛緩せずに収縮する。また，随意的に横隔膜と腹筋を収縮させて腹圧を高め排便を容易にし，最後に随意的に外肛門括約筋を弛緩させ，排便が起こる。

サイドメモ
① **胃大腸反射**：食事をすると急に便意を催すことがあるが，これは食事により胃が急速に膨らむことにより，胃から大腸に信号が送られ，大腸が反射的に収縮し，便が直腸に送り込まれることによる。このため直腸内圧が高まり，便意を催すことになる。これを胃大腸（結腸）反射とよび，特に朝食後に強く起こる。なぜなら胃が空の状態で，かつ就寝中には大腸の蠕動も緩やかになっていたところに，食べ物が急にお腹に入ってくることにより，より強い刺激となって，反射が起こるためである。
② **排便反射**：排便において2種類の肛門括約筋が重要な役割を担っている。排便反射が起これば，平滑筋である内肛門括約筋が必ず弛緩し，排便がいつでもできる状態になるが，常にすぐ排便するとは限らない。「おっと，待った！」と我慢できるのは，意志によって外肛門括約筋が収縮しているからである。この我慢が続くと，排便抑制の刺激が骨盤神経，陰部神経に伝わり両肛門括約筋を緊張させ便意が消失する。このように排便を我慢する機会の多い人は，やがて便意を感じにくくなり，慢性便秘に移行しやすい。

（7）　便秘と下痢

①　便　秘

　便秘は，大腸内に糞便が長く停滞した状態（72時間以上または1週間に3回以下の排便など）と定義される。通常は毎日便通をみていたものが数日間も排便をみないとき，乾燥して硬い小さな便（兎便）が排泄されるとき，排便回数が少なく腹部膨満感，腹痛などを覚えるとき，排便後に残便感がある場合を便秘とすることが多い。

　便秘には種類があり，以下のように分類される。

■**機能的便秘**

1. 急性便秘（一過性単純性便秘）

　　水分摂取不足，食物や生活様式の変化，安静のための運動不足など

2. 慢性便秘

　　①　弛緩性便秘…腸の蠕動運動が弱い，腹筋の低下で腹圧を高められない（高齢者や全身の衰弱）など

　　②　けいれん性便秘…腸の蠕動運動が強くなりすぎて，けいれんを起こす（下剤の乱用，下痢型の過敏性腸症候群）

　　③　直腸性便秘…排便反射が弱くなっている場合（便意を頻繁に我慢する，浣腸の乱用）

　　④　全身性疾患による便秘

内分泌疾患(糖尿病，甲状腺機能低下症など)

中枢神経系疾患(パーキンソン病，脳血管障害など)

代謝異常，膠原病など(尿毒症，強皮症，低カリウム血症など)

■器質性便秘

1. 腸の腫瘍，炎症や閉塞により狭窄が起こる。

2. 腸の長さや大きさの異常によって起こる(ヒルシュスプルング病)。

② 下 痢

　下痢は便の性状が液状，またはそれに近い状態にあるものをいい，1日の排便回数は問わない。1日の糞便中の水分量が200 mL 以上(または糞重量が200 g/日以上)と定義されている。以下の4つに分類される。

■浸透圧性下痢

　腸管内容物の吸収障害により腸管内浸透圧が上昇し，体液の腸管内への移行により腸管内の水分が増加し下痢となる。

■滲出性下痢

　炎症などによる腸管壁の透過性亢進により，滲出液による腸管内容液の増加により下痢となる。

■分泌性下痢

　ホルモン，脂肪酸やエンテロトキシンなどによる腸管壁の分泌性の亢進のため，腸管内容液の増加により下痢となる。このタイプの下痢は，分泌性であるために絶食しても下痢が消失せず，1日の便量が1L以上と大量になるのが特徴的である。例としてコレラなどがある。

■腸管運動異常による下痢

　運動亢進だけでなく，低下でも起こることがある。

1. 腸管運動亢進による下痢で，急速な腸管内容の通過のため水分の吸収が間に合わず下痢となる。

2. 腸管運動低下による下痢で，小腸内の細菌増殖により，胆汁酸の小腸内における脱抱合が起こり，ミセルの形成障害のため脂肪吸収障害となり下痢となる。

● 2　栄養素の吸収

　栄養素は，すべて小腸で吸収されるといっても過言ではない。糖質は十二指腸下部，ビタミンは水溶性・脂溶性とも空腸上部で，タンパク質，脂質は空腸で，ビタミン B_{12} や胆汁酸塩は主に空腸下部から回腸で吸収される。このように小腸でも物質によって，吸収の部位に違いがみられる(図3-7)。

（1）糖質の吸収(図3-8)

　三大栄養素の一つである炭水化物は，糖質と食物繊維のことを指す。糖質は，か

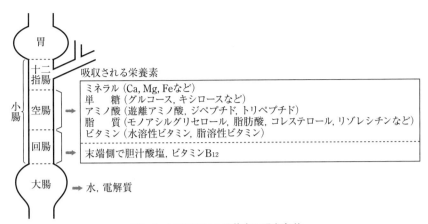

図3-7 小腸における栄養素の吸収部位

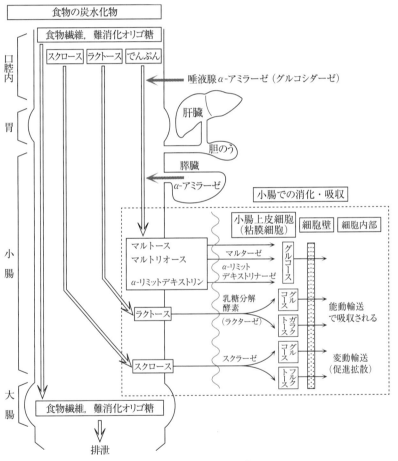

図3-8 糖質の消化と吸収

注〕 食物中の炭水化物は，消化管内で唾液腺アミラーゼおよび膵アミラーゼによって単糖が複数個連結したオリゴ糖に分解される（管腔内消化）。オリゴ糖は小腸粘膜微絨毛膜に存在する酵素により単糖に分解され（膜消化）吸収される。

らだの主要なエネルギー源であり砂糖をはじめとした「甘いもの」だけでなく，米やとうもろこしなどに含まれているデンプンもその仲間である。唾液腺アミラーゼ

や膵アミラーゼといった消化酵素による管腔内消化で二糖類・三糖類に分解された後，消化管上皮に存在するαグルコシダーゼにより単糖類に分解される(膜消化)。食物繊維は消化酵素で分解されない，多くは植物由来の成分である。便通促進効果等の機能を発揮する。

デンプンは管腔内消化で，唾液腺と膵臓のα-アミラーゼ(グルコシダーゼ)により麦芽糖(マルトース)，マルトリオース，α-リミットデキストリンに分解される。これらは小腸上皮の微絨毛膜に存在するαグルコシダーゼ(マルターゼとα-リミットデキストリナーゼ)によりブドウ糖(グルコース)に分解され吸収される。

乳糖(ラクトース)とショ糖(スクロース)は管腔内消化されず，微絨毛膜に存在するラクターゼとスクラーゼにより，それぞれガラクトースとグルコース，フルクトースとグルコースに分解され吸収される。乳糖分解酵素，ラクターゼは乳児にとって必須の酵素であるが，加齢とともに活性が低下する。

食物繊維は，消化酵素で分解されない糖質である。その多くは植物由来の成分であり，便通促進効果などの機能を発揮する。

(2) 脂質の吸収(図3-9)

脂質には，ごま油などのように常温で液体である「油」とバターのように常温で固体である「脂」がある。三大栄養素のなかで，脂質は体内で最も高いエネルギー(1g当たり9kcal)になる。また，からだのなかでつくることができない必須脂肪酸が含まれており，からだの細胞膜の成分やホルモンの材料でもある。

経口摂取された脂肪(中性脂肪)は，口腔で消化を受けず，胃の攪拌運動で水に浮く脂肪滴となる。十二指腸に入り膵リパーゼにより脂肪酸とモノグリセリドに分解されるが，この両者も不溶性である。これらに胆汁酸が加わった3要素でミセルを形成すると水溶性になり，腸管粘膜から吸収される。吸収された後，再度，中性脂肪に再合成され，カイロミクロンとしてリンパ管より吸収され，胸管を経て上大静脈へと輸送される。カイロミクロンには中性脂肪のみならず，コレステロールやリン脂質も含まれる。通常の中性脂肪は炭素数12個以上の長鎖脂肪酸からなっているが，炭素数8〜10個の中鎖脂肪酸からなる中鎖中性脂肪も存在する。中鎖中性脂肪は，膵リパーゼにより中鎖脂肪酸とモノグリセリドに分解されて腸管粘膜から容易に吸収される。大部分がそのまま門脈系に移動し，肝臓で代謝され速やかにエネルギー源となる。胆汁酸の約90％は回腸で再吸収され門脈を経由して肝臓に戻り再利用される(腸肝循環)。

(3) タンパク質の吸収(図3-10)

タンパク質は，20種類のアミノ酸がいくつも結合したポリペプチドである。胃のペプシンによりポリペプチドであるペプトンに分解される。その後小腸内腔で膵

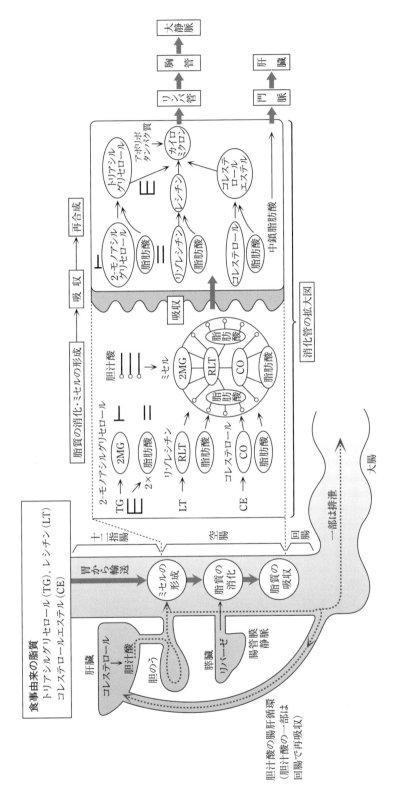

図3-9　消化管における脂質の消化と吸収

注）食べ物の脂質である中性脂肪（トリアシルグリセロール（TG）、レシチン（LT）、コレステロールエステル（CE）は、それぞれ、2-モノアシルグリセロールと脂肪酸、リゾレシチンと脂肪酸、コレステロールと脂肪酸に分解される。脂質は、消化液に溶けないため、胆汁酸による消化ならびに分解物の可溶化を行っている。リパーゼによる分解物は、ミセルの状態で、小腸上皮細胞内に吸収される。長鎖脂肪酸は、細胞内で再度中性脂肪に合成され、アポリポタンパク質と結合したカイロミクロンとして、リンパ管で輸送される。一方、中鎖脂肪酸は、カイロミクロンを形成せず、門脈を介して、肝臓に運ばれる。

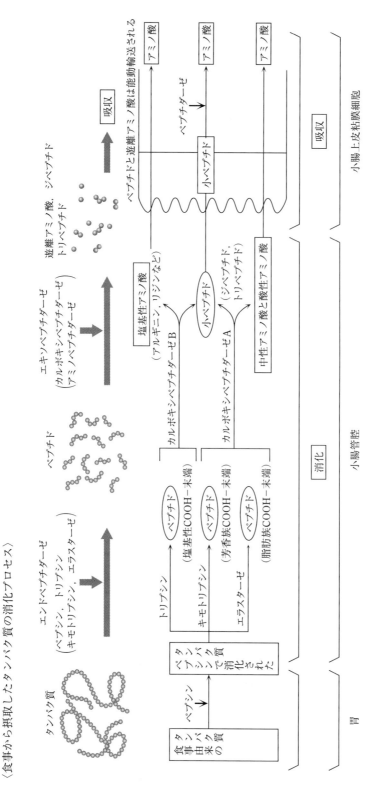

図3-10 タンパク質の消化酵素と消化酵素の作用様式

注] 食べ物のタンパク質は、胃でペプシンによりポリペプチド（ペプトン）に分解された後、膵臓から分泌されたトリプシン、キモトリプシン、エラスターゼによって、さらに分子量の小さいペプチドに分解される。これらのペプチドは、小腸管腔内に存在するカルボキシペプチダーゼによって、ジならびにトリペプチドからなる小ペプチドと遊離アミノ酸に分解される。それぞれは、ペプチドトランスポーターならびにアミノ酸トランスポーターで、小腸上皮細胞内に取り込まれる。小ペプチドは、細胞内で、遊離アミノ酸にまで分解される。すべての遊離アミノ酸は、門脈を介して、肝臓に運ばれる。

のエンドペプチダーゼ(ペプチド鎖内部で切断する酵素：トリプシン，キモトリプシン，エラスターゼ)により分解されペプチドになり，エキソペプチダーゼ(ペプチド末端のアミノ酸を除去する酵素：カルボキシペプチダーゼA, B)によりアミノ酸や小ペプチドとなり腸管粘膜から吸収される。このとき小ペプチドは粘膜の刷子縁上または細胞内でジペプチダーゼなどによりアミノ酸に分解される。ペプチダーゼは，他のペプチダーゼによる前駆タンパク質の分解により活性型に変換される。

(4) カルシウムの吸収(10章参照)

　　カルシウムは，ミネラルのなかで最も多く体内に含まれ，体重の1～2％を占める。そのうち99％は歯と骨に存在し，残りの1％は血液や細胞外液などで心機能や筋収縮，血液凝固などに関与し，重要な役割を担っている。

　　食品から摂取されたカルシウムは，主には活性型ビタミンDの作用により十二指腸から上部小腸で行われる能動輸送で吸収される。回腸でも，濃度差による受動輸送によって吸収される。腸管からのカルシウム吸収を促進させる因子として，乳糖，カゼインホスホペプチド，クエン酸などがある。他方，リン酸，食物繊維，野菜に含まれるシュウ酸の摂り過ぎは，カルシウムの吸収を抑制する。

　　ビタミンDは，皮膚において日光の作用によりコレステロールを原料としてつくられるか，あるいは食物から供給される。生成または吸収されたビタミンDは，肝臓で25位が，次に腎臓で1α位が水酸化され，ビタミンDの活性化(ビタミンD_3)である$1,25-(OH)_2-D_3$となる。

● 3　腸内細菌環境と健康

　　腸内には，100種類以上，100兆個の腸内細菌が生息していることが知られている。これらは，ヒトや動物などの宿主が摂取した栄養分の一部を利用して生活し，他の種類の腸内細菌との間で数のバランスを保ちながら，一種の生態系(腸内細菌叢または腸内フローラ)を形成している。

(1) 腸内環境と腸内細菌

　　これまで記述した通り，口から摂取した食物は小腸上部から栄養分を吸収されながら大腸へと送り出される。よって内容物に含まれる栄養分に違いが生じる。また，消化管に送り込まれる酸素濃度は，腸管上部に生息する腸内細菌が呼吸することで酸素を消費するため，小腸下部に進むほど腸管内の酸素濃度は低下し，大腸に至るころには，ほぼ完全に嫌気性環境になっている。このように同じ宿主でも，その部位によって栄養や酸素環境が異なるため，腸内細菌叢を構成する細菌の種類と比率は，その部位によって異なる。一般に小腸の上部では腸内細菌の数は少なく，呼吸と発酵の両方を行う通性嫌気性菌(酸素の存在があってもなくても生育・増殖

できる)の占める割合が高いが，大腸に向かうにつれ細菌数が増加し，同時に酸素のない環境に特化した偏性嫌気性菌(酸素のない状況のみで成育・増殖する)が主流になる。

　腸内細菌叢の組成には個人差が大きく，食事内容や加齢などにより，その組成も変化する。ヒトの腸内は出生するまで無菌状態であるが，出生後間もなく腸内細菌叢が形成され始める。母乳で育てられている乳児は，ビフィズス菌などが最優勢で他の菌が少なくなっているが，人工のミルクで育てられている乳児は，ビフィズス菌以外の菌も多くみられる。乳児が成長して離乳食を摂るようになると，バクテロイデス属などの成人にもみられる嫌気性菌が増加し，ビフィズス菌は減少する。さらに加齢が進み老人になると，ビフィズス菌などの数はますます減少し，大腸菌やウェルシュ菌などが増加する。

(2)　腸内細菌の働き

　腸内細菌は，善玉菌，悪玉菌とそのどちらでもない中間の菌(日和見菌)の3つに大きく分けられ，腸内環境の説明に使われている(表3-2)。善玉菌は宿主の健康維持に貢献し，悪玉菌は害を及ぼすとされている。事実，腸内細菌と宿主の共生関係が認められ，腸内細菌叢のバランスの変化(善玉菌が減少し，悪玉菌が増加する)が，感染症や下痢症などの原因になり得ることが判明した。このことから腸内細菌叢のバランスを変化させることによって，ヒトの健康改善につながるという考え方が支持されてきている。それは腸内細菌叢の善玉菌を増やし，悪玉菌を減らすことを目的としている。その具体的な方法として，生きたまま腸内に到達可能な乳酸菌など(プロバイオティクス)や腸内の善玉菌が栄養源に利用できるが，悪玉菌には利用できない物質(オリゴ糖などのプレバイオティクス)の摂取がある。事実，製剤や機能性食品として開発・実用化されている。以下，宿主との共生として主な具体例を挙げる。

表3-2　糞便中から分離される主な細菌の分類と特長

種　類	特　長	主な細菌
善玉菌	人体に有用な働きをする菌。①病原菌が腸内に侵入するのを防ぐ。②悪玉菌の増殖を抑えて腸内での増殖を抑える。③腸の運動を促して便秘を防ぐ。④免疫機能を刺激して生体調節の働きをする。	ビフィズス菌，乳酸菌，腸球菌
悪玉菌	宿主の健康を阻害するなど，人体に有害に働く菌①腸内のタンパク質を腐敗させ，さまざまな有害物質を作り出す。②便秘や下痢などを起こしやすくする。③生活習慣病などの要因となる。	ウェルシュ菌(クロストリジウム，パーフリンゲンス)，大腸菌，ブドウ球菌，緑膿菌
日和見菌*	善玉菌や悪玉菌に当てはまらない菌。ただし悪玉菌が増えると増殖し，善玉菌と拮抗して，善玉菌の生育を抑制する。ときには日和見感染による敗血症，腎炎，膀胱炎などを発症する場合がある。	バクテロイデス，ユウバクテリウム，嫌気性連鎖球菌

＊日和見菌は，俗称の分類である。

① 短鎖脂肪酸の合成

ヒトは，自力でデンプンやグリコーゲン以外の食物繊維である多くの多糖類を消化できないが，大腸内の腸内細菌が嫌気発酵することで，一部が酪酸やプロピオン酸のような短鎖脂肪酸に変換され，エネルギー源として吸収される。

② ビタミンK等の合成

ビタミンKは，血液凝固に必須な因子であるが，食物からの摂取と並んで，腸内細菌によって合成され供給を受けている。抗生物質の投与により腸内細菌叢が損なわれた場合，ビタミンKの低下・欠乏が起こり，出血を起こすことがある。

③ 腸管免疫

ヒトが毎日食べている食品には，膨大な量の異種タンパク質を含む抗原物質が含まれているが，生体はこれらすべてを異物として反応するわけではない。口から摂取する食物には過剰な免疫反応を起こさせない仕組みがあり，これを経口免疫寛容とよぶ。経口免疫寛容の形成に腸内細菌が必須である。逆に，免疫担当細胞は病原菌やウイルスは敵として殺しても，腸内細菌とは共存していると考えられている。ただし一部のヒトでは，ある種の抗原に過剰な免疫反応を起こし，慢性的に腸管に障害を起こしてしまうことがある。これが炎症性腸疾患(潰瘍性大腸炎やクローン病など)である。

● 4 おなかの調子を整える食品成分と作用機序

食べ物を摂取すると，それらは消化され，生体が必要とする栄養素を小腸で吸収する。吸収された栄養素は，生体の必要な組織に輸送され，構造体の原料やエネルギー源として利用される。食品成分のなかには，直接生体機能の調節に関わるものもある。また小腸で吸収されなかった栄養素等は，大腸に送られ，一部の栄養素である電解質や水分が再吸収された後，便として排泄される。

(1) おなかの調子と腸内細菌叢

おなかの調子の良し悪しは，排便回数で，ある程度判断できる。また体感はしにくいが腸内細菌叢も健康維持にとって，重要な判断の目安となる。

① 排 便

排便は，1日に少なくとも一度あるのが理想であるが，食事の内容や体調等によって回数は変動する。また個人によっても大きく変動する。排便回数が少なく，数日にわたり排便行為がないとおなかが痛くなったりする。これを便秘という。逆に，1日に何度も排便する下痢も，おなかの調子が悪い場合に生じる。

② 腸内細菌叢(腸内フローラ)

大腸の最も重要な機能は，排便機能であるが，それ以外にも大きな役割がある。それは腸内細菌叢による健康維持効果である。腸内細菌は食生活，生活習慣，年齢

などのさまざまな要因により変化する。

　腸内に生息する細菌集団の分布は，腸内細菌叢(腸内フローラ)とよばれている。ヒトの糞便中には，糞便1g当たり約1千億個の細菌が生息し，腸内全体では，約100兆個の細菌が生息している。菌の種類には，さまざまな報告があり，定説はないが，100〜500種類といわれている。

　ヒトの糞便で最も優勢な菌は，*Bacteroides*，*Eubacterium*，*Peptococcaceae* などの嫌気性菌である。それらに次ぐのが，*Bifidobacterium*，*Clostridium* であり，*Lactobacillus*，*Enterobacteriaceae*，*Streptococcus* の菌数は低い。健康状態がより良くなり，腸内のpHが酸性に傾くと，*Bifidobacterium* や *Lactobacillus* の菌数が高くなり，*Bacteroides* の菌数は低下する。

　年齢による腸内細菌叢の変化も調べられている(図3−11)。生後すぐの腸内には酸素が多いため，大腸菌や腸球菌などの好気性菌が定着する。成長するにつれて，ヒトの腸内には，*Bifidibacterium*，それ以外の動物には，*Lactobacillus* などの嫌気性菌である乳酸菌が定着し，好気性菌数が減少して安定する。高齢になると，大腸菌，腸球菌，クロストリジウム，ブドウ球菌が増加し，ビフィズス菌の数が減少する。前者の菌は，腸内のpHを中性にし，腸内腐敗を促進させる菌であるため，排便の

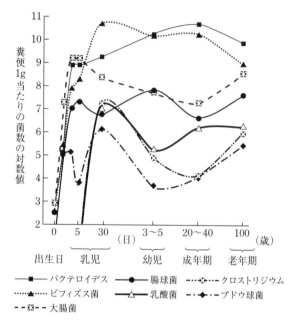

図3−11　腸内フローラの加齢による菌種の変化
Mutai ら：Bifidobacteria Microflora, 6, 33-41 (1987)より引用

臭いが不快となり，腸管運動の減退や消化吸収力の低下を招く。さらに腸内細菌叢の変化は，発がん物質の産生や毒素産生をもたらすこともわかってきた。これらの腸内変化は，便秘や下痢，腸内の異常発酵，肝臓疾患，発がん，感染症を引き起こしやすくする。

　このような理由から，腸内細菌叢をビフィズス菌優勢の状態に保つことが，おなかの調子を整え，健康維持を可能にする。

(2)　おなかの調子を整える食品成分

　おなかの調子を整える食品成分としては，食物繊維，プロバイオティクス，プレバイオティクスがある。

①　食物繊維とそれが多く含まれる食品

a)　食物繊維とその機能（表3-3）

　食物繊維は，ヒトの消化酵素で分解できなかった多糖類やその他の成分の総称である。食物繊維の多くは植物由来で，セルロース，ヘミセルロース，リグニン，ペクチン，植物ガム（グアガム）などがある。動物由来のキチン，キトサンも食物繊維である。それ以外にも，グルコマンナン，ポリデキストロース，アルギン酸ナトリウム，難消化デキストリン，寒天に含まれるアガロースやアガロペクチン，サイリウム種皮（イサゴール）などがある。デンプンは通常，α-アミラーゼなどの消化酵素で分解されるが，構造により小腸で分解されにくい部分があり，一部（2〜20％）はそのままの形で大腸に入る。このような未消化のデンプンは，レジスタントスターチとよばれており，食物繊維と同様の機能が期待できる。

表3-3　食物繊維の分類と消化器系における生理作用

分　類	由来	名　称	主な含有食品	特　性	主な生理作用
不溶性食物繊維	植物性	セルロース，ヘミセルロース，リグニン，トコロテン，レジスタントデンプン	穀類，野菜，ふすま，豆類，ココア，紅藻類，いも類	保水性が高い	①便量を増加させる作用　②消化内容物の腸内通過時間の短縮
	動物性	キチン，キトサン	かに，えび		
水溶性食物繊維	植物性	寒天，ペクチン，植物ガム（グアガム），グルコマンナン，アルギン酸ナトリウム，難消化デキストリン，サイリウム種皮（イサゴール）	野菜，果物，グア豆類，こんにゃく，褐藻類，パン，焼き菓子	粘度が高い	①便量を増加させる作用　②粘性を増加させ，消化内容物の腸内通過時間の延長

　食物繊維は，不溶性食物繊維と水溶性食物繊維に分類される（表3-3）。前者には，セルロース，ヘミセルロース，リグニン，キチンなどが含まれ，後者には，ペクチン，植物ガム（グアガム），グルコマンナン，ポリデキストロース，アルギン酸ナトリウム，難消化性デキストリンなどが含まれる。

　不溶性食物繊維は吸水性をもつ。通常，食べ物の消化内容物の水分は小腸の結腸部分で体内に吸収されるため，密度が高くなり，便が硬くなる。不溶性食物繊維を多く摂取すると消化内容物の水分を吸水し，結腸での体内への水分吸収を抑制するため便が軟らかくなると同時に便量も増える。このため腸管の内側への刺激が大きくなり，蠕動運動を促進させる。腸管の通過速度も速く，便秘を防ぐ効果がある。また腸管の通過速度が速いため，腸管での栄養素の吸収を抑える効果も認められている。

　水溶性食物繊維も不溶性食物繊維と同様に，吸水性をもつ。しかし不溶性繊維と違って，水分を吸収することにより粘性が増し，水分含量の多いゲル状態となる。このため腸管を通過する速度は，遅くなるが，便は軟らかく，便秘の予防効果がある。水溶性食物繊維は，水分とともに栄養素をゲル状態で保持してしまうため，栄養素を拡散させ，栄養素の吸収を抑制する効果もある。

　両方の食物繊維が共通してもっている機能として，腸内細菌への作用を介した便

秘の予防効果である。食物繊維は，腸内細菌により分解発酵され，酢酸や酪酸など
の有機酸が生成される。これらの酸が，大腸壁に作用すると，蠕動運動が大きくな
り，便の移動速度を速くする。また大腸壁からの水分吸収も起こる。しかしこの作
用が大きすぎると，下剤的効果をもたらし，下痢の原因となる。

　食物繊維による便秘予防効果には，個人差が認められる。有機酸の大腸壁に対す
る作用に敏感なヒトでは，食物繊維を摂り過ぎると下痢を引き起こす。また逆の
ケースもあり，一定量の食物繊維を摂取しても，効果のないヒトもいる。後者の場
合には，摂取量を増やすことで効果が認められる。

b)　食物繊維が多く含まれる食品(p.23，表1－14，15参照)

　穀　類：穀類の外皮には，セルロース，ヘミセルロース，リグニンなどの不溶性
食物繊維が多く含まれており，便秘の予防効果が大きい。しかし穀類の外皮は，味
わいや消化吸収がよくないために，一般的な食品では，除去されている。

　玄米には，約3％の食物繊維が含まれているが，精白の程度が大きくなると，食
物繊維が除去されていく。白米には，食物繊維がほとんど含まれていないので，便
秘の予防効果は期待できない。

　精麦した大麦の食物繊維含量は，精白米のものより多い。小麦全粒粉やふすまに
は，食物繊維が多く，便秘の予防効果が認められている。この食物繊維の主成分
は，ヘミセルロースであり，セルロース含量は多くない。

　いも類：いも類には，ペクチンからなる食物繊維が多く含まれている。ヘミセル
ロースやセルロースも含まれるが，それほど多くはない。

　豆　類：大豆や小豆などの豆類には，食物繊維が多い。ヘミセルロースが，食物
繊維の約50％を占めており，ペクチンやセルロースも少量であるが含まれている。

　野菜類：野菜類は，セルロース，ヘミセルロース，リグニン，ペクチン，イヌリ
ン，マンナンなどの多くの種類の食物繊維を含んでいる。含まれている食物繊維の
種類は，野菜の種類によって異なっている。

　生野菜よりも，かんぴょう，干しずいき，切干しだいこんなどの乾燥野菜におい
て，食物繊維の含量は多い。

　藻　類：藻類は，アルギン酸，カラギーナン，寒天などの食物繊維を多く含んだ
食品である。わかめやひじきには，リグニンが多い。また，こんぶ，のり，てんぐ
さには，セルロースやヘミセルロースが多いことが知られている。

②　プロバイオティクスが多く含まれる食品

a)　プロバイオティクスとその機能

　プロバイオティクスは，腸内細菌のバランスを改善することによって，宿主に有
益な作用をもたらす微生物のことである。プロバイオティクスが，腸内に定着すれ
ば，これらが生成する有機酸により腸内環境は酸性になることから，有害菌の増殖
を防ぐことができると同時に，有機酸が大腸を刺激して蠕動運動を促し，便秘を解

消する効果がある。

　また，アレルギー抑制作用，抗腫瘍や発がん性の危険率を低下させる効果も知られている。

　プロバイオティクスとして使用される菌は，消化管でも死滅しない酸耐性菌である。現在，使用されているプロバイオティクスとして，ラクトバチルスGG株，ビフィドバクテリウム・ロンガムBB536，*L. Bulgaricus* 2038株，ヤクルト菌（L. カゼイ・シロタ株），B.ブルーベ・ヤクルト株，ビフィドバクテリウムラクティスFK120とLKM512，ビフィドバクテリウムラクティスBB-12，カゼイ菌（NY1301株），ガセリ菌SP株，ビフィズス菌SP株などがある。

b）　プロバイオティクスが含まれる食品

　プロバイオティクスを含む代表的な食品は，ヨーグルトであり，多くの商品が開発されている。またヤクルトに代表される乳酸菌飲料にもプロバイオティクスが含まれている。

③　プレバイオティクスが多く含まれる食品

a）　プレバイオティクスとその機能

　食品成分のなかで，乳酸菌やビフィズス菌などの特定の細菌のエサとなり，これらを増殖させることにより，宿主であるヒトの健康に有用な効果をもたらす成分のことである。このような成分としては，オリゴ糖が知られている。

　機能性をもつオリゴ糖としては，キシロオリゴ糖，大豆オリゴ糖，フラクトオリゴ糖，イソマルトオリゴ糖，乳果オリゴ糖，ラクチュロース，ガラクトオリゴ糖，ラフィノース，コーヒー豆マンノオリゴ糖などが見出されている。

　これらのオリゴ糖は，食べたときに，胃や小腸で消化酵素に分解されにくく，そのまま大腸などの消化管下部に到達し，乳酸菌などの善玉乳酸菌に栄養源として利用される。善玉菌を増やすことにより，これらの菌が機能性オリゴ糖を分解して生成する酪酸や酢酸などの有機酸は，大腸壁を刺激して，便通を改善する効果をもつ。また水分を吸収し，便通を改善する効果もある。

b）　プレバイオティクスが含まれる食品

　機能性のオリゴ糖は，さまざまな炭水化物を用いて，酵素の作用により開発された。デンプン，スクロース，ラクトースなどが主な原料である。これらの機能性オリゴ糖は，特定保健用食品に利用されている（p.27，表1-17参照）。

　天然の食品では，ヒトの母乳にオリゴ糖が多く含まれている。主な難消化オリゴ糖としては，ガラクトシルラクトースやペンタサッカライドの存在が知られている。これらは乳酸菌であるビフィズス菌の栄養源として利用されるため，乳児の腸内における有害菌を抑制し，腸内環境を整えることが知られている。また，これらのオリゴ糖には，病原性大腸菌の細胞への付着阻害効果があることから，母乳栄養乳児は病原性大腸菌の感染による下痢症状が少ないと報告されている。

●確認問題　＊　＊　＊　＊　＊

1．胃の5つの機能を挙げなさい。

2．小腸と大腸の機能について，簡単に説明しなさい。

3．ヒトが食後，便意をもよおすのはなぜか説明しなさい。

4．炭水化物の消化に関わる消化酵素は何か。最終的に血液に吸収されるときの糖類を3つ挙げなさい。

5．タンパク質の消化に関わる消化酵素は何か。また，その分解物が小腸で吸収される形態を3つ書きなさい。

6．おなかの調子を整える機能をもつ食物繊維の効果を説明しなさい。

7．おなかの調子を整える機能をもつ食物繊維について，水溶性と不溶性のものをそれぞれ3つずつ書きなさい。

8．おなかの調子を整える機能をもつプロバイオティクスとプレバイオティクスを説明しなさい。

9．プレバイオティクスの働きをする成分名を3つ書きなさい。

解答例・解説：QR コード(p.1, 2)

〈参考文献〉

Turnbaugh PJ, Ley RE, Mahowald MA, Magrini V, Mardis ER, Gordon JI: An obesity-associated gut microbiome with increased capacity for energy harvest. Nature 444: 1027-1031, (2006)

園山慶：メタボリックシンドロームと腸内細菌叢．腸内細菌学雑誌 24：193-201, (2010)

「食品機能性の科学」

光岡知足：「人の健康は腸内細菌で決まる」，技術評論社(2011)

日本微生物学生態学会教育研究部編著：V-2 ヒトの腸の中の微生物，微生物生態学入門，pp.179-192(2004)

4章　血糖値の上昇を抑制する機能
―糖代謝の制御機構と健康

> 概要：インスリンが血糖値を調節する機構を理解し，その調節機構の破綻により発症する糖尿病の病態と，食事療法を含めた治療法について学ぶ。さらに血糖値の上昇を抑制する食品成分と，その作用機構について理解する。

到達目標　＊　＊　＊　＊　＊　＊　＊
1. 血糖値の調節機構について，インスリンを中心に説明できる。
2. 糖尿病の病態と分類，注意すべき合併症について説明できる。
3. 糖尿病を発症する機構について説明できる。
4. 糖尿病の治療法について説明できる。
5. 血糖値の上昇を予防できる食品成分を挙げ，その機序を説明できる。

● 1　血糖値の調節機構

　食事から得たエネルギーは，主にグルコースのかたちで各臓器に分配されて利用される。生体の恒常性を維持するためには，血中のグルコース濃度，すなわち，血糖値を一定の範囲内に保つ必要がある。膵臓は，さまざまな消化酵素を含む膵液を十二指腸に分泌する外分泌器官であると同時に，血糖値を調節するインスリンやグルカゴンなどのホルモンを分泌する内分泌器官でもある。食後に血糖値が高くなると膵臓のβ細胞からインスリンが分泌され，血糖値を低下させる。一方，空腹時に血糖値が低下すると膵臓のα細胞からグルカゴンが分泌され，血糖値を上昇させる。血糖値を上昇させるホルモンはグルカゴンの他にも，副腎皮質ホルモン，成長ホルモン，カテコールアミン，甲状腺ホルモンなど複数あるが，血糖値を直接的に低下させる作用を有するホルモンは，インスリンのみである。

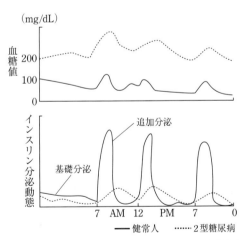

図4-1　健常人と2型糖尿病患者の典型的な血糖値とインスリン分泌パターン

注〕　健常人では，食事の際にインスリンが追加分泌され血糖値の上昇が抑制される。2型糖尿病患者では，食事後のインスリン分泌が少なく，インスリン抵抗性も生じている。そのため血糖値も高い状態が維持される。

(1) インスリンと血糖値の調節

　体内では血糖値を維持するため，空腹時でも糖新生によって少量のグルコースが合成されている。そのため，空腹時でも少量のインスリンが常に分泌されて血糖値を調節しており，これをインスリンの"基礎分泌"とよぶ（図4-1）。一方，食物，特に炭水化物を摂取すると，血糖値の上昇に応答して，さらにインスリンが分泌される。これをインスリンの"追加分泌"とよぶ。このように必要な時に適切な量のインスリンが分泌されることで，血糖値は常に一定の範囲内（70〜140mg/dL）に保たれるように調節されている。

(2) インスリンの合成

　ヒトのインスリンは，A鎖とB鎖が2か所でジスルフィド結合した2量体の構造をとる分子量5808のペプチドホルモンである（図4-2）。N末端側から，シグナルペプチド，B鎖，Cペプチド，A鎖の4つの部位で構成されるプレプロインスリンとして転写，翻訳され，小胞体においてN

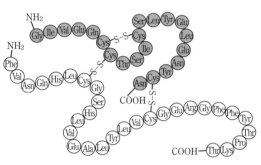

図4-2 ヒトインスリンの模式図

末端のシグナルペプチドが切断され，プロインスリンとなる（図4-3）。プロインスリンは，小胞体で3か所のジスルフィド結合が形成されて折り畳まれ，ゴルジ装置に輸送され，インスリン分泌顆粒内でCペプチドが切断されてインスリンとなり，貯蔵される。

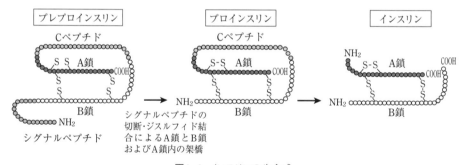

図4-3 インスリンの生合成

┃ サイドメモ：インスリンとCペプチド

　体内でインスリンとCペプチドは等量産生される。糖尿病患者に使用されるインスリン製剤はCペプチドを含まないため，インスリン投与時は血中のCペプチドを測定することで内因性のインスリン分泌量のみを評価することができる。また，インスリンの測定にはインスリンに対する抗体を利用したイムノアッセイが用いられるため，インスリン抗体を有する患者ではインスリンを正しく測定することができず，この場合もCペプチドの測定が有用である。

（3） インスリンの分泌機構

　食後に血糖値が上昇すると，膵臓のβ細胞ではグルコーストランスポーター2（GLUT2）を介してグルコースが取り込まれる。取り込まれたグルコースは解糖系を経てミトコンドリアの電子伝達系でATPに変換され，β細胞内のATP量が増加する。

　膵臓のβ細胞からのインスリンの分泌は，細胞内のCa^{2+}濃度の上昇に伴う開口分泌によって生じる。Ca^{2+}濃度は，細胞膜上のCa^{2+}チャンネルからCa^{2+}が細胞内に流入することで上昇するが，Ca^{2+}チャネルは電位依存性であり，細胞膜の脱分極により開口する。β細胞では，ATP感受性K^+チャネル（KATPチャネル）により，マイナスの静止膜電位が維持されている。K_{ATP}チャネルは，Kirとスルフォニルウレア受容体（SUR）の2つのサブユニットからなる8量体タンパクで，SURの細胞膜内側にはATP結合部位がある。ここにATPが結合するとK_{ATP}チャネルが閉鎖してK^+の放出が抑制され，細胞内電位がプラス側に傾き（脱分極），Ca^{2+}チャネルが活性化されてCa^{2+}が細胞内に流入し，インスリンの分泌が起こる（図4-4）。

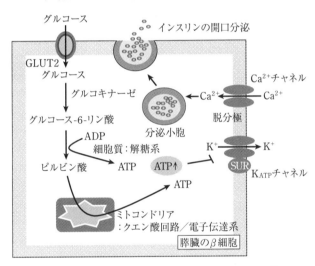

図4-4　血糖値の上昇に応答したインスリンの分泌機構

（4） インスリンによる血糖の調節機構

　分泌されたインスリンは，標的部位の細胞膜上にあるインスリン受容体に結合する。インスリン受容体は，インスリン結合部位を有するαサブユニットと，膜貫通部位と細胞内ドメインにチロシンキナーゼを有するβサブユニットがジスルフィド結合した$\alpha 2\beta 2$の4量体の構造をとる。インスリンが細胞膜上のαサブユニットに結合すると，βサブユニットの細胞内のチロシンキナーゼが活性化され，チロシン残基が自己リン酸化される（図4-5）。リン酸化されたチロシン残基にインスリン受容体基質（IRS）というアダプタータンパク質が結合してリン酸化されると，そこにホスファチジルイノシトール3-キナーゼ（PI 3-K）が結合し，下流のシ

グナル伝達分子に順次，リン酸化シグナルが伝達される。骨格筋などの末梢においては，インスリンにより最終的にグルコーストランスポーター4（GLUT4）が細胞膜へ移行し，グルコースの取り込みが増加し，その結果，血糖値が低下する。

　一方，肝臓におけるグルコースの取り込みはインスリンの作用に依存せずGLUT2を介して行われる。肝臓においては，インスリンシグナルが活性化するとグリコーゲン合成酵素（GS）の活性を抑制するGS kinase 3β（GSK3β）がリン酸化されてその活性が抑制される。その結果としてGSが活性化され，グリコーゲンの合成が促進される。また，インスリンシグナルの活性化に伴い糖新生に関わる酵素群の発現を誘導する転写因子Foxo1の活性が抑制されるため，肝臓では糖新生が抑制され，血糖値の上昇が抑えられる。

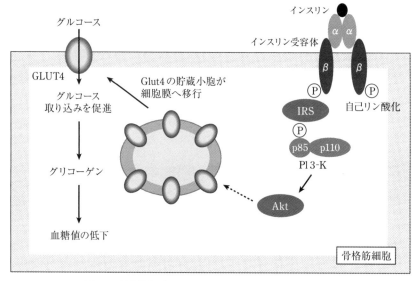

図4-5　骨格筋細胞におけるインスリン依存的な糖取り込み

● 2　糖尿病

（1）　糖尿病とその症状

　糖尿病は，インスリンの作用が不十分であるために高血糖状態が慢性化する疾患である。血液中のグルコースは腎糸球体でろ過され，尿細管で再吸収される。糖尿病という名称はもともと，血液中のグルコースの濃度が高くなりすぎて尿細管で再吸収しきれなくなると尿中にグルコースが漏出されることから名づけられた。

　2型糖尿病の場合，初期段階では自覚症状は乏しく，高血糖の状態が長時間続くと徐々に症状が現れることが多い。通常，血糖値が160〜180 mg/dLを超えると尿中にグルコースが漏出し，高血糖の状態が継続すると多尿・頻尿，多飲，体重減少，疲労感などの症状がみられるようになる。

糖尿病で注意が必要なのは，合併症である。糖尿病の合併症には，急性のものと慢性のものがある。

① 急性合併症

「糖尿病性ケトアシドーシス」と「高浸透圧高血糖症候群」が知られる。

糖尿病性ケトアシドーシスは，主に1型糖尿病患者において，初めて糖尿病を発症した際やインスリン製剤の使用を中止した際に生じる。脱水，および代謝性アシドーシスとよばれる状態が病態の中心である。インスリンの作用が不十分で細胞内へのグルコースの取り込みが不足すると，エネルギー不足を解消するために脂肪組織から中性脂肪が動員されてβ酸化が亢進する。その際，βヒドロキシ酪酸，アセト酢酸，アセトンなどのケトン体が生成され，過剰なケトン体により血液が酸性に傾き，代謝性アシドーシスを引き起こす。急激な口渇，多飲，多尿，倦怠感，悪心，嘔吐，腹痛や，意識障害，昏睡などの重篤な症状を呈することがある。

高浸透圧高血糖症候群は，高齢の2型糖尿病患者に多くみられる。高血糖，および高度な脱水により血液の浸透圧が上昇することで生じ，意識障害，昏睡などがみられる。高度な脱水が病態の中心であり，代謝性アシドーシスはみられない。

② 慢性合併症

高血糖状態が長期間続くことで，さまざまな慢性の合併症が誘発される。高血糖状態が長期間持続すると血管が障害を受ける。特に網膜，腎臓，神経の細い血管は障害を受けやすく，「糖尿病網膜症」，「糖尿病腎症」，「糖尿病神経障害」を生じる。これらは"細小血管障害"や"糖尿病の3大合併症"とよばれ，成人における失明や，透析治療が必要となる主な要因でもある。一方，糖尿病においては，細い血管のみでなく全身の太い血管も障害される（大血管障害）。このため動脈硬化の進行が促進され，心筋梗塞，脳梗塞，下肢の閉塞性動脈硬化症を発症するリスクが増大する。閉塞性動脈硬化症は下肢切断の主な要因になる。この他に，感染症にかかりやすくなり，また，治りにくくなることも知られる。さらに，認知機能障害の発症や進行を促進すること，骨折リスクが増大すること，がんや歯周病を併発するといった，多様な合併症および併発症が知られる。血糖値を適切に維持して糖尿病を予防・改善することは，このような合併症を予防して生活の質（QOL）を維持するうえで大変重要である。

（2） 糖尿病の分類

糖尿病はその成因により以下の4種に分類される。

① 1型糖尿病

自己免疫性（1A型）と，特発性（1B型）の2種に分類される。さらに，発症の様式により，急性発症，緩徐進行，および劇症の3種に分類される。1A型は1型糖尿病の約90％を占め，自己免疫反応により膵臓のβ細胞が破壊されてインスリンが欠

乏することにより，慢性的な高血糖が生じる。急性発症の大半，および緩徐進行のものが1A型に分類される。

　自己抗体が陰性で原因が不明のものが1B型に分類されるが，後に遺伝子異常などの他の要因が特定される場合もある。劇症の多くは自己免疫の関与が不明で，通常1B型に分類される。

②　2型糖尿病

　糖尿病の大多数を占め，近年日本でも患者数が急増している。遺伝的素因や加齢などの危険因子に，過食(特に高脂肪食)や運動不足などの生活習慣，およびその結果としての肥満などの環境因子が合わさり，末梢でのインスリン抵抗性や膵臓からのインスリン分泌能の低下をきたし，発症すると考えられる(図4-6)。

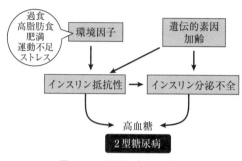

図4-6　2型糖尿病の発症機構

　日本人などのアジア人を含むモンゴロイド系の人種は，コーカソイド系の人種(白人系欧米人)と比較して肥満を生じやすい遺伝的素因を有しており，インスリン分泌能が低く，より軽微な肥満でも2型糖尿病を発症しやすい。コーカソイド系の人種にはインスリン抵抗性が優位の肥満タイプ，モンゴロイド系の人種にはインスリン分泌能の低下が優位の非肥満タイプの2型糖尿病が多いとされている。

③　妊娠糖尿病

　妊娠中は，胎盤から分泌されるホルモン(プロゲステロン，ヒト胎盤性ラクトーゲン(HPL)など)の影響により，また，胎盤が母体のインスリンを分解するため，インスリン抵抗性が生じやすく，血糖値が上昇しやすい。妊娠糖尿病(gestational diabetes mellitus；GDM)は，「妊娠中にはじめて発見または発症した糖尿病にいたっていない糖代謝異常」と定義される。妊娠中の明らかな糖尿病や，糖尿病合併妊娠は含まれない。日本でも近年増加しており，妊婦のおよそ10%前後がGDMと診断されている。

　妊娠中は，比較的軽度の糖代謝異常でも母体および胎児に影響がおよびやすい。妊娠高血圧症候群，羊水量の異常，流産，胎児死亡，胎児奇形，巨大児，新生児低血糖をはじめ多くの合併症のリスクが増加するため，血糖値の厳格な管理が必要となる。妊娠中は運動療法があまりできないので，まず食事療法(分食など)を行い，血糖管理が良好でない場合にはインスリン製剤が使用される。GDMの多くは分娩後に正常化するが，GDMと診断された人が将来2型糖尿病を発症するリスクは通常の7倍以上になるという報告がある。さらに，出生児が将来肥満や2型糖尿病を発症するリスクが高まるとの報告もある。

④ その他の特定の機序・疾患による糖尿病

インスリンの合成・分泌に関わる遺伝子異常や，インスリン受容体およびその下流のシグナル伝達に関わる遺伝子異常による糖尿病が知られる。

他に，膵炎・外傷・膵臓摘出・腫瘍などの膵疾患，クッシング症候群や褐色細胞腫などの内分泌疾患，肝疾患，薬物や化学物質への曝露，感染症によるものや，種々の遺伝的症候群で糖尿病を伴うものが，この分類に含まれる。

(3) 糖尿病の診断

糖尿病を正しく診断して治療することの最大の目的は，QOLを著しく損なうおそれのある合併症(特に慢性合併症)を予防・治療することである。糖尿病以外にも種々の疾患で一時的に高血糖をきたすことがあるため，複数回の測定によって，糖尿病に伴う慢性的な高血糖の有無を的確に識別する必要がある。以下の①～③のいずれかに該当する場合，糖尿病と診断される。

① 「糖尿病型」を2回確認(最低1回は血糖値で確認)

[1]空腹時血糖：≧126 mg/dL，[2]75 g経口ブドウ糖負荷試験(oral glucose tolerance test；OGTT)2時間値：≧200 mg/dL，[3]随時血糖値：≧200 mg/dL，[4]HbA1c：≧6.5%，の4項目のうち，いずれか1つを認めた場合「糖尿病型」と診断する。また別の日に再検査を行い，再度「糖尿病型」が確認されると，「糖尿病」と診断する。ただし，HbA1cのみの反復検査による診断は不可とされ，2回のうち1回は[1]～[3]のいずれかの血糖値で糖尿病型を確認する必要がある。また，1回の検査(同一採血)でも，[1]～[3]のいずれかと[4]それぞれが同時に「糖尿病型」を示す場合は，糖尿病と診断する。

② 「糖尿病型」(血糖値に限定)を1回確認＋慢性高血糖症

血糖値が「糖尿病型」を示し，かつ，糖尿病の典型的症状(口渇・多飲・多尿・体重減少)の存在，もしくは確実な糖尿病網膜症の存在のいずれかが認められる場合も，糖尿病と診断する。

③ 過去に「糖尿病」と診断

現在の検査値が糖尿病の診断基準に満たない場合でも，過去に上記の糖尿病の診断基準を満たした記録がある場合には糖尿病として対応する。

サイドメモ：HbA1c(%)

糖化ヘモグロビンの一種で，ヘモグロビンβ鎖N末端のバリン残基に血中グルコースが結合したものをヘモグロビンA1c(HbA1c)とよぶ。検査値は，血中全ヘモグロビンに対するHbA1cの割合(%)で表記される。赤血球の寿命は約120日(約4か月)であり，寿命を迎えた赤血球は脾臓で破壊され，同時に新しい赤血球が骨髄で産生されている。3～4か月前に産生された赤血球が血中の全赤血球に占める割合は少ないため，HbA1c値は過去1～2か月の血糖の状態の指標とされている。検査直前の食事や運動の影響はほとんど受けないため，血糖値と合わせて糖尿病の診断や血糖管理に利用されている。6.5%以上は糖尿病型，6.0～6.4%は糖尿病の疑いが否定できない境界型(糖尿病予備軍)とされる。また，5.6～5.9%は将来糖尿病を発症するリスクが高いとされ，特定健診では5.6～6.4%で保健指導の対象となる。

(4)　糖尿病の治療

　　糖尿病の治療には，食事療法，運動療法および薬物療法が有効である。食事療法と運動療法は糖尿病治療の基本であり，1型糖尿病であっても，良好な血糖コントロールにはこれらが必須である。2型糖尿病の場合，食事療法や運動療法で改善がみられなかったり不十分である場合に，薬物療法が考慮される。

①　食事療法

　　日本における糖尿病の増加は，生活習慣の変化，特に食の欧米化に強く起因している。内臓脂肪型肥満に伴うインスリン抵抗性を主病態とする糖尿病が増加しており，これを予防するためには，総エネルギー摂取量を適正化して肥満を予防・改善することが必要である。食事療法を実践するにあたっては，管理栄養士による指導が有効である。

　　特に1型糖尿病やインスリン療法中の患者における食事療法として，カーボカウントが広く用いられる。食後の血糖値を上昇させる主な栄養素は炭水化物（糖質）であり，カーボカウントとはcarbohydratesの"カーボ"に由来する言葉で，一食当たりに含まれる炭水化物の量を計算（カウント）して血糖値の急激な上昇を抑えたりインスリンの投与量を決定し，血糖値を安定化させようとする考え方である。

　　一方，炭水化物の摂取量を制限する，いわゆる"糖質制限"に関しては，HbA1c値が改善するという報告などがあるが，炭水化物の摂取量と糖尿病の発症リスク，糖尿病の管理状態や死亡率との関係などについて，統一的な見解は得られていない。総エネルギー摂取量を制限せずに，炭水化物のみを極端に制限することの効果や安全性などを担保するエビデンスが不足していることから，現時点では推奨されていない。

　　食事療法においては，総エネルギー摂取量の適正化のみではなく，食材を摂取する順番や，食事のタイミングも大変重要である。食物繊維を豊富に含む野菜やタンパク質などの主菜を先に摂取し，最後に炭水化物を多く含む主食を摂取することで，食後の血糖値の上昇を抑制することができる。また，野菜を先に摂取するいわゆる"ベジファースト"の習慣によってHbA1c値が低下し，体重も減少することが報告されている。一方，食事時間が不規則なシフトワーカーでは2型糖尿病発症のリスクが高いこと，朝食を抜く食習慣が2型糖尿病のリスクになること，遅い時間の夕食や就寝前の夜食も肥満を助長することから，規則的に3食を摂ることも糖尿病の予防に有効である。

②　運動療法

　　糖尿病患者では，末梢，特に骨格筋での糖取り込み能が低下する。運動は糖取り込みを増加させ，インスリン抵抗性を改善するために有効である。運動療法は，有酸素運動とレジスタンス運動（筋力トレーニング，いわゆる"筋トレ"）に分けられる。両者はともにインスリン抵抗性や血糖値の改善効果を有し，併用することで効

果が高まる。有酸素運動を週に150分以上行った運動群では，それ未満の群よりもHbA1c値の低下効果が大きいという解析結果がある。食後に歩行などの軽い運動を行うと，食後の高血糖が改善されるという報告もある。運動によるインスリン感受性の増加は運動後24〜48時間程度持続するとされ，運動をしない日が2日以上続かないことが望ましい。レジスタンス運動も同様に，食後の高血糖の改善効果を有し，連続しない日程で週に2, 3回以上行うことなどが推奨されている。また，日常の座位が長くならないようにすることも有効である。ただし，いずれの場合も運動療法を開始する前には，合併症などの身体状態を把握し，運動制限の必要性の有無を確認する必要がある。

　運動療法による効果は，短期的な作用と長期的な作用によりもたらされる。短期的な作用は，骨格筋による糖取り込みが増強することによる血糖低下作用である。インスリンによるシグナルとは別に，AMPキナーゼ(AMPK)経路の活性化が寄与すると考えられている。長期的な作用は，部分的には肥満の改善により生じるが，その他のメカニズムとして，筋肉の量や質の改善が挙げられる。運動により筋肉量

表4-1　糖尿病の治療薬

分類1		分類2	作用機序
〔1〕インスリン分泌促進薬	血糖非依存性	スルホニル尿素(SU)薬	膵臓のβ細胞膜上のスルホニル尿素(SU)受容体に結合してK⁺ATPチャネルを閉鎖し，血糖値に依存せずインスリン分泌を促進する。
		速効型インスリン分泌促進薬(グリニド薬)	SU薬と同様にSU受容体を介してインスリン分泌を速やかに促進する。SU薬と比較して作用発現時間が早く，作用持続期間は短い。
	血糖依存性	DPP-4阻害薬	インクレチン(GIPとGLP-1)を分解する酵素であるdipeptidyl-peptidase4(DPP-4)を阻害してインクレチン濃度を上昇させ，血糖値に依存してインスリン分泌を促進し，同時にグルカゴン分泌を抑制する。
		GLP-1受容体作動薬	膵臓のβ細胞膜上のglucagon-likepeptide1(GLP-1)受容体に結合し，血糖値に依存してインスリン分泌を促進し，グルカゴン分泌を抑制する。
		グリミン薬	ミトコンドリアの作用を介し，血糖値に依存してインスリン分泌を促進する。膵臓のβ細胞を保護する。
〔2〕インスリン抵抗性改善薬			肝臓で糖新生を抑制し，末梢組織の糖取り込みを促進し，インスリン抵抗性を改善する。
		ビグアナイド薬	肝臓でミトコンドリアに作用してAMP活性化プロテインキナーゼを活性化させ，糖新生を抑制する。また，インスリン抵抗性を改善し，末梢組織での糖取り込みを促進する。
		チアゾリジン薬	PPARγのアゴニスト。脂肪細胞の小型化，アディポネクチンの分泌促進，炎症性サイトカイン(TNFα)の分泌抑制などによってインスリン抵抗性を改善し，末梢組織で糖取り込みを促進する。また，肝臓で糖新生を抑制する。
〔3〕グルコース吸収遅延薬		α-グルコシダーゼ阻害薬	小腸で二糖類を単糖類に分解するαグルコシダーゼを阻害し，糖の吸収を遅らせる。
		SGLT2阻害薬	腎臓の近位尿細管で糖の再吸収を担うsodiumglucose cotransporter(SGLT2)を阻害し，腎臓での糖の再吸収を抑制して尿中への排泄を促進する。

が増加することに加え，発現する筋繊維のタイプがより糖取り込み能が高いものへと変化することで，骨格筋による糖取り込みが増強されることが指摘されている。

③ 薬物療法

薬物療法で使用される薬剤は，インスリン製剤と，それ以外の血糖降下薬に大別される（p.61，表4-1）。1型糖尿病ではほとんどの場合，最初からインスリン投与が適用される。2型糖尿病では，食事療法，運動療法，およびインスリン製剤以外の薬物療法で血糖コントロールが良好ではない場合などに，インスリン製剤が適用される。

a）インスリン製剤以外の血糖効果薬

その作用機序により，主に[1]インスリン分泌を促進するもの，[2]インスリン抵抗性を改善するもの，および[3]グルコースの吸収を遅延させるものの3種に大別される。現在日本で認可されている血糖降下薬は，2021年に承認されたものを含め，表4-1に示す9系統に分類される。

b）インスリン製剤

現在は，遺伝子組み換えヒトインスリン製剤，または，インスリン遺伝子を改変して製造されたインスリンアナログ製剤が使用されている。その作用時間から，図

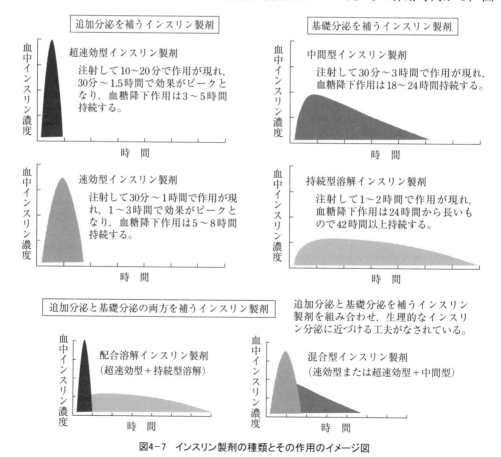

図4-7 インスリン製剤の種類とその作用のイメージ図

4-7のように分類される。ペン型の注射器または小型のポンプを利用して皮下に注射する。

3 **血糖値の過度な上昇を抑制する食品成分と作用機序**

　日頃から運動や食生活などの生活習慣に気を配り，肥満を予防することに加えて，食事の際に血糖値の過度な上昇を抑制する効果のある食品成分を利用することも，糖尿病を予防するために効果的であると考えられる。近年の研究により，血糖値の上昇を抑制する作用のある食品成分が複数，見出されている。それらは主に，摂取食品中の糖質の消化・吸収を抑制することで，血糖値の上昇を抑制する。ここでは，日本において，特定保健用食品(トクホ)および機能性表示食品として「食後の血糖値の上昇を緩やかにする」効果が表示されている商品の関与成分について，その特性および効果を紹介する。

　注意しなければいけないのは，ここで紹介する関与成分を含む食品はいずれも，糖質と同時に摂取した場合にその有効性が確認されたものである，という点である。これらの成分は糖質を含む食事と同時に摂取すると，摂取しなかった場合と比較して血糖値の上昇を抑制することが期待されるが，単独で摂取しても血糖値の上昇を抑制する効果は期待できない。ここで紹介するメカニズムを理解し，食事の際にこのような食品成分をうまく利用することで，急激な血糖値の上昇を抑制することが期待される。

（1）　難消化性デキストリン

①　特　性

　難消化性デキストリンは，食物繊維の一種である。食物繊維はヒトの消化酵素では消化されない食物中の難消化性成分と定義されている。その主な成分は，難消化性多糖類とリグニンである。また食物繊維は不溶性食物繊維と水溶性食物繊維に分類される。食物繊維は消化管機能への影響，便容積の増加，消化管通過時間の短縮，脂質代謝，糖代謝の改善など，さまざまな生理作用を有する。特に水溶性食物繊維は，その粘性による物理的な作用によって食後血糖値およびインスリンの上昇を抑制して耐糖能を改善する効果がある。

　難消化性デキストリンは，とうもろこしやばれいしょデンプンに微量の塩酸を加えて加熱し，さらにα-アミラーゼとグルコアミラーゼによる酵素分解後に得られる水溶性食物繊維である。平均分子量は1,600〜2,000，グルコース残基がα-1,4，α-1,6，ならびにβ-1,2，β-1,3，およびβ-1,6-グルコシド結合し，還元末端の一部はレボグルコサン(1,6-アンヒドログルコース)である分枝構造の発達したデキストリンである。すなわち，デンプンを高温で加熱することによりグリコシド結合の一部が切断され，再重合が進むにつれ，結合部の変換が起こり，枝分かれ構造が増加

したものである。

② 効　果

　難消化性デキストリンは，低粘性であるにもかかわらず，食事とともに摂取すると食事に含まれている糖質の吸収を遅延させ，食後の血糖値の上昇を穏やかにすることが動物実験，ならびにヒト試験において確認されている。また，難消化性デキストリンはミネラルの吸収は阻害しないことも確認されている。これらの機能特性から，難消化性デキストリンは，「血糖値が気になる方の食生活を改善する」旨の表示を許可された特定保健用食品の関与成分として，茶系飲料，清涼飲料，米飯，即席みそ汁，粉末スープ，果実飲料，コーヒー飲料，パン，発酵乳，菓子類などに添加され広く利用されている。

　ラットおよびヒトを対象とした糖質の吸収に関する試験において，難消化性デキストリンは，グルコースやフルクトースなどの単糖類の吸収には影響を及ぼさず，マルトース，スクロース，ラクトースなど二糖類以上の糖質に対して血糖値上昇を抑制する作用が確認されている。したがって難消化性デキストリンは，二糖類以上の糖質の吸収を穏やかにすることで，食後血糖値の上昇を抑制すると考えられている。

(2)　グァバ葉ポリフェノール

①　特　性

　グァバ(*Psidium guajava* L.)は，フトモモ科バンジロウ属に属する常緑樹であり，熱帯，亜熱帯地方に広く自生し，果実，根とともに葉が生薬として糖尿病や下痢に対して民間で用いられている。グァバは台湾や沖縄地方において，グァバ茶として飲用されている。

②　効　果

　グァバ葉の熱水抽出物は，*in vitro* において α-アミラーゼ，マルターゼ，スクラーゼの活性を阻害する。特に α-アミラーゼに対しては，マルターゼやスクラーゼよりも強い活性阻害を示す(これらの酵素に対するグァバ葉抽出物の50％活性阻害濃度(IC_{50})は，α-アミラーゼ0.6 mg/mL，マルターゼ2.1 mg/mL，スクラーゼ3.6 mg/mL)。グァバの乾燥葉の熱水抽出液中に存在するエラグ酸，シアニジンとその他の低分子ポリフェノールから構成されるポリフェノールの重合体が活性本体と考えられており，グァバ葉ポリフェノールと命名されている。

　正常マウスを用いた糖負荷試験では，グァバ葉ポリフェノールを前投与後にマルトース，スクロース，可溶性デンプンを負荷すると，生理食塩水のみを前投与したマウスと比較して負荷後の血糖値の上昇は抑制された。またヒトを用いた飲用試験においても200 gの米飯摂食後の血糖値が有意に低下した。肥満モデルマウス(db/db)を用いた研究においてもグァバ葉ポリフェノールの効果が確認されている。db/db マウスは，レプチン受容体の欠損マウスであり，肥満と糖尿病に加え

て，糖尿病の重要な合併症である腎症を発症する。db/dbマウスにグァバ葉ポリフェノールを250mg/kg体重/日となるように飲料水に添加して7週間投与したところ，体重や随時血糖値に差はなかったが，投与期間中の平均血糖値の指標であるHbA1c（％）は投与開始5週目，7週目で有意に低値を示した。また，腎臓のメサンギウム基質の肥厚が有意に抑制され，糖尿病性腎症の進行が抑制されていることが明らかになった。

ヒトによる臨床研究では，前糖尿病状態または軽度の糖尿病患者15名（男性，45歳以上，空腹時血糖値が110mg/dL以上，BMI22以上）にグァバ茶190mLを1日3回毎食事中に摂取させた結果，空腹時血糖値は有意に減少した。さらに，HbA1c（％）が6以上の22名の2型糖尿病患者にグァバ茶190mLを1日3回毎食事中に摂取させた結果，HbA1c（％）や血中インスリン濃度が有意に低下し，血液中のコレステロール濃度，中性脂肪濃度も改善された。

（3）　小麦アルブミン

①　特　性

小麦アルブミンは，小麦の水溶性タンパク質画分を抽出したものであり，主成分の0.19小麦アルブミン（電気泳動における移動度により命名された）をはじめ，複数のタンパク質から構成されている。小麦アルブミンは従来，肉製品などのいわゆる『つなぎ』として食品加工に利用されてきたが，アミラーゼ活性を阻害する作用が見出され，消化管での糖質の消化，吸収を遅延させることが明らかにされてきた。

②　効　果

小麦アルブミン1分子がアミラーゼ1分子と結合して，ヒト唾液および膵臓アミラーゼ両者に対して阻害活性を示す。小麦アルブミンに含まれる唾液，膵液アミラーゼの阻害活性の80％以上が0.19小麦アルブミンに由来していたことから，0.19小麦アルブミンが小麦アルブミンのアミラーゼ阻害活性作用の本体と考えられている。1.5gの小麦アルブミン（0.19小麦アルブミンとして458mg相当）を300gの米飯とともに摂取した結果，正常型，境界型，糖尿病型いずれの被験者においても食後の血糖値上昇が抑制され，同時に血中インスリン濃度の上昇も境界型と糖尿病型の被験者で抑制された。

0.19小麦アルブミンは単純タンパク質であり，タンパク質分解酵素により速やかに消化されるので，糖質の消化遅延に寄与するアミラーゼ活性の阻害は，摂取後短時間しか持続しない。また小麦由来のアミラーゼ阻害タンパク質は，熱安定性が高く，小麦粉の調理によっても完全には失活しない。この性質により，小麦アルブミンは，いんげん豆由来のアミラーゼ阻害物質でみられるような下痢などの消化器症状を伴わずに血糖値上昇を抑制できるものと考えられる。さらにαグリコシダーゼ阻害剤による糖質消化の阻害では，低分子糖類が腸管内に蓄積し浸透圧性の下痢を

起こしやすいが，アミラーゼの阻害では低分子の糖類の蓄積が起こらないので，安全性が高いことが考えられる。小麦アルブミンは，乾燥スープに添加され，特定保健用食品として利用されている。

（4） 豆鼓エキス

① 特　性

　豆鼓（トウチ）は，中国料理で伝統的に使用される発酵調味料の一種で，日本の大徳寺納豆などの寺納豆も豆鼓と同様の方法でつくられている。黒大豆に水を添加して蒸した後，塩，麹，酵母を加え，発酵させてつくられ，麻婆豆腐をはじめ，さまざまな料理に使用されている。豆鼓の水抽出物が豆鼓エキスである。豆鼓エキスは，血糖値の上昇抑制作用を有することが明らかにされており，特定保健用食品としても承認されている。

② 効　果

　In vitro での研究により，豆鼓エキスは，マルターゼを阻害するがスクラーゼに対する阻害作用は弱いこと，α-アミラーゼに対しては阻害作用を示さないことなどが明らかにされている。したがって，豆鼓エキスはα-グルコシダーゼを特異的に阻害すると考えられている。マルターゼを基質として測定したラット小腸α-グルコシダーゼに対する豆鼓エキスのIC_{50}は1.1 g/L と算出されている。*In vivo* の実験では，正常ラットにスクロース（2 g/kg 体重）とともに豆鼓エキス（100，500 mg/kg 体重）を経口投与すると，投与後30分，60分の血糖値が豆鼓エキス非投与の対照群と比較して有意に低値を示した。また8名の境界型糖尿病患者に75 g のスクロースを負荷する前に0.1〜10 g の豆鼓エキスを投与した結果，血糖値の上昇は豆鼓エキス投与量依存的に抑制され，0.3 g から血糖値の上昇抑制効果が認められた。さらに4名の糖尿病患者に200 g の米飯を食べる直前に0.3 g の豆鼓エキスを服用させたところ，食後90分と120分の血糖値，およびインスリン濃度は，豆鼓エキス非服用時と比較して有意に低値を示した。また36名の軽度な糖尿病患者を用いた二重盲検試験でも有効性が明らかにされている。ほうじ茶（プラセボ）と0.3 g の豆鼓エキスを含むほうじ茶を1日3回食事の前に3か月間飲用した結果，空腹時血糖値ならびに HbA1c（％）は有意に減少した。一方，プラセボ群では，これらの変化は認められなかった。しかし豆鼓エキス中の作用成分に関する報告はほとんどない。

（5） アラビノース

① 特　性

　アラビノース（arabinose）は，五炭糖のアルドースである。他の単糖とは異なり，自然界に D 体よりも L 体のほうが多い。L-アラビノースは植物の細胞壁を構成するヘミセルロースやガム質に普遍的に存在し，米や小麦などの穀類の繊維質に特に多

く存在する。これらの繊維質では，L-アラビノースはアラビ
ノキシランとして，D-キシロースの β-1,4結合の主鎖に2位
または3位で結合し，側鎖を形成している(図4-8)。この
側鎖の結合は酸や熱に対して弱く，容易に主鎖から解離する。

図4-8 L-アラビノース
の構造

　L-アラビノースは少量ではあるが，みそ，パン，ビール，
緑茶，紅茶などにも存在する。

② 効 果

　L-アラビノースとD-キシロースは，小腸のスクラーゼを濃度依存的に非拮抗的
に阻害する。この阻害活性は非天然型のD-アラビノースやL-キシロースには認め
られず，天然型にのみ観察される。L-アラビノースとD-キシロースのスクラーゼ
活性阻害効果は，50 mM でそれぞれ56%，52%である。

　スクロース(2.5 g/kg 体重)をラットに投与すると血糖値は著しく上昇するが，同
時にL-アラビノース(50～250 mg/kg 体重)を投与すると血糖値に加えて血中イン
スリン濃度が投与量依存的に著しく抑制される。健常者8名にスクロース50 g，お
よびスクロース50 g にL-アラビノース4%(2 g)を添加した試料を摂取させるクロ
スオーバー試験では，摂取後の血糖値，血中インスリン濃度ともに有意に抑制され
た。また，2型糖尿病患者10名に，スクロース30 g，およびスクロース30 g にL-ア
ラビノース3%(0.9 g)添加したゼリーを摂取させるクロスオーバー試験において，
10名中9名で最大血糖値の有意な抑制がみられたが，血中インスリン濃度には変化
はみられなかった。中高年健常者を対象としたL-アラビノース用量試験によって，
スクロース30 g を含む試験食品への有効添加量は，スクロースに対して3～4%で
あることが明らかにされている。

　食品成分が阻害する酵素と成分の関係を表4-2にまとめた。

表4-2 食品成分が阻害する糖分解酵素

食品成分	阻害される酵素
グァバ葉ポリフェノール	α-アミラーゼ，マルターゼ，スクラーゼ
小麦アルブミン	α-アミラーゼ
豆鼓エキス	マルターゼ(α-グルコシダーゼ)
アラビノース	スクラーゼ

　上述した成分の他にも，クロロゲン酸類，プロアントシアニジン，没食子酸，エ
ピガロカテキンガレート(没食子酸がその構造に含まれる)などのポリフェノール類
や，サラシノール(デチンムル科サラシア属の植物の根や幹に含まれる成分)など，
種々の植物に由来する成分が，機能性表示食品において食後の血糖値の上昇を抑え
るものとして利用されている。これらはいずれも，α-グルコシターゼや α-アミラー
ゼなど糖質分解酵素の活性を阻害し，糖の吸収を抑制することでその作用を発揮す
ると考えられている。

●確認問題 ＊ ＊ ＊ ＊ ＊

1. 血糖値が一定に保たれるしくみを説明しなさい。

2. 糖尿病の病態と分類，それぞれの発症機構について説明しなさい。

3. 糖尿病の治療法を書きなさい。

4. 血糖値の上昇を抑制する食品や食品成分を列記し，その作用機構について説明しなさい。

5. 血糖値の上昇を抑制する食品成分が阻害する生体内の酵素を挙げなさい。

解答例・解説：QR コード(p.2)

〈参考文献〉

海老原清，上野川修一ら編：機能性食品の作用と安全性百科，209，丸善(2012)

Deguchi Y *et al.*, Nutr Metab (Lond), 2：7：9(2010)

森本聡尚ら：日本栄養・食糧学会誌，52(5)：285-291(1999)

Hiroyuki F *et al.*, J Nutr Biochem, 12(6)：351-356 (2001)

井上修二ら：日本栄養・食糧学会誌，53(6)：243-247(2000)

日本糖尿病学会編・著：「糖尿病診断ガイドライン2019」南江堂

5章 血中の中性脂肪やコレステロールの 上昇を抑制する機能 ─脂質代謝の制御機構と健康

> **概要**：栄養素として摂取された脂質がどのように代謝され，どのように利用されるかを学ぶ。また動脈硬化等の原因となる脂質異常症の発症機構と治療について学ぶ。さらに血中の中性脂肪やコレステロール濃度を上昇させる食品成分，および上昇を抑制する食品成分とその作用機序を学ぶ。

到達目標　＊　＊　＊　＊　＊　＊　＊

1. 体内へ取り込まれた脂質の代謝について，その概略が説明できる。
2. 血中脂質値を改善することの意義が説明できる。
3. 血中の中性脂肪を上昇させる食品成分，および上昇を抑制する食品成分を挙げ，その機序を説明できる。
4. 血中のコレステロールを上昇させる食品成分，および上昇を抑制する食品成分を挙げ，その機序を説明できる。
5. EPA や DHA を多く含む食材を挙げることができる。

● 1　脂質代謝

（1）　脂質を運搬するリポタンパク質の役割

　消化管から吸収された中性脂肪(triacylglycerol; TAG または，triglyceride; TG)やコレステロールなどの脂質成分は，カイロミクロンとよばれる直径75～1,200 nm の巨大リポタンパク質粒子として，リンパ管，胸管を経て血流に取り込まれる。

　リポタンパク質は，水を主成分とする血液に溶解することができない脂質を，親水性のアポタンパク質やリン脂質で覆うことで血液に溶解させ，血液を介して組織間の輸送を可能にする。リポタンパク質は，含有される脂質の種類とその割合，アポタンパク質の種類などの組成により粒子の大きさ，比重，性質が異なる(表5-1)。カイロミクロン(chylomicron; CM)，超低密度リポタンパク質(very low density lipoprotein; VLDL)，中間密度リポタンパク質(intermediate density lipoprotein; IDL)，低密度リポタンパク質(low density lipoprotein; LDL)，高密度リポタンパク質(high-density lipoprotein; HDL)が，主なリポタンパク質である。リポタンパク質は，脂質成分が多く，タンパク質が少ないと，密度が低く(比重が小さく)，粒子サイズは大きくなる。一方，脂質成分が少なく，タンパク質が多いと，密度が高く(比重が大きく)，粒子サイズは小さくなる。臨床検査の項目となっている LDL コレステロール(LDL-C)，HDL コレステロール(HDL-C)は，それぞれ LDL 粒子中のコレステ

表5-1 リポタンパク質の種類と組成

リポタンパク質	比　重	直　径 (nm)	タンパク質 (%)	リン脂質 (%)	中性脂肪 (%)	コレステロール (%)
カイロミクロン (CM)	＜0.95	75～1,200	1.5～2.5	7～9	84～89	4～8
VLDL	＜1.006	30～80	5～10	15～20	50～65	15～25
IDL	1.006～1.019	25～35	15～20	22	22	38
LDL	1.019～1.063	18～25	20～25	15～20	7～10	42～50
HDL	1.063～1.210	5～12	40～55	20～35	3～5	15～19

ロール，HDL 粒子中のコレステロールを指し，また中性脂肪は，すべてのリポタンパク質中の中性脂肪の総和を示す。

　食後，血液中に移行したカイロミクロンは，血液を移行する過程で，脂肪組織や筋組織の毛細血管壁にあるリポタンパク質リパーゼ(lipoprotein lipase; LPL)の作用を受け，中性脂肪が徐々に分解される。このとき生じたグリセロールと遊離脂肪酸は，各々の組織に取り込まれ代謝を受ける。一方，中性脂肪含量の減少したカイロミクロン(これをレムナントリポタンパク質という)は，受容体を介して肝臓に取り込まれる。肝細胞内では，リソソームにより分解され，食事由来の残余脂質成分は肝臓に供給されることになる(図5−1a：外因性リポタンパク質代謝経路)。

　また，肝臓で合成され，血中へ分泌される中性脂肪に富んだ VLDL は，内因性リポタンパク質代謝経路(図5−1b：内因性リポタンパク質代謝経路)として肝臓から脂肪組織，筋組織へと脂質成分を運搬する役割を担う。カイロミクロンと同様に毛細血管壁で LPL の作用を受け，VLDL 粒子中の中性脂肪が分解されると，より

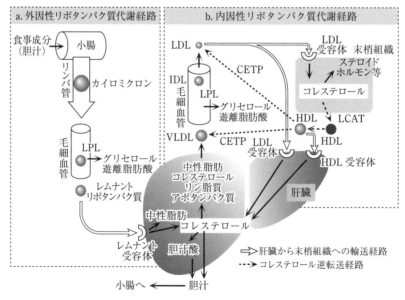

図5-1 リポタンパク質代謝経路

粒子サイズが小さく比重の大きな，コレステロール含有比率の高い IDL へと変化する。IDL は，LDL へと順次変化するので，血中の IDL 量はごくわずかである。最終的に LDL 受容体を介して末梢組織に取り込まれた LDL は，細胞内へコレステロールを供給し，細胞膜やステロイドの合成，あるいはコレステロールエステルとしての貯蔵に利用される。LDL の約半量は再び肝臓に取り込まれ分解される。

一方，コレステロール逆転送経路として HDL 代謝系（図5-1：点線矢印）がある。肝臓から分泌された VLDL に毛細血管に存在する LPL が作用した結果生じる，余剰なコレステロールやリン脂質成分，さらにマクロファージなどの細胞表面にあるコレステロールトランスポーターを介して細胞内から細胞外へ放出されたコレステロールなどは，HDL に移行する。移行したコレステロールは，レシチンコレステロールアシルトランスフェラーゼ（lecithin cholesterol acyltransferase; LCAT）の作用によりエステル化されコレステロールエステルとなり，コレステロールエステルに富んだ HDL が形成される。末梢から回収された HDL 粒子中のコレステロールは，肝臓にある HDL に特異的な受容体を介して，あるいはコレステロールエステル転送タンパク質（cholesterol ester transfer protein; CETP）の作用により，VLDL や LDL へコレステロールエステルを移行させた後，各々の受容体を介して，肝細胞に取り込まれ，胆汁中へ排泄される。このコレステロール逆転送経路は，動脈硬化巣におけるコレステロールの沈着を軽減する経路として重要である。

（2） 中性脂肪代謝

食事由来の脂質の90％を占める中性脂肪は，リポタンパク質により肝臓，脂肪組織ならびに筋肉などへ輸送され貯蔵される。また食事由来の余剰な糖質，つまり直ちにエネルギー源として使用されず，またグリコーゲンとして貯蔵され得る以上の摂取分は，大部分が肝臓で中性脂肪の合成に用いられ，肝臓および脂肪組織，あるいはわずかながら筋肉にも貯蔵される。

基本的な中性脂肪の化学構造を図5-2に示す。3分子の長鎖脂肪酸（図では，炭素数16個のパルミチン酸を例として示す）が1分子のグリセロールとエステル結合している。脂肪酸は長い炭化水素鎖をもつカルボン酸で，二重結合をもたないものを飽和

$$CH_3-(CH_2)_{14}-COO-{}^1CH_2$$
$$CH_3-(CH_2)_{14}-COO-{}^2CH$$
$$CH_3-(CH_2)_{14}-COO-{}^3CH_2$$

図5-2 中性脂肪の化学構造

脂肪酸，もつものを不飽和脂肪酸という。代表的な飽和脂肪酸は C_{16} のパルミチン酸，C_{18} のステアリン酸であり，不飽和脂肪酸は C_{18} のオレイン酸（1価：二重結合1つ），リノール酸（2価：二重結合2つ）である。

中性脂肪は，体内ではエネルギー基質として，糖質とほぼ同様の役割を担う。脂肪組織に貯蔵されている中性脂肪は，体内でのエネルギー需要に応じてリパーゼにより加水分解される。血中に放出された脂肪酸（これを遊離脂肪酸という）は，速や

かに血漿タンパク質のアルブミンと結
合し，エネルギー源として必要とされ
る組織へと供給される。脳細胞や赤血
球を除くほとんどの細胞において，脂
肪酸はエネルギー基質として利用され
る。脂肪酸はミトコンドリア内で，
β酸化の過程を経てアセチルCoAへ
と分解される。アセチルCoAは，糖
代謝の場合と同様に，クエン酸回路な
らびに酸化的リン酸化反応を経て多量
のアデノシン三リン酸(ATP)を生成す
る。実際に，16個の炭素の鎖をもつ

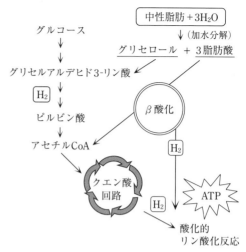

図5-3　中性脂肪分解によるエネルギー産生

パルミチン酸1分子が，完全に酸化されると，108分子ものATPを獲得することが
でき，グルコース1分子からの30〜32分子のATPと比較して，1分子当たりのエネ
ルギー生成量が多い。中性脂肪1分子当たりでは，さらに多量のATP生成が可能で
あり，脂質は貯蔵エネルギーとして非常に優れている。

　安静時の血中遊離脂肪酸濃度は，およそ15mg/dLと低濃度であるにもかかわら
ず，回転速度はきわめて速く，数分毎に半数の血中遊離脂肪酸が新しい脂肪酸と置
き換えられる。また脂肪のエネルギー源としての利用が高まった場合には，血中濃
度は5〜8倍も上昇することがあり，脂質輸送は非常にダイナミックに変動してい
ることがわかる。なおグリセロールは，グリセロール-3-リン酸に変換後，解糖系
に流入しエネルギー生成に利用される(図5-3)。

(3)　コレステロール代謝

　消化管より吸収される食事由来のコレステロールに加え，はるかに大量のコレス
テロールが生体内で生成される。リポタンパク質中のコレステロールは，肝臓で産
生されるが，各々の細胞においても細胞膜構造の維持のために，少量のコレステ
ロールが産生されている。コレステロールの基本構造はステロイド骨格であり(図
5-4)，アセチルCoAから生成される。アセチルCoAは，3-ヒドロキシ-3-メチル

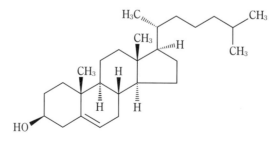

図5-4　コレステロール

グルタリル CoA（HMG-CoA）を経て，HMG-CoA 還元酵素によりメバロン酸になる。この反応はコレステロール合成系の律速段階であり，コレステロール自身は，HMG-CoA 還元酵素の重要なフィードバック調節因子である。生理的にはコレステロールの摂取量が増大すると，血中コレステロール濃度の上昇によりこのフィードバック機構が作動して，HMG-CoA 還元酵素を抑制し，血中コレステロール濃度の過度な上昇は防止される。また，飽和脂肪酸に富む食事では，肝臓内脂質含量が増加し，コレステロール産生のためのアセチル CoA 量が増加することから，血中コレステロール濃度を15〜25％上昇させる。一方，不飽和脂肪酸含有脂肪の摂取により，血中コレステロール濃度は減少するとされるが，その詳細な機序は解明されていない。

　生成されたコレステロールは，中性脂肪とは異なり，脂質でありながらエネルギーにはならない。そのほとんどは，肝臓において胆汁に含まれる胆汁酸の一種であるコール酸に変換され，胆汁とともに小腸に分泌される。小腸に分泌された胆汁酸は，食事中の脂質をミセル化し，食事由来の脂質成分とともに小腸から吸収されて肝臓に戻り，再度胆汁中に現れて再利用を繰り返す（図5−1）。これを胆汁酸の腸肝循環という。また，コレステロールの一部は，副腎皮質や性腺で分泌されるステロイドホルモンを生合成する際の原料となる。

● 2　脂質代謝異常と疾患

　脂質異常症とは，血清脂質あるいはリポタンパク質が異常高値を示すもので，ⅠからⅤ型まで分類される（表5−2）。原因不明あるいは遺伝子変異によるものは，原発性とよばれ，腎疾患，肝疾患および内分泌疾患などが原因で発症するものを続発性（二次性）という。全体の9割以上は，Ⅱa，Ⅱb，Ⅳ型のいずれかに分類される。生活様式の欧米化に伴う食事由来の脂肪摂取の増加，あるいはリポタンパク質代謝関連因子（アポタンパク質，受容体，酵素など）における先天的，後天的異常により脂質代謝異常は発症する。

表5−2　脂質異常症の WHO分類

病　型	Ⅰ	Ⅱa	Ⅱb	Ⅲ	Ⅳ	Ⅴ
主に増加する リポタンパク質	カイロミクロン	LDL	LDL VLDL	IDL	VLDL	カイロミクロン
増加する 脂質の種類	Cho → TG ↑↑↑	Cho ↑ TG →	Cho ↑ TG ↑	Cho ↑↑ TG ↑↑	Cho → TG ↑↑	Cho ↑↑ TG ↑↑↑

＊ Cho：コレステロール，TG：中性脂肪（トリグリセライド）

（1）　原発性脂質異常症
①　脂質異常症

　LDL コレステロール（LDL-C），HDL コレステロール（HDL-C），トリグリセライ

ド(中性脂肪＝トリアシルグリセロール；TG)のうち，メタボリックシンドロームの診断基準に用いられる脂質の指標は，HDL-C と TG である。しかし，LDL-C は単独でも強力に動脈硬化を進行させるため，メタボリックシンドロームの有無に関係なく，LDL-C 値に注意する必要がある。脂質異常症の診断基準は表5－3の通りである(日本動脈硬化学会「動脈硬化性疾患予防ガイドライン2022」)。

表5-3　脂質異常症診断基準

LDL コレステロール	140 mg/dL 以上	高 LDL コレステロール血症
	120～139 mg/dL	境界域高 LDL コレステロール血症**
HDL コレステロール	40 mg/dL 未満	低 HDL コレステロール血症
トリグリセライド	150 mg/dL 以上(空腹時採血*)	高トリグリセライド血症
	175 mg/dL 以上(随時採血*)	
Non-HDL コレステロール	170 mg/dL 以上	高 Non-HDL コレステロール血症
	150～169 mg/dL	境界域高 Non-HDL コレステロール血症**

* 　基本的に10時間以上の絶食を「空腹時」とする。ただし水やお茶などカロリーのない水分の摂取は可とする。空腹時であることが確認できない場合を「随時」とする。
** 　スクリーニングで境界域高 LDL-C 血症，境界域高 non-HDL-C 血症を示した場合は，高リスク病態がないか検討し，治療の必要性を考慮する。

動脈硬化性疾患予防ガイドライン2022年版より作成

②　家族性高コレステロール血症

LDL 受容体関連遺伝子の変異による遺伝性疾患(常染色体優性遺伝)であり，高LDL 血症，皮膚や腱の黄色種，若年性冠動脈疾患を主徴とする。ヘテロ接合体は500人に1人以上の頻度で認められ，国内で25万人以上と頻度の高い疾患である。冠動脈疾患などの動脈硬化症の発症が予後を決定するため，早期診断，早期治療がきわめて重要である。

(2)　続発性(二次性)脂質異常症

甲状腺機能低下症，ネフローゼ症候群，腎不全，尿毒症，原発性胆汁性肝硬変，閉塞性黄疸，糖尿病，Cushing 症候群，肥満，アルコール，自己免疫疾患，薬剤性，妊娠などさまざまな疾患に続発する脂質異常で，原疾患の治療が優先される。

(3)　脂質代謝異常による疾患

コレステロールに富む LDL が過剰に血中に存在する，すなわち高 LDL-C 血症では，酸化(変性)LDL による血管内皮傷害とともに，血管壁におけるコレステロールの蓄積やコレステロールを多量に取り込んだマクロファージ(泡沫細胞)の集族が認められるようになり，粥状病変(プラーク)が形成されていく。一方，コレステロール逆転送系としての HDL は，動脈壁に蓄積する過剰なコレステロールを回収し肝臓へ運搬する作用により，粥状硬化病変形成を抑制する。したがって，血中HDL-C 値の低下は，粥状病変形成を促進する。

血中中性脂肪値は食事による影響も大きく，中性脂肪含有量の多いリポタンパク質がそれぞれ大きな幅をもって変動するため，高 TG 血症を直接動脈硬化性疾患の危険因子として捉えるのが難しい。しかし，高 TG 血症では HDL-C 低下を伴うことが多いこと，動脈硬化惹起性リポタンパク質とされるレムナントリポタンパク質や LDL への脂質転化作用があることなどにより，危険因子として認識されつつある。脂質代謝異常の症状が悪化したときは，薬による治療が必要となる。

● 3　脂質代謝異常と治療薬

（1）　血中コレステロール濃度を改善させる代表的な薬剤

①　HMG-CoA 還元酵素阻害薬（スタチン）

　コレステロール合成経路の律速酵素である HMG-CoA 還元酵素の作用は，HMG-CoA と構造的に類似するスタチンにより拮抗的に阻害される。スタチンにより肝細胞内コレステロール合成が抑制されると，LDL 受容体の発現が増加し血中 LDL の細胞内への取り込みが促進され，血中 LDL コレステロール濃度は低下する。その効果は，脂質異常の改善のみならず，冠動脈および脳血管イベントの発症・死亡を有意に抑制する。このような効果は，スタチンの有する多面的効果（炎症マーカーの減少，血管壁保護作用，プラーク退縮・安定化，血栓形成抑制など）によるものである。

②　小腸コレステロールトランスポーター阻害薬（エゼチミブ）

　エゼチミブは，小腸粘膜に存在するコレステロールトランスポーター（NPC1L1）の阻害因子である。NPC1L1は，胆汁酸の作用によりミセル化されたコレステロールのトランスポーターであり，エゼチミブの結合により食事および胆汁由来のコレステロールの吸収は阻害される。これに伴い，肝臓の LDL 受容体の発現が増加し，LDL の取り込みが促進され，その結果，血中 LDL-C 値が低下する。スタチンとの併用により LDL-C 低下効果の増強が認められることから，心血管疾患の抑制効果が期待されている。

③　プロブコール

　抗酸化剤として開発された化合物であるが，血中コレステロール値の低下作用を示す。LDL の異化亢進，特に胆汁へのコレステロール排泄促進作用により，LDL-C 値とともに HDL-C 値も低下させる。

（2）　血中中性脂肪濃度を低下させる代表的な薬剤

①　フィブラート系薬剤

　フィブラート系薬剤は，核内受容体である α 型ペルオキシソーム増殖因子活性化受容体（PPARα）に結合して，種々の遺伝子の転写を促進する。その結果，脂肪酸

のβ酸化の促進と肝臓での中性脂肪産生抑制，LPL発現・活性増強，アポタンパク質発現修飾などの複合的な効果により，血中中性脂肪値は低下しHDL-C値が増加する。大規模臨床試験においても心血管疾患の予防効果が明らかにされている。

②　エイコサペンタエン酸（EPA）

EPAは，炭素数20で5か所の二重結合を有するn-3多価不飽和脂肪酸であり，プランクトンや魚類，特にいわし，あじ，さばなどの青身魚に多く含まれる。アザラシや魚を主食とするイヌイット族では，特に心筋梗塞の発症が少なく，むしろ出血傾向を認めることが報告され，以降，注目されるようになった。本邦で行われた大規模臨床試験（JELIS）においても，スタチン内服下，EPA製剤併用により，心血管疾患の予防効果が示された。EPA製剤併用により，血中脂質値には変化がなかったことから，EPAの有する多彩な薬理作用（血小板凝集抑制，接着因子発現抑制，抗動脈硬化作用，抗炎症作用など）によるものと考えられる。

③　ニコチン酸誘導体

ニコチン酸誘導体（ナイアシン）は，ビタミンB群の一つで，脂肪細胞のニコチン酸受容体やCETPを介する作用により血中脂質を改善する。

● 4　血中コレステロールを増加させる食品

「コレステロールを多く含む食品」と「コレステロールは，ほとんど含まないが体内に摂取後，血中コレステロール濃度を上昇させる食品」に分類される。コレステロールは主に卵や魚肉類の脂肪に含まれており（表5-4），これらの過剰摂取により血中コレステロール濃度は上昇する。一方，血中のコレステロールを増加させる食品成分として飽和脂肪酸がある。ポテトチップスは食品としてはコレステロールを含まず，チョコレートや即席麺に含まれるコレステロールも少量であるが，これらは体内でコレステロールを増加させる。

表5-4　コレステロールが多く含まれる食品

（単位：mg/可食部100g）

食品名	量	食品名	量
鶏卵　卵黄（生）	1,200	にわとり［副生物］肝臓（生）	370
するめ	980	まだら　しらこ（生）	360
ぼら　からすみ	860	すけとうだら　たらこ（生）	350
あひる卵　ピータン	680	うに　生うに	290
煮干し　かたくちいわし	550	ケーキドーナッツ　あん入り　カスタードクリーム	250
しろさけイクラ	480	肝臓（生）	250
すけとうだら　たらこ（焼き）	410	発酵バター　有塩バター	230
鶏卵　全卵（生）	370	うなぎ　かば焼	230
にしん　かずのこ（生）	370	いか　塩辛	230
さきいか	370		

文部科学省：日本食品標準成分表2020年版（八訂）より作成

● 5 　血中コレステロール濃度の上昇を抑制する食品成分と作用機序

　血中のコレステロールや中性脂肪の含量が正常な基準を超えると、薬物による治療が必要である。したがって、日頃から食生活を工夫して、血中でのこれらの含量が高くならないように予防することが大切である。本項では、血中のコレステロールや中性脂肪濃度の上昇を抑制する成分について学習する。

（1）　腸管で食品中のコレステロールと結合し、体外への排出を促進する食品成分

①　大豆タンパク質

　大豆は、日本人の食生活において中心的な食材として利用されてきた。豆腐、納豆、みそ、しょうゆなどさまざまな大豆加工食品や発酵食品が広く食されている。一般的に動物性タンパク質と比較して植物性タンパク質の摂取は、血清コレステロール濃度を低下させる。そのなかでも大豆タンパク質の作用はよく研究されている。アメリカ食品医薬品局（FDA）は、1日当たり25gの大豆タンパク質の摂取により、コレステロールを5～10％低下させることができるとしている。大豆には約40％のタンパク質が含まれており、その90％以上がグリシニン（glycinin）とよばれるグロブリンの混合物である。

　大豆タンパク質による血清コレステロール低下作用は、小腸での食品由来コレステロールの吸収抑制と胆汁酸の再吸収の阻害による。また大豆タンパク質のペプシン分解物は、大豆タンパク質そのものよりも強力な血清コレステロール低下作用を示し、グリシニン由来のペプチドであるソイスタチン（soystatin）（Val-Ala-Trp-Trp-Met-Tyr; VAWWMY）には強力なコレステロール吸収抑制作用がある。

②　リン脂質結合大豆ペプチド

　リン脂質結合大豆ペプチドは、より強力なコレステロール低下作用を有する物質として開発された。これは大豆に含まれるリン脂質（大豆レシチン）に血清コレステロール低下作用があること、レシチンを含む大豆タンパク質が、脂質異常症患者のHDLコレステロール濃度を上昇させることに着目したものである。その作用メカニズムは、①食事由来コレステロールのミセル化を阻害して、腸管からの吸収を阻害する　②胆汁酸と結合することによって、胆汁酸の再吸収を阻害することなどによる。

　特定保健用食品としては、個別に製品ごとの安全性・有効性が評価されており、リン脂質結合大豆ペプチドを関与成分とし「コレステロールが高めの方に役立つ食品」との表示が許可された食品がある。

③　低分子アルギン酸ナトリウム

　低分子アルギン酸は、昆布やひじきなど、褐藻の海草に含まれているアルギン酸から製造される。アルギン酸は、褐藻の細胞壁を構成する成分であり、D-マンヌロン酸とL-ギュルロン酸とがβ-1,4結合で複雑に結合した多糖である。天然のア

ルギン酸は高分子で粘度が高く，水に溶け
にくい。アルギン酸を加熱加水分解して調
製した低分子アルギン酸ナトリウムは，水
溶性で粘性のあるゲルを形成する（図5－5
に構造の一部を示す）。低分子アルギン酸

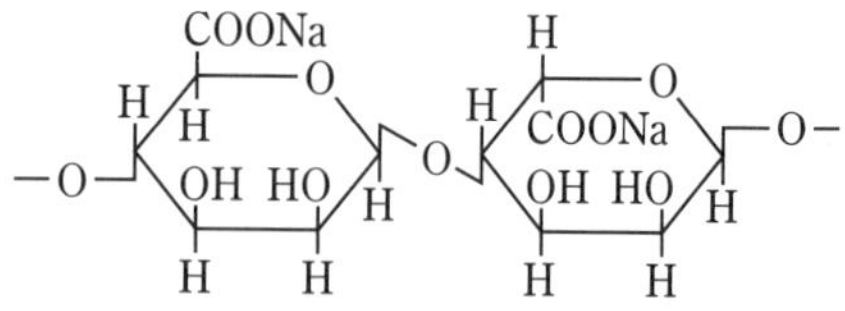

図5-5 低分子アルギン酸ナトリウムの部分構造

ナトリウムは，小腸でコレステロールや胆汁酸を吸着して体外への排出を促進する
作用があり，血清コレステロール濃度を低下させる。また低分子アルギン酸ナトリウ
ムには，排便や便の性状を改善する効果がある。D-マンヌロン酸ナトリウム（図5－5
左）とL-ギュルロン酸ナトリウム（図5－5右）がβ-1,4結合で結合した多糖である。
特定保健用食品としても低分子アルギン酸ナトリウムを関与成分としたものが許可
されている。

④ キトサン

　キトサンは，えびやかにの殻に含まれているキチン質から調製される動物性の食
物繊維である。えびやかにの殻を希酸で脱灰後，アルカリでタンパク質を除したも
のがキチン（poly-β1,4-N-acetylglucosamine）で，キトサン（poly-β1,4-N-glucosamine）
はキチンをさらに強アルカリで溶融して調製する。すなわちキトサンは，キチンの
脱アセチル化物である（図5－6, 7）。水に不溶であるが希酸に可溶であり，塩は水
溶性のものもある。キトサンはアミノ基を有するためイオン交換体として機能し，
コレステロールを吸着して体外への排出を促進させる。キトサンを関与成分とし
「コレステロールの高い方または注意している方の食生活の改善に役立ちます」な
どの表示が許可された特定保健用食品がある。

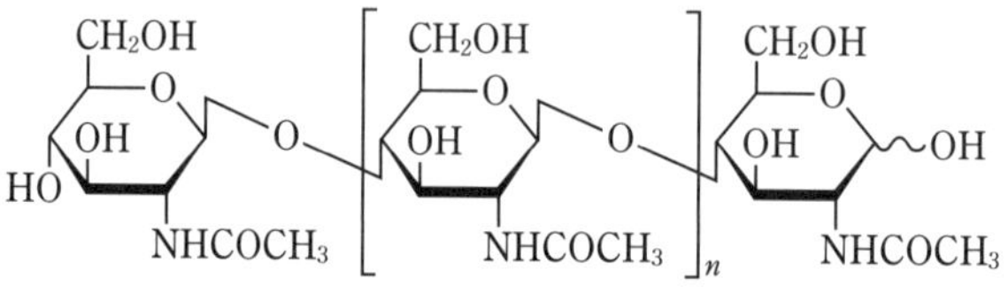

図5-6 キチン（poly-β1,4-N-acetylglucosamine）の構造

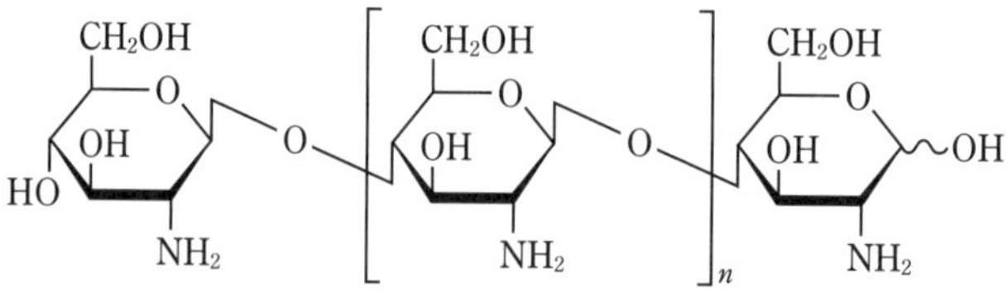

図5-7 キトサン（poly-β1,4-N-glucosamine）の構造

⑤ サイリウム種皮由来の食物繊維

　サイリウムは，オオバコ科オオバコ属植物の種子外皮を破砕したもので，プラン
タサン（plantasan），プランタゴムチラーゲA（plantagomucilage A）などの多糖類を
主成分とする粘性の強い食物繊維が主成分である。水を加えると膨張し，胃の内容

物の小腸への移動を遅延させ，食後の急激な血糖値の上昇を抑制する。一方，小腸では腸内容物を膨潤させるとともに蠕動運動を促進し，排泄を促すことから日本薬局方にも下剤として収載されている。またサイリウムは胆汁酸の再吸収，ならびにコレステロールの吸収を阻害することにより血漿コレステロール濃度を低下させる。特定保健用食品としても，サイリウム由来の食物繊維成分を関与成分としたものが許可されている。

(2) 胆汁酸の排泄を促進し，コレステロールから胆汁酸への合成を促進する食品成分

① 大豆タンパク質

大豆タンパク質は，上述のようなコレステロール吸収阻害作用に加えて，肝臓でのコレステロールの異化を促進する作用もある。コレステロール異化の律速酵素である CYP7A1（cholesterol 7α-hydroxylase）の遺伝子発現を増加させる作用や β-VLDL の血漿からのクリアランスを増加させる作用が報告されている。

② リン脂質結合大豆タンパク質

リン脂質結合大豆タンパク質も腸管で胆汁酸と結合し，胆汁酸の再吸収を阻害して，腸肝循環を抑制する。したがって，肝臓でのコレステロールからの胆汁酸の新規合成が増加し，血清コレステロール濃度が低下する。

③ 含硫アミノ酸

キャベツ，ブロッコリー，ねぎ，にんにくなどのアブラナ科，ネギ科植物に含まれるアミノ酸の一種，S-メチルシステインスルフォキシド（SMCS）（図5−8）は，LDL-C を低下させることが知られている。SMCS は，肝臓での CYP7A1 の発現を増加させ，コレステロールの胆汁酸への異化を促進

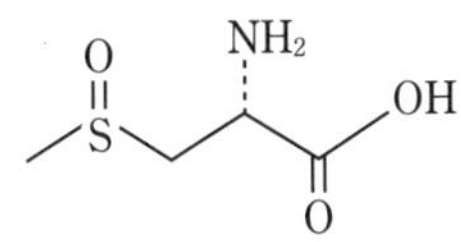

図5−8 S-メチルシステインスルフォキシド

し，LDL-C を低下させる可能性が明らかにされている。SMCS を含む食品は，コレステロール値が高めの方向けの特定保健用食品として認可されている。

(3) 複合ミセルの形成において動物ステロールと拮抗し，排泄量を増やす食品成分

① 植物ステロール

植物ステロールを摂取すると，糞便中へのコレステロールの排泄量が増加し，血清コレステロール濃度が低下する。したがって，植物ステロールは，小腸でのコレステロールの吸収を阻害すると考えられる。食事中のコレステロールは，遊離型もしくはエステル型として存在し，胃や十二指腸で中性脂質やリン脂質などの他の脂質とともに乳化され，胆汁酸とともに胆汁酸ミセルを形成して単分子として吸収される（3章参照）。植物ステロールも同様に吸収されるが，ミセルに対する親和性が強いため単分子として放出されにくく難吸収性である。コレステロールと植物ステロールが消化管内に共存すると，ミセルとの親和性の高い植物ステロールが優先的に

溶解するため，相対的にコレステロールの溶解性が減少してその吸収が阻害される。

β-シトステロール，スティグマステロール，ブラシカステロール，カンペステロールなどの植物ステロールを関与成分とした特定保健用食品が認可されている。

② プロシアニジン

リンゴ果皮，松樹皮由来のプロシアニジンは，血液中コレステロール濃度や体脂肪の減少効果がある。カテキンの2量体構造を有し，消化管内でのコレステロールのミセルへの取り込みを阻害することにより，コレステロールの糞中への排泄量を増加させる。「体脂肪が気になる方に適する」と表示された特定保健用食品の関与成分となっている。リンゴ由来プロシアニジン（2〜8量体を含むリンゴ抽出物）は，ミセルの形成阻害に加えて，リパーゼ活性，アミラーゼ活性，スクラーゼ活性の阻害やβ酸化を亢進する作用が知られている。

③ 乳酸菌

ガゼリ菌（*Lactobacillus gasseri* SBT 2055株（LG 2055））は，ヒトの内臓脂肪を減少させる特定保健用食品の関与成分となっている。作用機序としてミセル形成，脂質吸収阻害が明らかにされている。

④ 茶カテキン

茶カテキンは，後述の体脂肪燃焼作用に加えて，小腸において膵リパーゼ活性の阻害による脂肪の吸収抑制，便中への脂肪の排出促進により体脂肪を低下させる。また，小腸において胆汁酸ミセルと会合し，ミセル中のコレステロールをミセルから脱離させて小腸でのコレステロール吸収を抑制し，血清コレステロールを低下させる。「コレステロールが高めの方に適する」と表示された特定保健用食品の関与成分となっている。

（4） コレステロールの合成を抑制する食品成分

① セサミン，セサモリン

セサミンは，2分子のコニフェリルアルコールラジカルがβ-β-(8-8)位で縮合した物質で，代表的なリグナン構造を有している。セサモリンはセサミンの科学構造にアセタール酸素架橋をもつ特徴的な構造をしている。セサミン，セサモリンはコレステロールの生合成に関与する酵素の発現を抑制することにより血清LDL濃度を低下させる。「血清LDLコレステロールが高めの方に適する」と表示された特定保健用食品の関与成分となっている。

● 6 血中の中性脂肪濃度の上昇を抑制する食品とその成分・作用機序

（1） グロビンタンパク質由来のオリゴペプチド

ウシやブタの赤血球由来グロビンを酸性プロテアーゼで加水分解した分解物に

は，脂肪摂取時の血中トリグリセリド濃度の上昇を抑制する作用がある。強力な血中トリグリセリド濃度上昇抑制活性を有する Val-Val-Tyr-Pro（VVYP）ペプチドも含まれる。グロビン加水分解物は，マウス，ラット，イヌ，ヒトなど種を超えて血中トリグリセリド濃度の上昇抑制作用を示す。①膵リパーゼの阻害による脂肪吸収の抑制，②リポタンパク質リパーゼの活性化によるトリグリセリド代謝の促進，③肝臓トリグリセリドリパーゼの活性化による脂肪代謝の促進，などの機構が提唱されている。VVYR を関与成分として，『血中中性脂肪，体脂肪が気になる方に』という表示が許可された特定保健用食品がある。

（2） EPA と DHA：肝臓での脂肪合成を抑制

エイコサペンタエン酸（EPA），ドコサヘキサエン酸（DHA）などの n-3 系（末端のメチル基から数えて 3 つ目の炭素原子の位置に最初の二重結合があるもの）高度不飽和脂肪酸（図5-9, 10）は虚血性心疾患（心筋梗塞）などの発症率を低下させることが報告されてきた。高純度 EPA エステル製剤は広く臨床で使用されている。

DHA や EPA は，肝臓での脂肪酸合成の抑制，β 酸化の促進により，中性脂肪の合成に必要な脂肪酸を減少させ，中性脂肪産生を抑制する。さらに DHA, EPA は，リポタンパク質リパーゼの発現を上昇させ，活性を高めることで，血中での中性脂肪の分解を促進する。

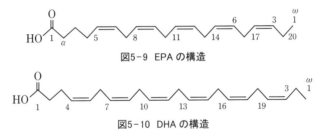

図5-9 EPA の構造

図5-10 DHA の構造

（3） 茶カテキン

カテキンは，（−）-epicatechin，（−）-epigallocatechin（EGC），（−）-epicatechin gallate（ECg），（−）-epigallocatechin gallate（EGCg）の総称である（図5-11）。これらは緑茶や紅茶の独特の苦味を呈する水溶性のポリフェノールであり，緑茶においては，乾燥重量の 8～20% を占めている。茶カテキン類の抗酸化作用，抗ウイルス作用，動脈硬化抑制作用，抗アレルギー作用，がん予防作用，放射線防御作用，血圧低下作用，血糖低下作用など，さまざまな機能性が研究されている。カテキンの経口摂取による血清トリグリセリド濃度，血清総コレステロール濃度低下作用，肝臓脂質蓄積抑制作用，体脂肪上昇抑制作用が明らかにされている。

肥満（肥満度1度）の男性6名を用いて行った研究では，茶カテキンを 12 週間摂取させたところ BMI，ウエスト周囲長，体脂肪率，内臓脂肪面積すべてが減少した。高濃度の茶カテキンの摂取は，肝臓での acyl-CoA oxidase（ペルオキシソーム β 酸化

酵素; ACO），medium-chain acyl-CoA dehydrogenase（ミトコンドリア β 酸化酵素; MCAD）などの β 酸化関連酵素の活性化によるエネルギー消費量を増加させて，体脂肪を低減する効果をもつ。「血中中性脂肪や体脂肪が気になる方の食品」として，茶カテキン成分関与の特定保健用食品が許可されている。

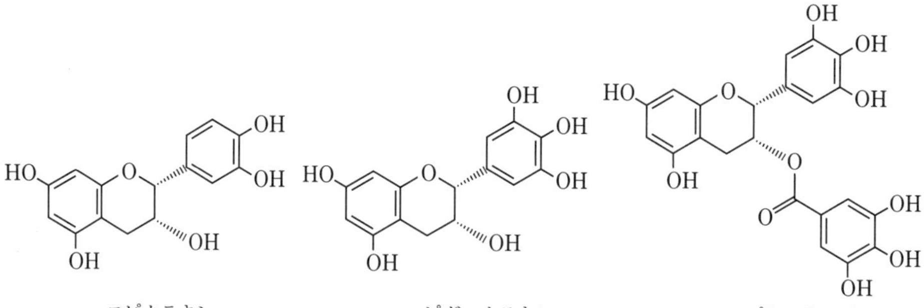

エピカテキン　　　　　エピガロカテキン　　　　エピカテキンガレート

図5-11　代表的なカテキン類の構造

（4）　ウーロン茶重合ポリフェノール

　　ウーロン茶は，茶葉の発酵の過程で加熱により，発酵を止めた半発酵茶であり，特有の香味がある。緑茶，ウーロン茶，紅茶は同じツバキ科の茶葉を用いて製造するが，緑茶は茶葉を摘んだ直後に加熱し発酵させない。一方，紅茶は完全に発酵させた後，茶葉を乾燥して製造する。

　　ウーロン茶には，ウーロン茶重合ポリフェノール（oolong tea polymerized polyphenols; OTPP）とよばれる特徴的なポリフェノールが含まれており，茶葉の半発酵の過程でポリフェノールが重合して生成すると考えられている。ウーロン茶抽出成分のなかで最も疎水性の強い分子で，分子量は，おおよそ2,000であり，ウーロン茶が有する脂肪の吸収抑制作用や抗肥満作用の関与成分と考えられている。これには，ウーロン茶重合ポリフェノール分子内のガロイル基を介する膵リパーゼ阻害活性が関わっている。

　　ウーロン茶重合ポリフェノールは，特定保健用食品のなかで「血中中性脂肪や体脂肪が気になる方の食品」の関与成分として利用されている。

（5）　コーヒー豆マンノオリゴ糖

　　コーヒー豆中のガラクトマンナンに由来するオリゴ糖であり，マンノースが直鎖状に2-10分子 β 1,4結合したオリゴ糖混合物である（図5－12）。ビフィズス菌や乳酸菌に資化されやすく，便秘改善作用，整腸作用がある。

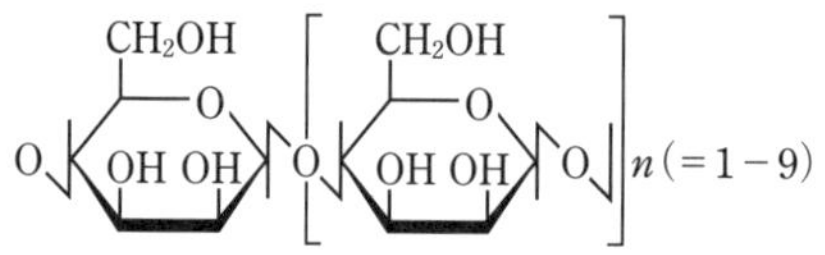

図5-12　コーヒー豆マンノオリゴ糖の構造

コーヒーオリゴ糖の摂取は脂肪の吸収を抑制，低減することが推察されている。さらに，ビフィズス菌をはじめとした大腸菌が生産するプロピオン酸などの短

鎖脂肪酸が肝臓での脂質合成を抑制する可能性も考察されている。ヒトでは，体脂肪低減効果や血中脂質低減効果が確認されており，特定保健用食品のヘルスクレーム「体脂肪が気になる方に」の根拠となっている。

(6)　β-コングリシニン

先に述べたように，大豆グロブリンの主要なタンパク質はグリシニンであるが，複数のタンパク質分子から構成されるβ-コングリシニンも含まれる。

作用メカニズムに関しては不明な点が多いが，血中中性脂肪濃度の低下作用が報告されている。

(7)　中鎖脂肪酸

食品に含まれる脂肪や体内の貯蔵エネルギー(脂肪)のほとんどは，中性脂肪でありグリセロールに脂肪酸3分子がエステル結合したものである。脂肪酸は末端にカルボキシ基をもつ直鎖の炭化水素であるが，炭素数が6以下の短鎖脂肪酸，8～10の中鎖脂肪酸，12以上の長鎖脂肪酸に分類される。一般に食品に含まれる脂質は炭素数が14以上のものが多い。現在，中鎖脂肪酸を含有する食用油が特定保健用食品として販売されている。長鎖脂肪酸は，小腸細胞内でカイロミクロンを形成後，リンパ管に入り胸管を経て頚静脈から血液中に移行するのに対し，中鎖脂肪酸とグリセロールのエステル結合はリパーゼによって効率よく分解され，大部分は門脈を介して肝臓に直接輸送される。したがって，ほとんどカイロミクロンを形成せず，食後の高脂肪血症を起こしにくく，脂肪組織への蓄積も少ない。中鎖脂肪酸を主成分とする「体脂肪や肥満が気になる方に向けた」特定保健用食品(食用油)として許可されている。

(8)　難消化性デキストリン

糖の吸収を穏やかにする難消化性デキストリンにも中性脂肪を低下させる作用が知られている。難消化性デキストリンの食後中性脂肪上昇抑制作用は，小腸における脂質の吸収の過程で，リパーゼによる分解後のミセルからの脂肪酸やモノグリセリドの放出を抑制し，脂質の吸収を遅延させることによるものと考えられている。

(9)　クロロゲン酸

コーヒー中に含まれるカフェオイルキナ酸，フェルロイルキナ酸，ジカフェオイルキナ酸などはクロロゲン酸類と総称される。クロロゲン酸類を継続摂取するとエネルギー消費量が向上し，脂質燃焼量が増加する。また，ヒトでの検証では12週間の継続摂取により腹部脂肪面積，体重，BMI，ウエスト周囲長，およびヒップ周囲長が減少し，エネルギー消費量，脂肪燃焼量も増加した。

（10） モノグルコシルヘスペリジン

　モノグルコシルヘスペリジン(図5-13)は，生体内ではヘスペリジンとして機能し，肝臓における脂肪酸合成の抑制とミトコンドリアでの脂肪酸のβ酸化の亢進によりトリグリセリド量を低下させる。また，肝臓から血中へのVLDLの分泌抑制，脂質の消化吸収抑制によって，血中トリグリセリドを低下させる。

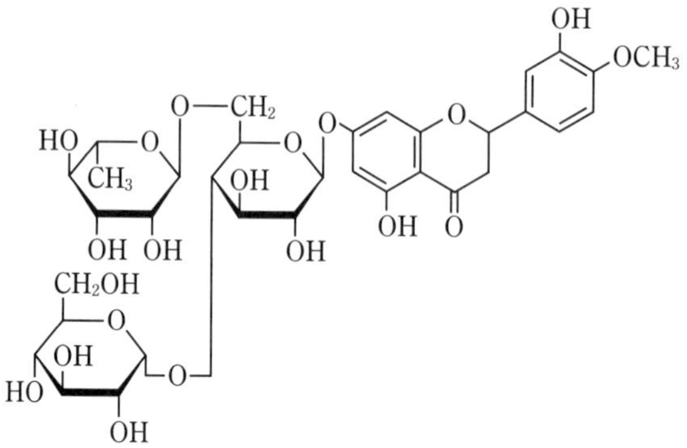

図5-13　モノグルコシルヘスペリジン

（11） ケルセチン配糖体

　ケルセチン配糖体は，マメ科植物から抽出したルチンを加水分解酵素でイソクエルシトリンへ変換した後，デキストリンの存在下で糖転移酵素を作用させ，グルコースを付加したものであり，イソクエルシトリンおよびイソクエルシトリンに1〜7個グルコースがα-1,4結合した構造をとる。水溶性に優れ，各種飲料に添加され，体脂肪が気になる方に適した特定保健用食品として利用されている。作用機序としてホルモン感受性リパーゼの活性化作用が明らかにされている。

●確認問題　　＊　　＊　　＊　　＊　　＊

1. 水に不溶性の脂質成分は，どのような形で体内を運搬されるかを説明しなさい。

2. 薬剤として使用される食品成分のエイコサペンタエン酸とは何かを説明しなさい。

3. 血中のコレステロールを増加させる食品を挙げなさい。

4. 血中コレステロール濃度の上昇を抑制する食品成分を挙げ，その機序を説明しなさい。

5. 血中の中性脂肪濃度の上昇を抑制する食品成分を挙げ，その機序を説明しなさい。

解答例・解説：QR コード(p3, 4)

〈参考文献〉

Walter F. Boron: Medical Physiology (updated 2nd edition), Elsevier Saunders (2012)

御手洗玄洋総監訳：「ガイトン生理学」原著第11版，エルゼビアジャパン(2010)

日本動脈硬化学会(編)：動脈硬化性疾患予防ガイドライン2022年版，日本動脈硬化学会(2022)

特集「脂質異常症の治療薬：エビデンスと選択基準」：綜合臨床，永井書店(2011)

今掘和友，山川民夫監修：「生化学辞典 第4版」，東京化学同人(2007)

文部科学省：日本食品標準成分表2020年版(八訂)

〈大豆タンパク質〉

Nagaoka S et al., Biosci Biotechnol Biochem, 74(8):1738-41(2010)

坂野新太，長岡　利，化学と生物，59(8)，367-8(2021)

〈リン脂質結合大豆タンパク質〉

Hori G et al., Biosci Biotechnol Biochem, 65(1):72-8(2001)

〈低分子アルギン酸ナトリウム〉

真田宏夫：機能性食品の作用と安全性百科(上野川修一ら編)，239，丸善(東京)(2012)

〈キトサン〉

宮澤陽夫ら：食品の機能化学，29，アイ・ケイコーポレーション(2010)

〈サイリウム種皮由来の食物繊維〉

Wei ZH et al., Eur J Clin Nutr.; 63(7):821-7(2009)

〈含硫アミノ酸〉

Suido H et al., J. Agric. Food Chem. 50, 3346-50(2002)

〈植物ステロール〉

松岡圭介，オレオサイエンス，11(4)，119-125(2011)

〈プロシアニジン〉

Yasuda A et al., Biofactors. 33. 211-23(2008)

庄司俊彦，化学と生物，55(9)，631-6(2017)

東 知宏ら：日本食品科学工学会誌，60(4)：184-92(2013)

〈グロビンタンパク質由来のオリゴペプチド〉

香川恭一ら：日本栄養・食糧学会誌，52(2):71-77(1999)

〈EPA, DHA〉

Hamazaki K et al., Lipids, 38(4):353-8(2003)

Ikeda I, et al., Biosci Biotechnol Biochem, 62, 675-80(1998)

Harris WS, et al., Atherosclerosis, 197, 12-24(2008)

〈カテキン〉

Murase T. *et al.,* Int. J. Obes. Relat. Metab. Disord., 26, 1459-1464（2002）

Wolfram S *et al.,* Mol Nutr Food Res. 50（2）：176-87（2006）

Ikeda I *et al*., J Agric Food Chem. 51（25）：7303-7307（2003）

〈ウーロン茶重合ポリフェノール〉

Toyoda-Ono Y *et al.,* Biosci Biotechnol Biochem, 71（4）：971-6（2007）

〈コーヒー豆マンノオリゴ糖〉

Asano I *et al.,* Food Science and Technology Research, 9（1）, 62-66（2003）

〈β-コングリシニン〉

Kohno M. *et al.,* J Atheroscler Thromb. 13（5）：247-55（2006）

Moriyama T. *et al.,* Biosci Biotechnol Biochem. 68（2）：352-9（2004）

〈中鎖脂肪酸〉

Han JR *et al.,* Metabolism. 56（7）：985-91（2007）

〈クロロゲン酸〉

Murase T *et al*., Am J Physiol Endocrinol Metab, 300（1）, E 122-33（2011）

〈モノグルコシルヘスペリジン〉

Kawaguchi K *et al*., Biosci Biotechnol Biochem, 61（1）：102-4（1997）

〈ガゼリ菌 SP〉

門岡幸男ら：日本栄養・食糧学会誌, 72（2）：79-83（2019）

〈ケルセチン配糖体〉

立石法史ら：化学と生物, 56（6）：408-13（2018）

〈セサミン, セサモリン〉

Seki K *et al*., 薬理と治療, 43（10）：1473-80（2015）

6章　貧血を予防する機能
―血液による酸素の運搬と健康

> **概要**：酸素や栄養素の運搬に関わる血液の機能を学ぶ。また貧血の病態とその原因を学ぶ。さらに，貧血予防に効果のある食品成分とその機序を学ぶ。

到達目標　＊　　＊　　＊　　＊　　＊　　＊　　＊
1. ヘモグロビンによる酸素の運搬機構を説明できる。
2. 赤血球の産生と破壊の過程を説明できる。
3. 赤血球産生における鉄，ビタミンB₁₂，葉酸の働きを説明できる。
4. 小腸における鉄の吸収機構を説明できる。
5. 小腸において，鉄の吸収を阻害する成分と促進する成分を挙げ，その機序を説明できる。
6. ヘム鉄，ビタミンC，ビタミンB₁₂，葉酸を多く含む食品を挙げることができる。

● 1　血液の働き

　人体の臓器は，さまざまな細胞で構成されており，個々の細胞は，酸素とグルコースを原料として産生したエネルギーを使って臓器固有の機能を発揮している。血液はエネルギー産生に必要な酸素やグルコースを臓器に供給すると同時に，エネルギー産生の結果生じる二酸化炭素や老廃物を回収することにより，各臓器周囲の環境を適切に保つ（恒常性の維持）。また，血液はホルモンやさまざまな情報伝達物質の運搬を通じ，個体としての恒常性の維持にも関わる。多くの生理機能のなかで酸素の運搬は最も重要であり，赤血球中のヘモグロビンがこれを担当する。白血球は主に免疫や炎症反応（12章参照）に，血小板は止血に関わる（8章参照）。血液の成分については図6-1に示した。

　この章では，主に血液の働きと産生，および破壊に関わる因子を理解する。

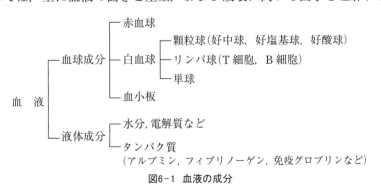

図6-1　血液の成分

（1） 赤血球中のヘモグロビンの酸素結合能

血液量は，おおよそ体重の1/13である。血液中に赤血球は男性で450万/mm³，女性で400万/mm³存在し，核が無く円盤状である。ヘモグロビン（Hemoglobin; Hb）は，赤血球中に高濃度で存在し，酸素の運搬に関与する（Hbの血中濃度：13〜15g/dL）。ヘモグロビンは，鉄を含むヘムが結合したグロビンタンパクの4量体（成人ではα鎖とβ鎖各2本）として存在する（図6-2）。各々の

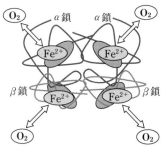

図6-2 ヘモグロビンの酸素結合

ヘモグロビン鎖のヘムは，酸素1分子と結合するため，一つのヘモグロビン分子は4分子の酸素と結合することができる。酸素は，100mLの血漿（血液の液体成分）中には0.3mLしか溶解しないが，赤血球中にヘモグロビンが存在するため100mLの全血液中には20mLもの酸素の溶解が可能である。

（2） 赤血球中のヘモグロビンによる酸素運搬

ヘモグロビンは，酸素分圧が高いと酸素を結合しやすく（離しにくく），逆に低いと結合しにくい（離しやすい）性質をもつ。このため各酸素分圧時の酸素飽和度を表した酸素解離曲線はS字状となる（図6-3）。これによりヘモグロビンは酸素分圧が高い肺で酸素と結合し，動脈血中を運搬した後，酸素分圧の低い組織で酸素を離すという生理機能を果たすことができる（図6-3）。

肺胞内の酸素分圧（P_AO_2）は約100mmHgであり，その周囲の毛細血管を血液が通過するとヘモグロビンは4分子の酸素と結合（100％飽和）

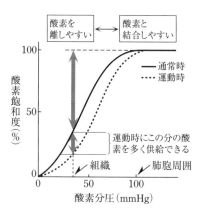

図6-3 通常時と運動時のヘモグロビンの酸素解離曲線

注〕 運動時には組織での酸素分圧が低下するため，より多くの酸素を供給できる。

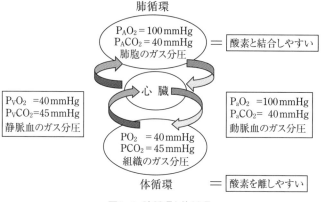

図6-4 肺循環と体循環

し動脈血として組織に運ばれる。酸素分圧の低い（約40 mmHg）組織ではヘモグロビンと結合できなくなった酸素が放出される（図6-4）。運動時の筋肉等では，酸素を使ってグルコースを二酸化炭素と水に分解してエネルギーを産生する好気性代謝が亢進しているため，酸素分圧が他の組織より低くなり，より多くの酸素が供給されることになる。またエネルギー産生亢進部位で認められる二酸化炭素分圧の上昇，温度上昇，アシドーシス（酸性化）などは，いずれも酸素解離曲線を右側に移動（右方移動；図6-3中点曲線）させ，低酸素領域での酸素結合能をさらに低下させることにより，より多くの酸素を組織に供給することを可能にしている。

サイドメモ

　酸素化ヘモグロビンと脱酸素化ヘモグロビンは異なる高次構造をとり，前者では，鮮紅色，後者では暗赤色を示す。動脈血と静脈血の色の違いである。パルスオキシメーターは，この色彩の違いを利用してHbの酸素飽和度を経皮的に無侵襲で測定する装置である。

● 2 　造血機能

　血球成分である赤血球，血小板，白血球は，骨髄で産生される。骨髄では多機能性幹細胞とよばれる細胞が，それぞれ異なる刺激により各前駆細胞に分化し，さらに特異的な造血因子の刺激により分化・成熟して流血中に出現する。血小板は，骨髄中で巨核球として成熟した後，その細胞質の一部が流血中に放出されてできる（図6-5）。赤血球の分化誘導にはエリスロポイエチンが必要であり，白血球，巨核球の分化誘導にもそれぞれ，コロニー刺激因子，トロンボポイエチンなどの造血因子が働く。いずれもそれぞれの血球成分の産生が必要なときに機能し，赤血球産生を促進する。エリスロポイエチンは出血や赤血球の破壊亢進による貧血時，あるいは高地などの低酸素状態で，腎臓における産生が亢進し赤血球産生を高める。腎機能が障害される（腎不全）とエリスロポイエチン産生能が低下し貧血をきたす。

　造血には細胞のDNA合成に必須のビタミンB_{12}や葉酸が補助因子として必要で

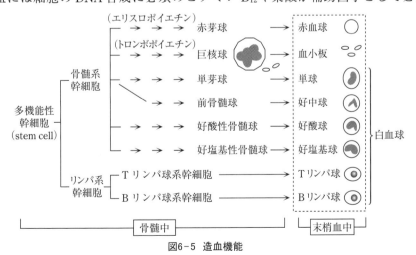

図6-5　造血機能

ある。これに加えて，赤血球の産生にはヘモグロビンの成分であるヘムに含まれる鉄やグロビンをつくるアミノ酸が必要である。ヘムはグリシンとスクシニル CoA を材料として合成されたポルフィリンに，2価の鉄イオンが結合して完成する。これらの造血の必要因子の欠乏により貧血をきたす。

● 3 　赤血球の破壊

　赤血球の寿命は約120日で，老化すると膜の変形能が低下し，脾臓や肝臓で破壊される。破壊に伴い放出されたヘモグロビンはヘムとグロビンに分かれ，ヘムは代謝されてビリルビン（非抱合型）となりアルブミンに結合して肝臓に運ばれ，グルクロン酸抱合を受けて抱合型ビリルビンとなり胆汁中に排泄される。ヘモグロビンに結合していた鉄は再利用される。またグロビン部は分解され，タンパク質合成に再利用される。ビリルビンは最終的に尿中，および便中に排泄される（図6-6）。赤血球の破壊が亢進したり，肝臓の機能が低下すると，血中の非抱合型ビリルビンが増加する。また胆石や胆管がんなどで胆汁排泄が障害されると抱合型ビリルビンが増加する。ビリルビンは緑黄色なので血中濃度が高くなると黄疸を引き起こす。さまざまな要因で赤血球の破壊が亢進すると貧血をきたす。

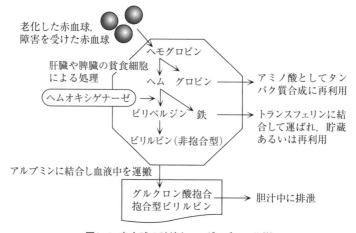

図6-6　赤血球の破壊とヘモグロビンの代謝

● 4 　貧血の定義と分類

　貧血とは，赤血球数の減少のことをいうが，赤血球の主要な役割である酸素の運搬をヘモグロビンが担うことから，病態生理学的にはヘモグロビン濃度の減少ととらえたほうが適切である。臨床的には組織の酸素不足による症状とそれを改善するための代償機能による症状が主となる。前者は倦怠感，易疲労感，筋肉の脱力感などで，後者は脈拍数および呼吸数増加に伴う，労作時の動悸，息切れなどである。

また眼瞼結膜や顔色が蒼白となる。貧血は形態学的あるいは病態生理学的等さまざまな方法で分類されるが，ここでは代表的な赤血球産生障害に伴う貧血を挙げる。

（1）鉄欠乏性貧血

鉄欠乏に伴うヘモグロビン合成障害による貧血である。鉄は食事により1日1mg程度体内に吸収しているが，汗や糞便中に，ほぼ同量が排泄されるため，過多月経や消化管出血により鉄を体外に喪失すると，生体内の貯蔵鉄（3～4mg）が減少し鉄欠乏となる。その結果，ヘモグロビン含量の少ない赤血球（低色素性貧血）となり，大きさは正常，あるいは正常の赤血球より小さい。

食品中の鉄吸収経路は，ヘモグロビンや筋肉中のミオグロビンに含まれるヘムとしての吸収と，非ヘムとしての吸収との2つの経路がある。ヘム鉄はヘム鉄トランスポーターを介して直接腸管上皮細胞に吸収され，細胞内でヘムオキシゲナーゼによりFe^{2+}とヘモグロビンの代謝産物であるビリベルジンに代謝される。非ヘム鉄は食品中では主に3価（Fe^{3+}）として存在する。腸管上皮ではFe^{2+}として2価金属トランスポーター DMTP1（divalent metal transporter1）により吸収される。Fe^{3+}からFe^{2+}への還元には，十二指腸上皮の鉄還元酵素や，食品中のビタミンC（アスコルビン酸），あるいは酸性の胃液が必要となる（図6-7）。

偏食や過剰ダイエット，あるいは胃切除後の低（無）酸症などによる鉄の吸収障害は貧血の原因となる。食品からの吸収率は約15%である。

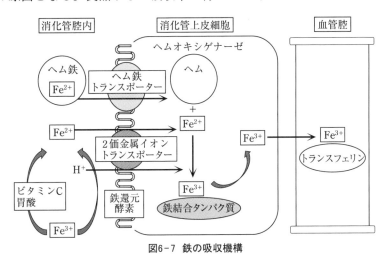

図6-7　鉄の吸収機構

（2）葉酸欠乏性貧血およびビタミンB_{12}

葉酸は，チミン，プリン体の骨格としてDNA合成に必須のビタミンである。ビタミンB_{12}はアミノ酸のメチオニン合成に必須のビタミンであり，不足すると葉酸を用いたメチオニン合成が進むため，結果として葉酸不足となる。いずれのビタミンの不足でもDNA合成が阻害されるため細胞分裂ができなくなり，血球や腸管上皮細胞のような新陳代謝の速い細胞の産生が抑制される。骨髄では分裂できないため巨

大赤芽球が増え，末梢血でも大きな赤血球が認められ，数が減少する（大球性貧血）。

a) 葉酸の吸収機構

葉酸は，小腸上部でトランスポーターを介して吸収される。

b) ビタミン B_{12} の吸収機構

ビタミン B_{12} は，食品中ではタンパク質と結合しており，胃液中のペプシンで結合タンパク質を分解する必要がある。結合タンパク質から遊離したビタミン B_{12} は胃液中では，ハプトコリンとよばれるタンパク質と一時結合し，十二指腸内で膵液中のタンパク質分解酵素で，このタンパク質が分解されると，内因子とよばれる別のタンパク質と結合して回腸末端で吸収される。内因子は，胃の壁細胞から分泌されるため，萎縮性胃炎などでその分泌が低下するとビタミン B_{12} の吸収障害が起こる。また膵臓の消化酵素の分泌低下でもハプトコリンの分解低下により内因子との結合が妨げられ，ビタミン B_{12} の吸収が抑制される。

● 5　鉄の吸収を抑制する食品

食品中の鉄は，小腸で吸収されるが，食品のなかには，鉄の吸収を抑制する成分がある。鉄の吸収を抑制する食品成分として，フィチン酸，シュウ酸，ポリフェノール，リン酸，食物繊維などがある。フィチン酸は穀類，豆類，加工されていない全粒穀物製品に多く，シュウ酸は，ほうれんそうに多く含まれている。これらは鉄と強く結合して難溶性の鉄塩を形成し，吸収を阻害する。茶，およびさまざまな野菜に含まれるポリフェノールも鉄と結合することにより吸収を阻害する。リン酸は食品添加物として清涼飲料水，ハム，ソーセージ，めん類などに利用され，同様に鉄と結合して利用率を低下させる。鶏卵は可食部100 g 当たり1.8 mg の鉄を含んでいるが，卵黄中に存在するリンタンパク質であるフォスビチンと強く結合して，利用率を低下させる。過剰なカルシウムも腸管で鉄と干渉し，鉄の吸収を阻害する因子として知られている。

● 6　貧血を予防する食品成分と作用機序

貧血を予防するためには，食生活に気をつけることが重要である。まず前項に述べた「鉄の吸収を抑制する食品」を，鉄を供給するための食品と同時に摂取しないことである。また吸収率の高いヘム鉄，遊離鉄の吸収を助けるビタミン C や D，ヘモグロビン形成に重要なビタミン B_{12} や葉酸をそれぞれ多く含む食品の摂取に心掛けることも貧血の予防に繋がる。

（1）ヘム鉄を多く含む食品

食品に含まれる鉄は，存在形態で非ヘム鉄（遊離鉄）とヘム鉄に分類される。小腸

での鉄の吸収率は，ヘム鉄が非ヘム鉄よりも高い。

① ヘム鉄の作用

動物，植物の細胞内には，色素タンパク質が存在する。代表的な色素タンパク質は，ポルフィリン環と鉄から形成される錯体をもつヘムタンパク質であり，食品成分として重要なのは畜肉，魚肉のミオグロビンやレバーに含まれるヘモグロビンである。その他チトクロム類がすべての食品に微量に存在する。ミオグロビンやヘモグロビンを構成するヘム色素は，ポルフィリン環の中央に2価鉄(Fe^{2+})をキレートした化合物である（図6-8）。一方，チトクロムに結合した鉄は2価に固定されず，酸化還元($Fe^{2+} \Leftrightarrow Fe^{3+}$)を受ける。

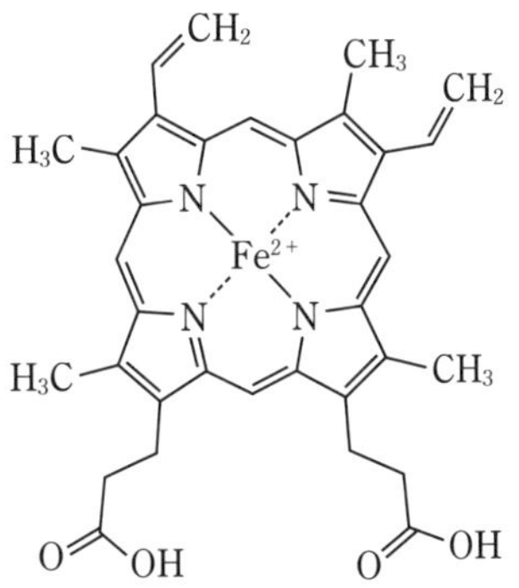

図6-8 ヘム色素の構造

*ポルフィリン環の構造の中央に2価鉄がキレートしている

このようなミオグロビンやヘモグロビンなどのヘム色素の鉄はヘム鉄とよばれる。また植物や乳製品，鉄強化食品などに含まれる鉄塩は，非ヘム鉄と総称される。ヘム鉄の吸収率は，非ヘム鉄と比較して高い。鉄の吸収は，食品中の鉄含有量，その食品中の鉄の生物学的利用効率，体内の貯蔵鉄量，赤血球産生速度により影響を受けるが，これらの条件が等しい場合，ヘム鉄の吸収率は非ヘム鉄の7倍以上である。これは非ヘム鉄がフィチン酸，シュウ酸，ポリフェノール，リン酸，食物繊維などの他の食品成分と結合して吸収が阻害されるが，ヘム鉄は，これらの物質による阻害を受けにくいことに起因する。

またヘム鉄はヘム鉄トランスポーターとよばれる特異的な輸送担体で吸収される。

② ヘム鉄を多く含む食品

表6-1に鉄含有量の多い食品とその含有量を示した。鉄欠乏性貧血には，鉄摂取が有効である。上述のようにヘム鉄の吸収率は，非ヘム鉄と比較して高く，ヘム鉄を関与成分として添加した特定保健用食品がある。ヘム鉄は，レバー，畜肉，魚肉などの動物性食品に多く含まれ，非ヘム鉄は，植物性食品に含まれる。

表6-1 鉄が多く含まれる食品

単位：mg/可食部100 g

食品名	量	食品名	量
バジル　粉	120	ぶた　肝臓(生)	13
タイム　粉	110	あまのり　焼きのり	11
あおのり　素干し	77	玉露　茶	10
ほしひじき　鉄釜(乾)	58	チョコレート　カカオ増量	9.3
きくらげ(乾)	35	にわとり[副品目]　肝臓(生)	9.0
あさりつくだ煮	19	あまのり　味付けのり	8.2
パセリ(乾)	18	ぶた　レバーペースト	7.7
かたくちいわし　煮干し	18	パセリ　葉(生)	7.5
抹茶　茶	17	粉寒天	7.3
干しえび	15	はまぐり　つくだ煮	7.2

文部科学省：日本食品標準成分表2020年版(八訂)より作成

（2）ビタミンCを多く含む食品

① ビタミンCの作用

ビタミンC(アスコルビン酸)は，強力な還元作用を有し，脂質過酸化，活

性酸素の反応，加齢などに基づくフリーラジカルの生成を抑制する水溶性ビタミンであり，抗酸化性の食品保存料としても広く利用されている。またビタミンCの還元作用やキレート作用は，食品からの鉄の吸収，体内移動を促進する。鉄は，小腸の刷子縁膜に存在する2価金属イオントランスポーターDMTP1により能動輸送されるが，輸送にあたり3価鉄は，ビタミンCや刷子縁膜に存在する鉄還元酵素により2価に還元される必要がある。通常食品中の鉄の80％以上は，非ヘム鉄であることから，比較的少量であっても食物に畜肉類やビタミンCを添加することによって食品中の鉄の吸収率を増加させることができる。畜肉中に存在する鉄吸収促進因子の実態は明らかでないが，タンパク質中の含硫アミノ酸の還元作用による可能性も考えられる。

表6-2 ビタミンCが多く含まれる食品

単位：mg/可食部100g

食品名	量	食品名	量
アセロラ酸味種(生)	1,700	しょうがおろし	120
パセリ 乾	820	とうがらし葉・果実(生)	92
番茶 茶	310	カリフラワー花序(生)	81
せん茶 茶	260	青ピーマン果実(生)	76
あまのり焼きのり	210	キウイフルーツ緑肉種(生)	71
赤ピーマン果実(生)	170	いちご(生)	62
ゆず果皮(生)	160	抹茶 茶	60
黄ピーマン果実(生)	150	ししとう果実(生)	57
ブロッコリー花序(生)	140	だいこん葉(生)	53
キウイフルーツ黄肉種(生)	140	レモン果汁(生)	50

文部科学省：日本食品標準成分表2020年版(八訂)より作成

② ビタミンCを多く含む食品

　ビタミンCを多く含む食品を表6-2に示す。ビタミンCは果実類，野菜類に多く含まれる。

(3) ビタミンB$_{12}$と葉酸の機能と貧血の予防

　ヘモグロビンの生合成には，構成成分である鉄が不可欠であるが，ヘモグロビンの生合成に不可欠なビタミンB$_{12}$と葉酸が不足しないようにすることも重要である。ビタミンB$_{12}$は，しじみ，あさり，はまぐり，かきなどの貝類と牛，豚，鶏のレバーに多く含まれている。また，葉酸は牛，豚，鶏のレバーや，からしな，なのはな，アスパラガス，ほうれんそうなどの野菜類に多く含まれている。日頃の食生活で，これらを摂取し，ヘモグロビンが不足しないように気をつけることが貧血の予防に繋がる。

● 7　貧血予防と鉄の過剰摂取

　食事摂取基準2020年版では，鉄の耐容上限量が定められている。15歳以上の男

性に対する耐容上限量は一律に50mg/日，女性に対しては，一律に40mg/日となっている。鉄の過剰摂取によって体内に蓄積した鉄は，酸化促進剤として作用し，組織や器官に炎症をもたらし，肝臓がんや心血管系疾患のリスクを高める。高齢女性を対象にした研究では，鉄サプリメントの使用者では全死因死亡率が上昇した。特にヘム鉄については，過剰摂取がメタボリックシンドロームや心血管系疾患のリスクを上昇させ，また摂取量の増加は明らかに2型糖尿病発症リスクを高める。したがって，貧血の治療や予防が必要でない限り，鉄の過剰摂取については十分に注意する必要がある。

●確認問題 ＊ ＊ ＊ ＊ ＊

1. 血液の血球成分の種類を挙げなさい。
2. ヘモグロビンの働きについて説明しなさい。
3. 肺胞，動脈血および静脈血内の酸素分圧および二酸化炭素分圧はいくらか述べなさい。
4. 赤血球の産生に関わる因子は何か書きなさい。
5. ビリルビンとは何か述べなさい。
6. 鉄の吸収を阻害する食品成分を挙げ，その作用メカニズムについて説明しなさい。
7. 鉄の吸収におけるビタミンCの働きについて説明しなさい。

解答例・解説：QRコード(p.4)

〈参考文献〉

軍神宏美：「分子消化器病」，5(1)，73-81(2008)
Yip R（横井克彦訳）：木村修一，小林修平翻訳監修：「最新栄養学第8版」，324-341(2004)
厚生労働省：日本人の食事摂取基準2020年版(八訂)策定検討会報告書
文部科学省：日本食品標準成分表2020年版(八訂)

7章　適切な血圧を維持する機能

概要：血液を必要としている部位に必要量を輸送する心臓と血圧調節のしくみを学ぶ。また，血圧の上昇を抑制する成分とその機序を学ぶ。

到達目標　　*　　*　　*　　*　　*　　*　　*

1. 血液が心臓から排出されることで血圧が生じるしくみを説明できる。
2. 血圧が調節されるしくみを説明できる。
3. 血圧の高いヒトによくない食品を挙げることができる。
4. 血圧の上昇を抑制する食品成分表を挙げ，その機序を説明できる。

● 1　血液循環と血圧

　心臓から出た血液は，大動脈，動脈，細動脈，毛細血管へ送られ，末梢組織に栄養素や酸素を供給する。血液は，心臓が収縮したり拡張したりすることで押し出される。その際，血液が血管の内壁を押す力（圧力）が血圧である。

（1）　心臓からの血液拍出と血圧が生じるしくみ

　心臓は，拡張と収縮を繰り返すことで，体中に血液を循環させるポンプのような役割を果たしている。全身を循環後の血液（静脈血）は，右心房から右心室へ戻り，肺動脈から肺に送られる。肺でガス交換によって酸素を受け取った血液（動脈血）は左心房から左心室へ送られ，大動脈を通って全身を隅々まで循環して酸素を届ける。心臓には血液の逆流を防止することでその流れを一方向に維持する機構があり，右心室と左心室の入口と出口にそれぞれ"弁"が存在する（図7-1）。右心室の入り口（右心房と右心室の間）の弁が「三尖弁」，右心室の出口（右心室と肺動脈の間）の弁が「肺動脈弁」である。また，左心室の入り口（左心房と左心室の間）の弁が「僧帽弁」，左心室の出口（左心室と全身をめぐる大動脈の間）にあるのが「大動脈弁」である。これら4つの心臓の弁の働きによって，血液は逆流することな

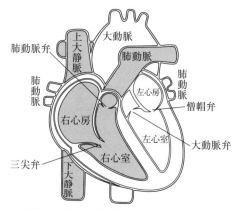

図7-1　血液の流れを形成する心臓4つの弁

く一方向に流れることができる。大動脈から左心室に血液の逆流を防ぐ大動脈弁が狭くなると，全身に流れる血液量の減少や心臓に負担がかかる状態となり，心不全の原因となる。

　心臓の左心室内部の圧力は，収縮した瞬間に120 mmHgと最も高くなり，血液を送り出した直後は0〜10 mmHgと最も低くなる(図7-2)。心臓の左心室から拍出された血液は，弾性に富んだ血管壁をもつ大動脈に運ばれる。血液を送り出すために心臓が収縮している収縮期には左心室から大動脈に高い圧力(収縮期血圧)がかかることで，血液は末梢に向かって流れるとともに，大動脈壁を押し広げる。一方，心臓が弛緩する拡張期では大動脈弁が閉じることで，心臓からの血液の押し出しは途絶えるものの，押し広げられた大動脈壁がもとに戻ろうとする力により血圧(拡張期血圧)が保たれる。その結果，血管大動脈内の圧力は，心臓が収縮した直後の収縮期血圧は左心室内部と同様の120 mmHgであり，拡張期血圧は80 mmHg程度と一定の範囲に保たれる(図7-2)。このように，血圧が適切な範囲に維持されることで血液は体内を循環することが可能となる。血圧の値には個人差があるが，標準的な値は拡張期血圧80 mmHg，収縮期血圧120 mmHgとされており，収縮期血圧が100 mmHgより低い場合は低血圧，拡張期血圧が90 mmHg，収縮期血圧が140 mmHgを上回る状態が続くと高血圧と診断される。

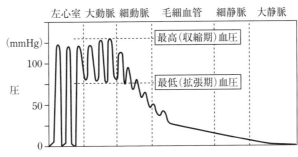

図7-2　血管系各部位における血圧

(2)　血圧を決定する要因

　血圧を決定する主な要因には，以下の5つが挙げられる。

①　心拍出量

　心臓が1回の拍動で，血液を送り出す量のことを「1回拍出量」，1分間に血液を送り出す量のことを「心拍出量」という。1回拍出量が多い程，心拍出量が増えるため血圧は上昇する。

②　末梢血管抵抗

　末梢の毛細血管に血液が流れ込む際に受ける抵抗が強い場合，血液が流れ難くなるため血圧が上昇する。

③　循環血液量

　体内を循環している血液の量が多いほど血圧は上昇する。

④ 血液の粘度

血液に含まれる赤血球(固形成分)の割合が増えると血液の粘性が高まり，血圧は上昇する。

⑤ 大動脈の弾力

血管内壁にコレステロールが沈着して動脈硬化が進行すると，血管の弾力性が失われることで，血圧が上昇する。

(3) 血圧が調節されるしくみ

末梢組織に適切に血液を循環させるため，神経性調節と昇圧物質やホルモンなどによる液性調節によって血圧が調節されている。

① 神経性調節

即時的に作用する血圧調節は，急性の神経反射や神経性調節である。特に圧受容器反射が重要であり，圧受容器反射が機能不全となると血圧の制御が困難となる。出血，脱水などによって血圧が低下すると，頸動脈洞と大動脈弓にある圧受容器が圧力低下を感知し，迷走神経，舌咽神経を介して延髄の心臓血管中枢を刺激する。胸髄から伸びる交感神経により心臓の収縮力と心拍数を高めることで血圧が上昇する。一方，体液量増加，循環血液量増加，細動脈硬化などにより血圧が上昇すると，頸動脈洞と大動脈弓，右心房壁にある圧受容器が圧力上昇を感知し，迷走神経，舌咽神経を介して延髄の心臓血管中枢を刺激する。延髄から伸びる迷走神経により心収縮力と心拍数を抑制することで血圧が低下する。

血管迷走神経反射は，長時間の立位や座位，強い痛み，疲れ，ストレスなどをきっかけとして生じる心拍数の減少や血圧の低下である。副交感神経の一つである迷走神経が反射的に反応し，心拍数の減少や血圧の低下により脳が貧血状態となることで，血の気が引く，気分がわるい，冷や汗，めまいなどの症状が数分間続き，最終的には失神に至ることもある。

② 液性調節

血流を循環する血圧調節因子を介した全身性の調節機構であり，神経性調節機構より緩やかな反応である。脱水による体液の減少で，身体は水分を保持するように応答する。腎臓の輸入細動脈圧が低下すると，傍糸球体細胞からレニンが分泌される(図7-3)。レニンはタンパク質分解酵素であり，肝臓でつくられた血中のアンジオテンシノーゲンの一部を切断することでアンジオテンシンⅠに変換する。さらに，肺の毛細血管上皮細胞のアンジオテンシン変換酵素(ACE)によってアンジオテンシンⅡに変換されると，血管収縮作用によって抹消の血管が収縮することで血圧が上昇する。さらに，副腎皮質を刺激してアルドステロンを，脳の下垂体を刺激してバソプレシン(抗利尿ホルモン)を分泌する。アルドステロンは腎臓におけるナトリウムイオンの再吸収を促すホルモンであり，循環血液量の増加を介して血圧が

上昇する。また，バソプレシンは腎臓の尿細管に働き，水の再吸収を促進することで血液量を増加させることで血圧が上昇する。

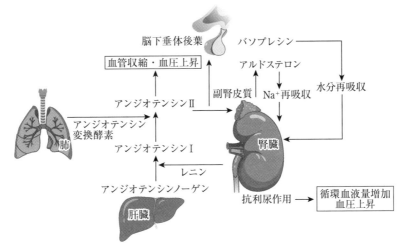

図7-3 液性因子による血圧の調節機構

●2 血圧を調節する食品

（1）高血圧の原因になりやすい食品

高血圧の要因の一つとして，過剰な塩分摂取が挙げられる。さまざまな疫学研究の結果，血圧を上昇させない塩分摂取量の平均値が3〜5g/日であると考えられていることから，日本高血圧学会のガイドラインでは1日の塩分摂取量として6g未満を推奨している。しかし，日本人の食文化には，みそやしょうゆなど塩を使った調味料が多く使われてきた背景があり，日常的に食べられている食品には食塩相当量の高いものが多い（表7-1）。現在の平均塩分摂取量は男性10.9g，女性9.3g（令和元年 国民健康・栄養調査）であり，急激に減らすことは困難である。

これらを踏まえ，厚生労働省から発表された「日本人の食事摂取基準（2020年版）では，塩分摂取の目標量として，男性は7.5g/日未満，女性は6.5g/日未満と設定している。漬物や汁物などには塩分が多く含まれていることから（表7-1），それらを食べる回数や量を減らすこと，めん類を食べるときは汁を残すことが塩分の摂取量を減少させるためには重要である。

高血圧の予防・改善のために減塩は避けて通れない。そこで，さまざまな減塩調味料が市販されている。減塩食塩，減塩しょうゆ，減塩だしの素，減塩ケチャップ，減塩ソー

表7-1 食品に含まれる塩分の量

食品名	食塩相当量(g)
カップ麺（1食あたり）	5.5
梅干し（大粒1個，12g）	2.4
みそ（小さじ1杯，18g）	2.2
塩さけ（1切れ，80g）	1.4
しょう油（小さじ1杯，6g）	0.9
食パン（6枚切り1枚，60g）	0.7

文部科学省：日本食品標準成分表2020年版（八訂）より作成

ス，減塩みそ，減塩だしつゆなどが開発されており，減塩でない調味料と比較して塩分が20〜50％カットされている。

減塩しょうゆは通常のしょうゆを作成した後，しょうゆから塩分をおよそ半分にする工程を経て製造される。減塩の食塩には，塩化ナトリウムの代わりに塩化カリウムを使って塩辛さを出したものもある。このほか，レモンや食酢の酸味，香辛料を使用して風味にアクセントをつけることで塩の使用量を減らした調味料もある。また，昆布やきのこ，かつお節などのうま味を「だし」として利用したり，油を使ってコクを出したり，焦げの風味をつけることで香ばしさをつけた

表7-2　カリウムを多く含む食品

食品名	カリウム含有量 (mg/100 g 可食部)
らっかせい 大粒種 いり	760
アーモンド	760
干しぶどう	740
ぶた ヒレ（赤肉，焼き）	690
干しがき	670
糸引き納豆	660
さわら（焼き）	610
アボカド（生）	590
にわとり むね（焼き）	570
さといも（水煮）	560
ほうれんそう（ゆで）	490
レタス	410

文部科学省：日本食品標準成分表 2020年版（八訂）より作成

り，しょうゆを表面にスプレーすることで使用量を少なくするなど，調理方法を工夫することで減塩する方法もある。

塩分の摂り過ぎが血圧の上昇に関与する一方，カリウムの摂取は余分な塩分を排出し血圧を下げる効果がある。カリウムは野菜や果物，豆類，肉類に多く含まれる（表7-2）。

(2)　血圧上昇の抑制作用を有する食品とその関与成分・作用機序

血圧が上昇し，正常範囲を常に超えると高血圧症と診断され，投薬が必要となる。高血圧の予防のためには，食生活で血圧の上昇を抑制する成分を含む食べ物を摂取することも重要である。

例えば，さまざまな食品に含まれるタンパク質を加熱や消化酵素で加水分解したペプチドに，血圧低下作用があることが報告されている。

これらは，医薬品とは異なり，強力な血圧低下活性を示すわけではないが，消化酵素やその他のプロテアーゼの影響をあまり受けず，有効部位まで到達すること，ゆっくりと穏やかに効力を発揮する可能性があると考えられる。アンジオテンシン変換酵素（ACE）阻害活性を有し，ヒト臨床試験でも血圧低下作用が認められ，特定保健用食品として消費者庁の認可を受けているものも存在する。血圧の上昇を抑制する食品成分には，全身性の液性調節機構へ作用するものと，神経性調節機構へ作用するものがある。

①　液性調節機構へ作用し，血圧上昇を抑制するペプチド

液性調節機構のなかで，レニン・アンジオテンシン系に作用し，血圧上昇を抑制

するペプチドが知られている。

アンジオテンシン変換酵素（ACE）は，不活性なアンジオテンシンⅠから，血圧上昇作用をもつアンジオテンシンⅡに変換するジペプチジルカルボキシペプチダーゼである。さらにACEは動脈弛緩・血圧降下作用をもつブラジキニンの分解にも関与することから，ACE活性を阻害する物質は2つの作用点で血圧降下作用を示す。

これまでにさまざまなタンパク質をプロテアーゼによって分解して得られるペプチドにACE活性阻害作用を示すことで，血圧降下作用を有することが報告されている。血圧降下薬のカプトプリルなどと比べて，これらペプチドのACE阻害活性は1/100〜1/1,000と小さい。しかし，食品として継続的に摂取することが可能であること，生体内でも血圧低下作用を示すものもあり，特定保健用食品として利用されているものもある。

a)　動物筋肉由来ACE阻害ペプチド

鶏胸肉の熱水抽出物をこうじ菌由来のプロテアーゼで消化したペプチドや，豚肉の骨格筋ミオシンをサーモリシンで分解したペプチドなどにACE阻害活性が報告されている。

b)　魚介由来ACE阻害ペプチド

未利用資源あるいは大量捕獲資源の有効利用の観点から，日本ではさかんに研究が行われている。あこや貝（真珠採取後の貝肉），するめいか（内臓），うなぎ（骨肉），かつお（内臓），かつお節（煮汁）などの未利用廃棄物を用い，ペプシン，トリプシン，サーモリシンなどで分解して得られたペプチドにACE阻害活性が見出されている。

また，1990年代まで日本で最も代表的な魚種だった，まいわしは，ACE阻害ペプチドの研究対象となった魚介類であり，多くの種類のACE阻害ペプチドが報告されている。かつお節を作製した後の煮汁をサーモリシンで分解することで得られるLeu-Lys-Pro-Asn-Met，いわしをアルカリプロテアーゼで分解することで得られるVal-TyrがACE阻害ペプチドとして同定されている。

c)　牛乳由来ACE阻害ペプチド

乳酸菌が牛乳を発酵する過程で生成する2種類のペプチド，Val-Pro-Pro，Ile-Pro-Proや，牛乳カゼインをトリプシンで消化して得られた12個のアミノ酸からなるペプチドのPhe-Phe-Val-Ala-Pro-Phe-Pro-Glu-Val-Phe-Gly-LysにACE活性の阻害作用があることが報告されている。

d)　植物由来ACE阻害ペプチド

ゴマ由来Leu-Val-Tyr，大豆由来Gly-Tyr，Ser-Tyrなどが植物に由来するACE阻害ペプチドとして報告されている。

②　神経調節機構へ作用し，血圧上昇を抑制する成分

血圧は，交感神経を刺激すると上昇し，副交感神経を刺激すると低下する。これ

らの神経に作用し，血圧の上昇を抑制する食品成分が知られている。

a)　GABA（γ-アミノ酪酸）

　酪酸のγ位にアミノ基がついたγ-アミノ酪酸（GABA）は，脳内でグルタミン酸のα位のカルボキシル基がグルタミン酸脱炭酸酵素により除かれることによって生合成される（図7-4）。グルタミン酸が興奮性の神経伝達物質であるのに対し，GABAは抑制性の神経伝達物質である。血液と脳の物質交換を制限する機構の血液脳関門があるため，体外から摂取したGABAが中枢神経系に直接作用することはできないが，末梢血管の神経節部位においてGABA受容体を活性化し，交感神経末端から出る血管収縮作用伝達物質のノルアドレナリン分泌を抑制する。ノルアドレナリンは細動脈を収縮させる作用があり，この分泌をGABAが抑制することで血圧低下につながると報告されている。またGABAは抗利尿ホルモンであるバソプレッシンの分泌を抑制することで血管を拡張し，血圧を下げると報告されている。

図7-4　グルタミン酸（左）とγ-アミノ酪酸（右）の化学構造式

　みそ，しょうゆ，キムチ，ぬか漬けなどの発酵食品，トマト，茶葉などにGABAは，比較的多く含まれている。発芽玄米には白米の約10倍のGABAが含まれると報告されている。また茶葉，米胚芽，きのこ，もやしなどの食品でGABAの含有量を高める生産方法，食品加工法が研究開発されている。さらに，トマトに関してはゲノム編集技術を使ったGABA高蓄積トマトが開発され，販売・流通が行われている。

b)　杜仲茶配糖体

　漢方で血圧降下作用のあるものとして杜仲が記載されており，その作用成分の一つにゲニポシド酸が特定されている。ゲニポシド酸は副交感神経（ムスカリン様アセチルコリン受容体）に作用し，血管平滑筋を弛緩させて血圧を低下させると考えられている。

③　**一酸化窒素による血管拡張作用を介して血圧上昇を抑制する成分**

　一酸化窒素は，血管内皮細胞に存在する一酸化窒素合成酵素がL-アルギニンに作用することで合成され，血管平滑筋内に入る。一酸化窒素は可溶性グアニル酸シクラーゼを活性化し，GTPに作用することで，cGMP生成を促進する。cGMPはG-キナーゼを活性化した結果，Ca^{2+}の筋小胞体への取り込み促進，細胞外へのCa^{2+}排出促進，ミオシン軽鎖キナーゼの不活性化をもたらす。その結果，血管平滑筋が拡張することで血管が弛緩し，血圧が低下する。血管内皮細胞における一酸化窒素の放出を介して，血圧の上昇を抑制する機能性表示食品が開発されている。

a) モノグルコシルヘスペリジン

モノグルコシルヘスペリジンは，柑橘類に多く含まれるフラボノイド配糖体であるヘスペリジンに糖転移酵素を用いてグルコースを付加し，水溶性を高めたものである。小腸のα-グルコシダーゼによって加水分解されるとヘスペリジンとなり，さらに腸内細菌のβ-グルコシダーゼが作用することでヘスペレチンとなって吸収される。血管に移行したヘスペレチンは，血管拡張作用がある一酸化窒素を増加させると考えられている。

b) 酢　酸

酢酸が血管の細胞に作用することで，一酸化窒素合成酵素を活性化させることで血管が拡張し，血管抵抗を低下させることにより血圧を下げる作用が報告されている。

c) 燕龍茶フラボノイド

燕龍茶は，羅布麻の葉を焙煎加工して製造されるお茶で，ハイペロサイドやイソクエルシトリンなどのフラボノイドを含んでいる。これらのフラボノイドに血管内皮由来弛緩因子である一酸化窒素を介した血管平滑筋弛緩により血圧を下げる作用が報告されている。

●確認問題　＊　＊　＊　＊　＊

1．心臓から排出された血液によって血圧が生じるしくみを説明しなさい。
2．血圧の神経性調節機構を説明しなさい。
3．血圧の液性調節機構を説明しなさい。
4．血圧の高いヒトによくない食品を挙げ，その理由を説明しなさい。
5．血圧の上昇を抑制するペプチドを挙げ，その機序を説明しなさい。
6．ペプチド以外の成分で，血圧の上昇を抑制する成分を挙げ，その機序を説明しなさい。

解答例・解説：QR コード(p.4,5)

〈参考文献〉

西川研次郎監修：「食品機能性の科学」，p.372-423，産業技術サービスセンター(2008)
上野川修一編集：「機能性食品の作用と安全性百科」，p.240-286，丸善出版(2012)
文部科学省：日本食品標準成分表2020年版(八訂)

8章　血栓症を抑制する機能
─止血と血液凝固と健康

概要：血管壁の損傷などによる出血時に，血栓を形成して止血するしくみを学ぶ。また血液凝固を抑制し，血栓形成の予防効果を有する食品成分とその機序を学ぶ。

到達目標　＊　＊　＊　＊　＊　＊　＊
1. 血栓形成のしくみと，これに関わる因子を説明できる。
2. 止血におけるビタミンKの役割を説明できる。
3. 血液凝固を抑制し，血栓形成の予防効果を有する食品成分を挙げ，その機序を説明できる。
4. 血栓形成の予防効果を有するEPAやDHAを多く含む食品を挙げることができる。

● 1　血液の凝固と抗血栓症

　正常な血管内では血液は凝固しない。これは血管内腔を被う血管内皮が血液を固めにくい性質（抗血栓性）をもっているためで，これにより血液は固まらず，酸素や栄養素を末梢組織まで運搬することができる。血管が傷害されて血管外の組織に触れると，血液は即座に凝固し，失血を防ぐとともに組織修復に貢献する。その場合も太い血管では，血管腔を完全に閉塞させるほど血栓は大きくならず，末梢組織への血流は維持される。このような迅速な血栓形成には，血液中の血小板と凝固因子が関わる。これらが不足したり，機能異常があると止血できず異常出血を引き起こす。一方，過剰な血栓形成や，不要な部位での血栓形成により血管腔が閉塞すると，末梢への血流が途絶え末梢組織は壊死（梗塞）する（血栓症）。正常な血管内皮細胞は血液中に存在する凝固制御因子とともにこのような不要な血栓形成を抑制している。したがって，内皮細胞機能が障害されると，抗血栓性が失われて血栓症を発症しやすくなる（図8-1）。

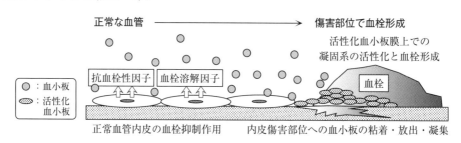

図8-1　血管内皮の抗血栓性と傷害部位での血栓の形成

本章では血栓形成，およびその溶解のしくみ(線溶)と，これらに関わる因子を理解する。

(1)　血小板の機能

　血小板は，骨髄において巨核球の細胞質の一部がちぎれてできる。血小板の形状は，直径2～5μm，厚さ約0.5μm の円盤状で，赤血球(直径7.7μm)と比べて小さい(p.86，図6-5参照)。血小板はさまざまな生理活性物質を含む顆粒を多くもち，また膜表面に多くの受容体をもつ。血小板は正常な血管内皮とはほとんど反応しないが，内皮が剝がれて内皮下の組織が露出した血管傷害部位では容易に活性化され，露出部分に粘着・凝集して止血血栓を形成する(図8-1)。活性化には膜表面の受容体と皮下組織のコラーゲンとの直接的な結合，あるいは血漿中の巨大タンパクである von Willebrand 因子を介した結合(粘着)が重要である。結合すると血小板はさらに活性化し，顆粒から ADP などの凝集惹起物質を「放出」するとともに血小板膜からアラキドン酸を遊離させ，シクロオキシゲナーゼにより強力な血小板凝集能をもつトロンボキサン A_2 を合成し放出する(1章参照)。同時に他の受容体の構造を変化させて活性化し，対応する機能分子(リガンド)との結合を促進する。これらの活性化増幅機構により，血管傷害部位への血小板の粘着・凝集が可能となる。また，血小板は，活性化されると膜表面にフォスファチジルセリンというリン脂質を露出する。フォスファチジルセリンはビタミン K 依存性凝固因子の活性化に必須である。このため下記の凝固系カスケードの共通部(黒枠部)は血小板が活性化された部位でのみ活性化される(図8-2)。

サイドメモ：抗血小板薬

　抗血小板薬としてよく使用されるアスピリン(バファリン)は，シクロオキシゲナーゼ活性を抑制しトロンボキサン A_2 産生を抑えて抗血小板活性を発揮する。またドコサヘキサエン酸(DHA)，エイコサペンタエン酸(EPA)はアラキドン酸と拮抗することにより抗血小板機能を発揮する。

(2)　凝固系の機能

　血液凝固系は，止血機構の中核をなし，止血血栓の安定化に必須である。凝固因子の多くはトリプシン様のセリン酵素(活性中心にセリンをもつ)で，血中には不活

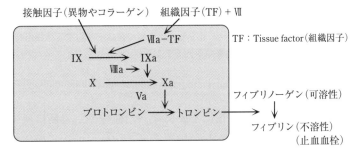

〈内因系凝固経路：異物やコラーゲンとの接触〉　〈外因系凝固経路：組織破壊〉

図8-2　凝固カスケードによる止血血栓の形成メカニズム

性型の酵素前駆体として存在し，必要に応じて活性化される（図8-2）。活性化経路には，血液が異物やコラーゲンに接触することにより開始される内因系と，血管外の組織の細胞膜上に発現する組織因子（TF）と血液中の凝固Ⅶ因子により開始される外因系がある。生理的な止血には主に後者が関わる。いずれの系も少量の凝固因子が活性化されると，次々に凝固因子を効率良く活性化して反応を増幅するカスケードとよばれる反応系を構成する。最終的には，トロンビンにより血漿中の可溶性タンパク質であるフィブリノーゲン（線維素原）から不溶性のフィブリン（線維素）が産生されて，止血血栓を形成する。両経路の共通部ではカルシウムイオンとフォスファチジルセリンが必須である（図8-2）。共通部ではビタミンK依存性凝固因子である凝固Ⅶ，Ⅸ，Ⅹ因子とプロトロンビンが関わる。これらの因子には，γ-カルボキシグルタミン酸（Gla）というグルタミン酸にカルボキシル基がもう一つ付加された修飾アミノ酸残基を多く含む部位（Gla-ドメイン）が存在し，効率的な活性化にはGla-ドメインを介したフォスファチジルセリンへ結合が必須である。このカルボキシル基の付加反応には，ビタミンK依存性のカルボキシラーゼが必要とされるため，Gla-ドメインを有する凝固因子は，ビタミンK依存性凝固因子とよばれている（図8-3）。ビタミンK欠乏時には，正常なビタミンK依存性凝固因子が生合成できず，出血傾向を呈する。

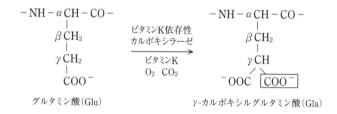

図8-3　γ-カルボキシグルタミン酸の合成

　また，これらの凝固因子の異常あるいは欠損症では，凝固系の活性化が障害され重篤な出血症状を呈する。凝固Ⅷ因子（FⅧ）および凝固Ⅸ因子（FⅨ）の異常症は，それぞれ血友病AおよびBとしてよく知られている。

サイドメモ：ワルファリン

　ビタミンKの類似物質であるワルファリンは，ビタミンK依存性カルボキシラーゼを拮抗阻害する薬剤である。服用中は正常なGlaが合成されず，正常な活性を有さないビタミンK依存性凝固因子が産生される。これにより凝固能が低下し，血栓症の発症を予防する。服用時に多量のビタミンK含有食品（納豆など）を摂取するとその薬効が低下する。

（3）　線溶系の機能

　傷害部位の修復後に不要になった血栓や，過剰に産生された血栓を溶解する酵素系が生体内には存在し，線溶系とよばれている。血液凝固系と線溶系の厳密なバランスの維持により血管内の血液の流動性が維持されている。

血管内皮細胞は，線溶系を開始する酵素(プラスミノーゲンアクチベーター；PA)を分泌しており，不要な血栓が形成されると効率よく溶解し，血流を維持している。PA に対するインヒビターも血中に存在し(PA インヒビター1；PAI-1)，止血目的で形成された血栓が早く溶けすぎて再出血しないように制御している。PAI-1は脂肪細胞で合成・分泌されることから，肥満や脂質異常症では PAI-1の血中濃度が高まり，線溶機能を低下させ，血栓傾向を強めることが知られている。

(4)　血管内皮の抗血栓能

正常血管内皮細胞は，さまざまな機構で高い抗血栓性を示す。血管内皮で合成されるプロスタグランジン I_2 (プロスタサイクリン；PGI_2)や一酸化窒素(NO)は，血小板凝集を抑制する。また，血小板膜上には，ヘパラン硫酸などのプロテオグリカンが多く発現しており，これらは血漿中の主要な抗凝固因子であるアンチトロンビンが十分な抗凝固活性を発現するうえで重要である。さらに，必要に応じて PA を分泌して高い線溶活性発現することが可能であり，不要な血栓，あるいは過剰に産生された血栓を迅速に溶解して，血管閉塞につながる病的血栓の形成を予防している。

さまざまな要因で血管内皮細胞の抗血栓性が障害されると血栓症発症のリスクが高まる。動脈硬化は血栓症発症の主な要因であり，炎症反応，糖尿病や脂質異常は動脈硬化を促進する。このような病態時には，正常血管内皮では発現していない組織因子も血管内皮表面に発現するため血栓症のリスクがさらに高まる。

● 2　血液凝固を抑制する食品成分と作用機序

過剰な血栓形成を予防するためには，日常の食生活において，血液凝固を抑制する食品成分を摂取することが大切である。

(1)　EPA，DHA を多く含む食品
①　EPA，DHA の作用機序

グリーンランドのイヌイット族は，アザラシなどの獣肉を常食しているのもかかわらず虚血性心疾患の発症率が低い。1970年代に実施された疫学調査では，食物連鎖により摂取している海洋生物由来のエイコサペンタエン酸(EPA)，ドコサヘキサエン酸(DHA)などの n-3系高度不飽和脂肪酸の関与が指摘された。EPA は炭素数20で二重結合を5つ有する高度不飽和脂肪酸(C20：5)であり，いわしやさばなどの背の青い魚の脂肪に多く含まれる。魚の摂取量の多い日本人では，血清リン脂質の成分として検出される。陸上動物に見出されるアラキドン酸が2系のプロスタグランジンを形成するのに対して，EPA は3系のプロスタグランジンを形成する。特にアラキドン酸代謝産物の一つであるトロンボキサン A_2(TXA_2)は強力に血小板

凝集や血管収縮を惹起するのに対して，トロンボキサンA₃にはこのような作用がない（図8−4）。

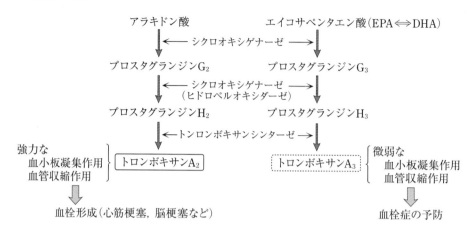

図8-4　アラキドン酸代謝系に対するエイコサペンタエン酸の機能

　一方，DHAは炭素数22で二重結合を6個有する多価不飽和脂肪酸（C 22：6）である。EPAとDHAの生理活性は異なる点もあるが，両者は生体内で相互に変換されるため，両者の機能性を厳密に区別して議論することは困難である。上記のEPAのTXA₂合成抑制作用に加えて，EPA，DHAには血中脂質低下作用，抗炎症作用，血圧降下作用が知られており，これらが総合的に動脈硬化症の進展を抑制し，動脈硬化を基盤とした血栓性疾患の予防に寄与していると考えられる。

　日本人を対象とした調査研究により，魚やn-3系多価不飽和脂肪酸の摂取量と虚血性心疾患に対する予防効果が明らかにされている。1990年より岩手県，秋田県，長野県，沖縄県在住の男女約4万人を約11年追跡した調査では，魚を多く食べるグループでは明らかに虚血性心疾患のリスクが低下していた。さらに，虚血性心疾患リスクをEPAとDHAの摂取量によって5つのグループに分けて比較したところ，摂取量が最も多いグループの虚血性心疾患のリスクは，最も摂取量が少ないグループよりも約40％低かった。心筋梗塞に限定した場合ではリスクの低下は特に明確にみられ，最も多いグループでは約60％低下した。魚食による虚血性心疾患予防効果は，週1〜2回程度でも期待でき，それ以上に食べるとさらに高くなった。

② EPA，DHAを多く含む食品

　EPAは必須脂肪酸であるα-リノレン酸から体内で生合成されるが，ヒトでは合成効率が低く，海藻や魚類より摂取する必要がある。表1−7，8（p.14参照）にEPA，DHAを多く含む食品を示した。

（2）ネギ属植物由来の含硫化合物

　にんにくやたまねぎなどのネギ属植物は，調理などによる植物組織の損傷により独特の香気を呈する。S-アリルシステインスルフォキシド（アリイン）などの無臭の

水溶性アミノ酸がその香気成分の前駆体となっているが，匂いの本体はアリシンをはじめスルフィド類などの含硫化合物である。その代表的な化合物はジアリルジスルフィド（DADS），ジアリルトリスルフィド（DATS）などである。DATS は血小板の膜タンパク質や血液凝固因子に作用して血小板凝集や血液凝固を抑制すること，血栓形成の基盤となる動脈硬化を抑制することが明らかにされているが，日常の食事によって実際に血栓症などの予防に貢献しているかは不明である。

●確認問題　＊　＊　＊　＊　＊

1. 血小板の働きについて説明しなさい。
2. ビタミン K 依存性凝固因子について説明しなさい。
3. 線溶系の機能を説明しなさい。
4. 血管内皮の抗血栓能について説明しなさい。
5. アラキドン酸代謝と血栓形成のメカニズムについて述べなさい。
6. エイコサペンタエン酸，ドコサヘキサエン酸の構造と性質について述べなさい。
7. エイコサペンタエン酸，ドコサヘキサエン酸を多く含む食品を挙げなさい。

解答例・解説：QR コード(p.5, 6)

〈参考文献〉

浦野哲盟，後藤信哉：血栓形成と凝固・線溶，メディカルサイエンスインターナショナル(2013)

関泰一郎，細野　崇：化学と生物，53(6)，374-380(2015)

関泰一郎ら：「健康栄養学」，227-236，共立出版(2005)

Iso H *et al., Circulation*, 113(2), 195-202(2006)

9章 尿の生成によりからだの恒常性を維持する機能 ―尿の生成・排泄と健康

概要：体内で生じた不要物を尿として腎臓より排泄する機構を学ぶ。また身体の環境を一定に保つ（恒常性維持）に関わる腎臓の機能を学ぶ。

到達目標　＊　＊　＊　＊　＊　＊　＊

1. 尿の生成機構を理解し説明できる。
2. 恒常性維持に関わる腎臓の機能を理解し説明できる。

● 1　腎臓の構造と機能

　腎臓は，体内で産生された不要な代謝産物あるいは有害な異物を排泄するとともに，水・電解質のバランス，血圧，酸塩基平衡の調節に関わり，からだの恒常性維持に貢献する器官である。本章では腎臓の構造と機能を理解し，からだの恒常性を維持するしくみを理解する。

　腎臓は，後腹膜腔に左右1対存在する。腹大動脈からほぼ直角に分岐する腎動脈により血流を得る（図9−1）。重量は600 g（各300 g）程度で体重の1.0％にすぎないが，血流量は心拍出量の22％と多い。ネフロンとよばれる構造が腎臓1個当たり100万個存在する。ネフロンは構造および機能単位であり，糸球体とボーマン嚢からなる①腎小体，②近位尿細管，③ヘンレの係蹄，④遠位尿細管，⑤集合管よりなる（図9−2）。ネフロンで産生された尿は，腎盂から尿管を経て膀胱に輸送される（p.30, 図2−1参照）。

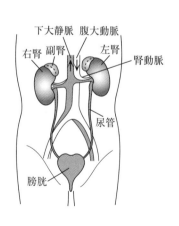

図9−1　腎臓の位置

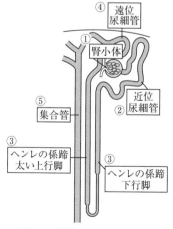

図9−2　腎臓のネフロンの構造

● 2 　尿の生成のしくみ

（1）　腎小体

①　糸球体におけるろ過

　腎動脈から葉間動脈等を介して分岐した輸入細動脈は，ボーマン腔の中で毛糸の球のようになった毛細血管（糸球体）を形成し輸出細動脈としてボーマン腔から出る。糸球体の血管は内皮細胞間の間隙が広く，基底膜，ボーマン嚢上皮細胞とともに，血液ろ過のフィルターとなる（図9-3）。水や電解質など一定の分子量より小さい物質は自由に通過させる（限外ろ過）が，アルブミン（分子量約69,000）は，ほとんど通さない。ボーマン腔に1分間にこし出される糸球体ろ液（原尿）は両腎で約120 mLである。

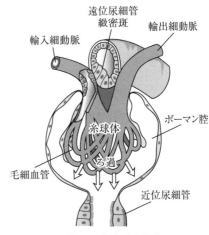

図9-3　腎小体の構造

②　再吸収と分泌

　原尿中の水や電解質の大半は再吸収される。グルコースなどの栄養素はほぼ100％再吸収され最終尿には含まれない。

　再吸収に関わる機構を図に紹介する（図9-4）。再吸収の基本となるのは，基底膜側に局在するNa^+-K^+交換ポンプによるNa^+の能動輸送である。エネルギー（ATP）を使い濃度勾配に逆らって，Na^+3個を細胞外にくみだすと同時にK^+2個を細胞内にくみ入れる。これにより細胞内外のNa^+の大きな濃度勾配が形成される。これに相対して管腔側の上皮に，Na^+等の電解質のチャネル，またNa^+と一緒に糖やアミノ酸を細胞内に共輸送する担体，あるいはNa^+を取り入れる際に細胞外にH^+等を逆輸送する担体等が存在する。これらを通してNa^+は濃度勾配に応じて受動的に細胞外（管腔内の原尿）から細胞内に流入する（再吸収）。水はNa^+の移動に伴う浸透圧変化により，受動的にNa^+と同方向に移動する。担体はNa^+が受動的に流入する力を利用して，糖やアミノ酸を取り込んだり（再吸収），逆にH^+を細胞外に放出（分泌）したりする。再吸収あるいは分泌に関わる細胞は一般的に大きく，ミトコンドリアが豊富で，刷子縁を有している。ミトコンドリアはNa^+-K^+交換ポンプを作動させるためのATP産生に必

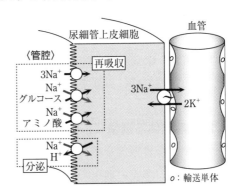

図9-4　再吸収のしくみ

須であり，また刷子縁により広い表面積が確保でき，効率的な吸収が可能となる。

（2）　近位尿細管

　水とNa$^+$のほぼ65％は，近位尿再管で再吸収される。この部位の再吸収は大量で，恒常性維持のための調節を受けない。またグルコースやアミノ酸等，生体に必要な成分は，ほぼ100％再吸収される。この部位は薬物の輸送にも関わるため，腎毒性を有する薬剤により障害を受けやすい。

（3）　ヘンレの係蹄，下行脚

　尿の濃縮に関わる傍髄質ネフロンでは，ヘンレの係蹄は浸透圧の高い髄質深部まで達する。細い下行脚は水の透過性が高く，下行に伴う浸透圧の増加につれて尿は濃縮される。ヒトでは浸透圧1,200 mOsm/Lまで濃縮可能である。上行脚は水の透過性は低いがNa$^+$の透過性が高い。これにより上行に伴う浸透圧の低下につれてNa$^+$が拡散し，希釈されることなく尿の浸透圧は低下する。

（4）　ヘンレの係蹄，太い上行脚および遠位尿細管

　この部位の細胞は大きく（尿細管は太い），再び再吸収が行われる。基本構造は同じだが特異共輸送体として，Na$^+$−K$^+$−2Cl$^-$(NKCC)が存在する。ループ利尿薬はこの担体を標的としており，NKCCの機能を低下させてNa$^+$およびK$^+$の再吸収を低下させ尿量を増加させる。このため血漿中のNa$^+$およびK$^+$濃度は低下しがちである。

（5）　集合管

　水の再吸収に関わるアルドステロンや抗利尿ホルモン(ADH)の標的部位である。アルドステロンは管腔側にNa$^+$およびK$^+$チャネル，K$^+$/Cl$^-$共輸送体を発現させ，Na$^+$の再吸収とK$^+$の分泌を促進する。ADHは水輸送のチャネル（アクアポリン）を管腔側に多く発現させ，水の再吸収を高める。これらのホルモンは生体の水分や電解質の過不足に応じて分泌され，集合管での再吸収量，最終尿の組成量を調節している。

●3　恒常性の維持

　腎は，必要に応じて水の排泄量や電解質の再吸収，および分泌量を調節し，生体の恒常性維持に貢献する。

（1）　糸球体ろ過量(GFR)の維持

　正常な腎機能を維持するために，腎血流量およびGFRを一定に維持することは不可欠である。血圧の低下時などにもGFRを維持する自己調節機構がある。これには，輸入細動脈，輸出細動脈および遠位尿細管の緻密斑からなる傍糸球体装置が

関わる。GFR の低下を尿細管中を流れる尿中の Na^+ 量の低下として緻密斑で検知すると，隣接する輸入細動脈を拡張して腎血流量を増加させる。また同部位の輸入細動脈内皮細胞からレニンを分泌し，血中のアンジオテンシノーゲンの一部を分解してアンジオテンシン I を産生する。アンジオテンシン転換酵素によりさらに分解されると昇圧物質であるアンギオテンシン II が産生される。これにより全身の血圧を上昇させるとともに，輸出細動脈の抵抗を増加させて GFR を増加させる。アンギオテンシン II はまた，副腎皮質を刺激しアルドステロンの分泌を促進する。アルドステロンは集合管で Na^+ と水の再吸収を増加させて循環血液量を増加させる(7章参照)。

(2) 水・電解質バランスの維持

生体の水分の過不足は，細胞外液の浸透圧の変化として脳の視床下部にある浸透圧受容器で感知する。浸透圧が高くなると下垂体後葉からの抗利尿ホルモン(ADH)分泌を促す。ADH は，集合管での水の再吸収を増加させるとともに，細動脈を収縮させて血圧を上昇させる。①に記載したように循環血液量の減少，あるいは血圧低下に伴い GFR が低下すると，アルドステロンが分泌され，集合管での Na^+ と水の再吸収を増加させる。糸球体で1分間にろ過された原尿(GFR＝120 mL/min)の通常約1.0％程度が最終尿として排泄されるが，これらのホルモンの働きで最終尿量は0.2〜20 mL/min もの大きな範囲で変動し，体内の水・電解質バランスが保たれる。

サイドメモ：必要な最低尿量

体内で1日に産生される老廃物は70 kg の体重のヒトで約600 mOsm/day である。ヒトで最高に濃縮した際の尿の浸透圧は1,200 mOsm/L なので，これを排泄するには少なくとも500 mL の尿が必要ということになる。

$$600(mOsm/day)/1,200(mOsm/L) = 0.5 L/day$$

(3) 血圧の調節 (7章参照)

過剰な水分および Na^+ の排泄，あるいは循環血液量低下時には尿排泄量を低下させることにより，血圧の調節にも関わる。圧受容器を介した神経性の調節と比べ，緩やかな調節である。主に，レニン・アンジオテンシン・アルドステロン系および ADH を介する。

サイドメモ：高食塩食および低カリウム食と高血圧

食塩の過剰摂取で高血圧になることはよく知られている。また最近，カリウム摂取量が少ないと高血圧になり，十分に摂取することにより高血圧の改善がみられることが疫学調査で明らかになってきた。Na^+ の過剰摂取では，血漿 Na^+ 濃度の増加に伴い ADH 分泌量および飲水量が増加し，細胞外液量および循環血液量が増加することが主要な原因と考えられている。また，血漿 Na^+ 濃度が持続的に増加すると Na^+/K^+ 交換ポンプを抑制する内因性ジギタリス様物質が増加し，最終的に血管平滑筋の細胞内 Ca^{2+} 濃度が増加することにより血管の緊張性が高まることが要因となっているとする説もある。K^+ の十分な摂取により尿中 Na^+ 排泄量が増加することが知られており，これにより降圧効果を示すようである。

（4） 酸塩基平衡の調節

　　血液の pH（$\log(1/[H^+])$）はおおよそ7.4であり，炭酸・重炭酸系を主とするいくつかの緩衝系で綿密に調節されている。腎では Na^+/H^+ 交換輸送体，H^+ ポンプ，H^+-K^+ ポンプにより H^+ を尿細管に分泌する。その多くは糸球体でろ過された HCO_3^- の再吸収に利用されるが，一部は，アンモニアやリン酸と結合して尿中に排泄される。肺における呼吸性の調節と，腎におけるこれらの排泄の調節により，血液では7.4という pH が維持される。酸性の食事が多く，酸の摂取量が増えれば H^+ の排泄量が増し，アルカリ性の食事が多ければ H^+ の排泄量を減らすことにより，血液のpH は7.4に維持される。

（5） その他の機能

　　腎では，赤血球産生を促進するエリスロポエチンを産生している。腎機能低下時にはその産生が低下し貧血を来す。またビタミン D を活性型に転換する。

（6） 尿の排泄

　　産生された尿は，腎盂から尿管を通って膀胱へ運ばれる。膀胱は3層の平滑筋群からできており，尿道につながる部位では尿道を輪状にとりまき，内尿道括約筋として機能する。

　　膀胱に150〜300 mL の尿が貯留すると，副交感神経である骨盤神経を介して尿意を感じ始める。すると交感神経である下腹神経を介して膀胱壁は反射性に進展し膀胱内圧の上昇および尿意は抑制される。尿量が400〜500 mL になると膀胱内圧が上昇し強い尿意を感じて排尿反射が起こる。これにより膀胱は収縮し，内尿道括約筋が弛緩して（骨盤神経支配），体性運動神経である陰部神経による外尿道括約筋の弛緩が，排尿をうながす。

●確認問題　　＊　　＊　　＊　　＊　　＊
1. 糸球体におけるろ過のしくみを説明しなさい。
2. 尿細管における再吸収のしくみを説明しなさい。
3. 腎における，Na^+ と水の再吸収量を調節するしくみを説明しなさい。
4. アルドステロンの働きを説明しなさい。
5. レニン・アンジオテンシン系の働きを説明しなさい。

解答例・解説：QR コード（p.6）

10章　骨を丈夫にする機能
―骨格形成と健康

概要：生体内で多様な機能を発揮するカルシウムの役割を学ぶ。また機能発現のために必要な血中濃度の調節機構を，経口摂取後の吸収機構，腎臓での尿細管からの再吸収調節機構，また体内で最も多くカルシウムを含む骨からの動員，および骨への蓄積機構を学ぶ。骨を丈夫にする食品成分を学び，その作用機序を理解すると同時に，小腸でのカルシウム吸収を阻害する成分について学ぶ。

到達目標　＊　＊　＊　＊　＊　＊　＊
1. 生体におけるカルシウムの役割を説明できる。
2. 骨代謝による生体カルシウム濃度の調節機構を説明できる。
3. カルシウムを多く含む食品を挙げることができる。
4. 小腸でカルシウムの吸収を促進する働きをもつ食品成分を挙げ，そのメカニズムを説明できる。
5. 骨代謝を改善することができる食品成分を挙げ，その作用メカニズムを説明できる。
6. ビタミン D，ビタミン K を多く含む食品を挙げることができる。

● 1　生体におけるカルシウムの役割

　カルシウムには，生体内でさまざまな働きがあり，骨や歯の強度に関与するほか，骨格筋の収縮調節，脳や神経の情報伝達のための細胞内信号伝達，神経興奮性やホルモン分泌，酵素活性の修飾など，各種の細胞機能の調節を介して，生体機能の維持，および調節に不可欠な役割を担っている。カルシウムが不足すると，骨の強度が弱くなる骨粗しょう症や筋肉の痙攣，あるいはイライラするなどの精神的に不安定な症状を示すことがある。

● 2　血中カルシウム濃度の調節機構

　生体内のカルシウムの約99％は，リン酸塩などの形で骨や歯の硬組織にあり，残りの1％が軟部組織に，血中には約0.1％程度存在するのみである。しかし，その生理的役割は重要で，血中濃度はカルシウム調節ホルモンにより厳密に制御されている。血中総カルシウムの48～55％がイオン化型として，10％前後がリン酸，炭酸，クエン酸などと化合物を形成し，残りの40～50％がアルブミンやグロブリンと結合したタンパク結合型として存在する。

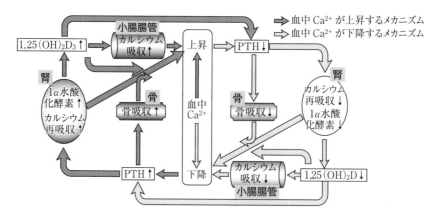

図10-1　カルシウム調節ホルモンによる血中Ca²⁺濃度の調節

注〕　血液の Ca²⁺濃度が下がると，PTH が上昇し，骨，腎臓，小腸腸管において，Ca²⁺濃度を上昇させる方向には
たらく。一方 Ca²⁺濃度が正常範囲に戻ると，PTH が低下し，骨，腎臓，小腸腸管が Ca²⁺濃度を低下させる方
向に働く。

　　陸上で生息する動物は，多量のカルシウムが存在する水中に生息する魚類などと
異なり，摂取したカルシウムを体内に貯蔵し，必要に応じて動員することにより，
血中 Ca²⁺濃度を一定の範囲に維持する必要がある。カルシウム代謝を全身的に調節
しているのは，副甲状腺ホルモン(Parathyroid hormone: PTH)，1,25水酸化ビタミ
ン D₃[1,25(OH)₂D₃]（活性型ビタミン D₃），カルシトニンなどのカルシウム調節ホ
ルモンであり小腸腸管，腎，骨でのカルシウム，リンの出入りを調節して，生体内
のカルシウムやリンの代謝を調節している（図10-1）。

　　PTH は，84個のアミノ酸よりなるポリペプチドホルモンである。カルシウム調節
ホルモンとしての生物活性は N-末端部(1-34)にある。PTH は副甲状腺より循環血
中に分泌され，標的臓器に作用する。その主な生理作用は骨における骨吸収の亢進，
腎におけるカルシウム再吸収促進，リン再吸収抑制，小腸腸管におけるカルシウム
吸収作用を有するビタミン D の活性化の促進であり，血中カルシウム濃度の低下
が PTH の最大の分泌刺激となる。血中 Ca²⁺濃度が低下すると PTH 分泌が亢進し，
骨から血中への Ca²⁺動員を促進して血中 Ca²⁺濃度を増加させる。カルシウム代謝
に関わる PTH の分泌は，このように血中 Ca²⁺濃度による厳密な調節を受けている。

　　PTH を合成・分泌する副甲状腺細胞の細胞膜には血中 Ca²⁺濃度を鋭敏に感知す
る Ca²⁺受容体が存在し，Ca²⁺の上昇により PTH の分泌が抑制され，低下により促
進される。血中 Ca²⁺濃度の変化は長期的には PTH の合成にも影響する。PTH 遺
伝子の発現調節部位には細胞外 Ca²⁺濃度の変化に反応する DNA 配列が存在し
(negative Ca²⁺ responsive element; nCaRE)，Ca²⁺濃度の増加に応答して遺伝子発現
が抑制される。PTH の合成は1,25(OH)₂D₃による調節も受けており，1,25(OH)₂D₃
の上昇により合成が抑制される。このように PTH の合成・分泌は Ca²⁺および1,25
(OH)₂D₃による二重のフィードバック調節を受けている。

● 3　カルシウムの摂取と吸収

（1）　カルシウムの摂取

　　日本人の食事摂取基準2020年版で示された成人女性のカルシウムの食事摂取基準をみると，15〜74歳までは推定平均必要量が550 mg，推奨量が650 mg，75歳以上は推定平均必要量が500 mg，推奨量が600 mgとなっている（表10-1）。成人期以降の値は低めに設定されているが，これは成長期に推奨量のカルシウムを摂取し，十分な骨量獲得があった場合を想定しての値といえる。また，成人期以降については骨量が維持されているものとして数値が算出されているが，仮に年間の骨からのカルシウム減少を1％程度と仮定すると，骨量を維持するためには，約100 mgの上乗せをする必要があると考えられる。

表10-1　カルシウムの食事摂取基準（mg/日）

性　別	男　性				女　性			
年　齢	推定平均必要量	推奨量	目安量	耐容上限量	推定平均必要量	推奨量	目安量	耐容上限量
0 - 5（か月）			200				200	
6 -11			250				250	
1 - 2（歳）	350	450			350	400		
3 - 5	500	600			450	550		
6 - 7	500	600			450	550		
8 - 9	550	650			600	750		
10-11	600	700			600	750		
12-14	850	1,000			700	800		
15-17	650	800			550	650		
18-29	650	800		2,500	550	650		2,500
30-49	600	750		2,500	550	650		2,500
50-64	600	750		2,500	550	650		2,500
65-74	600	750		2,500	550	650		2,500
75以上	600	700		2,500	500	600		2,500

厚生労働省：日本人の食事摂取基準2020年版（八訂）より作成

（2）　小腸腸管におけるカルシウムの吸収

　　食品から摂取したカルシウムは，小腸で吸収される。$1,25(OH)_2D_3$は小腸上部の腸管上皮細胞の刷子縁にあるカルシウムチャネルを介するカルシウム流入を促進するとともに，腸管上皮細胞の基底膜側のCa^{2+}ATPase（PMCA）機能を増強して腸管上皮細胞内から血液へのカルシウムのくみ出しを増強し，カルシウムの吸収を促進する。また，PTHは1α-ヒドロキシラーゼ活性を増強し$1,25(OH)_2D_3$量を増加させることによって，小腸からのカルシウム吸収を促進する。カルシウムの吸収率は，乳児期・思春期・妊娠後期で特に高くなる。またカルシウムの吸収率・吸収量は，摂取量や食品に含まれる成分によって影響を受ける。カルシウムの摂取量が多ければ吸収量・尿中排泄量は増加する。逆にカルシウムの摂取量が少なければ吸収率は

上昇し、尿中排泄量は低下する。したがって、カルシウムは、一度に集中的に摂取するよりも、何食かに分けて摂取するほうが効率よく摂取することができる。

(3) 腎におけるカルシウムの再吸収

血中のカルシウムは、腎糸球体で原尿中にろ過された後、多くが尿細管で再吸収される。尿細管におけるカルシウムの再吸収過程は、小腸における吸収過程と類似しており、やはり $1,25(OH)_2D_3$ と PTH により再吸収量が増加し、尿中への排泄量が減少する。PTH は遠位尿細管での Ca^{2+} 再吸収を促進することによりその血中濃度の維持に重要な役割を果たしている（8章参照）。

● 4 骨代謝

骨は、生体を支える堅固な支持組織であると同時に、カルシウム、リンの体内での最大の貯蔵庫として、カルシウム代謝の維持のうえでも重要な役割を果たしている。また、丈夫な骨を維持するために、古い骨を壊し新しい骨をつくる骨代謝が行われている。新しい骨をつくることを「骨のリモデリング」という。骨は、長い部分の骨幹部と両端の骨端部からなる。骨幹部は、骨膜の内側に皮質骨とよばれる硬い組織と、その内部に海綿質とよばれる網目状組織の二層からできている（図10-2）。

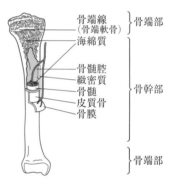

図10-2 骨の構造

骨のリモデリングにおける骨代謝では、骨を壊す骨吸収と骨をつくる骨形成がカップリングし、バランスよく働いて、強固な骨の構造を維持している。PTH は、破骨細胞による骨吸収を促進し、骨から血中へのカルシウムの動員を増強する。まず、PTH が骨芽細胞の PTH 受容体に作用すると、破骨細胞の形成が高まり骨吸収が促進される。骨が吸収された後には、骨芽細胞が出現して骨形成が開始され、基

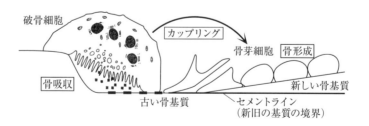

図10-3 骨リモデリング

網塚ら：「実験医学増刊」、32-7, 70-79（2014）より引用

注〕 破骨細胞による骨吸収の後には、骨芽細胞の骨形成が誘導され、常に丈夫な骨を維持するための骨代謝が行われている。これを「骨リモデリング」という。

質タンパクの合成が活発に行われるとともに，この基質へのハイドロキシアパタイト結晶の沈着により骨の形成が完成する（図10-3）。この骨吸収と骨形成とのサイクルは健常成人では，約13週間前後の周期で繰り返されるといわれ，両過程間の平衡関係が保たれることにより，骨量は一定に維持される。また，これらの過程は重力などの物理的負荷の影響を受け，荷重負荷に応じた骨構造の再構築が常に営まれている。

　骨芽細胞に直接作用して，骨の各種基質タンパク質の合成を促進するオステオカルシン（osteocalcin）やオステオポンチン（osteopontin）の生合成は，$1,25(OH)_2D_3$により促進される可能性が考えられている。それは，これらの遺伝子上に，ビタミンD反応性DNA配列（vitamin D responsive element；DRE）の存在が見いだされているからである。

● 5　骨粗しょう症

（1）　成　因

　骨粗しょう症は，骨密度の低下と骨質の劣化により骨強度が低下する疾患である。骨粗しょう症の患者の病態は多様であり，骨密度の低下や骨質の劣化に至る過程は一様ではない。骨密度は，学童期から思春期にかけて高まり，いわゆる骨量頂値（peak bone mass）を迎えるが，成人期以降，加齢や閉経に伴い，破骨細胞による骨吸収が骨芽細胞による骨形成を上回り，骨密度は低下する（図10-4, 5）。骨質は，骨の素材としての質である材質特性と，その素材を元に作り上げられた構造特性（微細構造）により規定される。これらの骨質は，骨の新陳代謝機構である骨リモデリングによって規定されるほか，骨基質を合成する細胞機能や骨基質の周囲の環境（酸化や糖化のレベル），また，ビタミンDやビタミンKの充足状態により変化する。骨強度は骨密度と骨質により規定されるため，そのどちらが低下しても骨強度は低下し，骨折リスクは高まる。

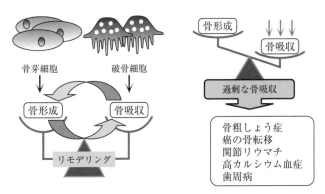

図10-4　骨代謝と関連疾患

禹ら：化学と生物，47，51-58（2009）より引用

骨吸収の亢進が骨形成を上回ると骨密度は低下するが，同時に加齢に伴う骨芽細胞機能の低下，およびそれに伴う骨形成の低下も関与している。エストロゲンは直接破骨細胞の分化・成熟を抑制するとともに，間葉系細胞・骨芽細胞由来のRANKL（receptor activator of NFκB ligand）の発現を抑制して，破骨細胞活性を抑制する。閉経に伴うエストロゲンの欠乏は，破骨細胞の活性化を誘導し，骨吸収を亢進させることになる（図10-5）。さらに加齢に伴うカルシウム吸収能の低下も加齢に伴う骨密度の低下の要因となる。これらの結果として，皮質骨では骨の非薄化や骨髄側の海綿骨化が生じ，海綿骨では骨梁幅や骨梁数が減少する。さらに骨リモデリングの亢進によって骨基質のライフスパンが短縮し，二次石灰化を十分に進行させることができないため単位体積当たりの石灰化度が低下する。

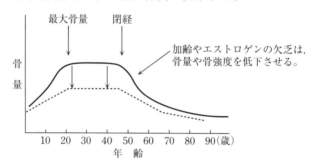

図10-5　年齢に伴う最大骨量の変化
骨量が最大となる20代で，十分な骨量を合成し，維持することが，骨粗しょう症の予防となる

　骨質の劣化には，上述した骨リモデリングの亢進によって惹起される構造劣化や第二次石灰化度の低下のみならず，骨基質の性状の変化も関与する。骨の重量当たり約20％，体積当たりでは50％を占めるコラーゲンの異常は，骨リモデリングの亢進とは独立した機序で生じることが明らかにされている。ヒト骨におけるコラーゲンの加齢変化の検討では，コラーゲン含有量は30〜40歳代をピークとして増加するが，その後，壮年期以降徐々に減少していく。また加齢とともに隣り合うコラーゲンの分子間に老化型の架橋が増加していくことが示されている。老化架橋の本体は，酸化や糖化といった加齢や生活習慣病により高まる要因によって誘導される終末糖化産物（advanced glycation end products; AGEs）である。老化架橋の増加は，骨の微小骨折の原因となり骨強度低下を招く。また老化架橋の増加は，酸化や糖化，カルボニルストレスの亢進により誘導される。酸化ストレスを高める要因として加齢，閉経，生活習慣病因子（動脈硬化因子，血中ホモシステイン高値，糖尿病，慢性腎臓病）が挙げられる。また，コラーゲンのみならず骨基質の主要な非コラーゲンタンパク質であるオステオカルシンは，基質の石灰化に関与し，コラーゲンの線維形成や架橋形成にも影響を与える。オステオカルシンにはγ-カルボキシグルタミン酸（Gla）残基が存在し，この領域がハイドロキシアパタイトとの結合に重要な役割を果たしており，Gla残基がグルタミン酸（Glu）残基のままgannma carboxylation（Gla化）されないとハイドロキシアパタイトと結合できず，骨質の劣化につながる。このGla化はビタミンKに依存しており，ビタミンK不足によるオステオカルシンの量の減少やGla化の低下は骨の材質特性を変化させる。

（2） 骨粗しょう症の予防と治療

カルシウム，ビタミンD，ビタミンKの摂取量を増やすことは骨粗しょう症の予防，治療に有効である（表10-2）。

表10-2　推奨される各栄養素の摂取量

栄養素	摂取量
カルシウム	食品から700〜800mg （サプリメント，カルシウム薬を使用する場合には注意が必要である）
ビタミンD	400〜800IU（10〜20μg）
ビタミンK	250〜300μg

「骨粗鬆症の予防と治療ガイドライン2015」より作成

食事で十分な摂取が望めない場合には，薬物としての投与も考慮する必要がある。ビタミンDは，特に高齢者で不足状態にある例が多く，原因として脂質の吸収低下，皮脂でのプロビタミンD生成の減少，日光曝露の減少などが考えられる。血中の25(OH)Dを測定することによりビタミンDの栄養状態を推定できる。食品では魚類（さけ，うなぎ，さんまなど）に多く含まれている（表10-3）。

ビタミンKは，緑の葉の野菜，納豆に多く含まれており，これらの摂取頻度を知ることにより摂取水準を推定できる（表10-4）。天然のビタミンKには，ビタミンK$_1$（フィロキノン）とビタミンK$_2$（メナキノン）の2つの型がある。基本的にビタミンK$_1$が緑色野菜などの食品から摂取されるのに対し，ビタミンK$_2$は腸内細菌によって合成されるか，あるいは納豆などの食品から摂取される。

表10-3　ビタミンDが多く含まれる食品

	食品名	含量（μg/100g可食部）		食品名	含量（μg/100g可食部）
魚介類	あんこうきも（生）	110.0	魚介類	ぎんざけ　養殖　焼き	21.0
	いわし　しらす干し（半乾燥品）	61.0		さんま　みりん干し	20.0
	まいわし　丸干し	50.0		うなぎ　かば焼	19.0
	しろさけ　すじこ	47.0		まがれい（焼き）	18.0
	べにざけ（焼き）	38.0		あゆ養殖（焼き）	17.0
	にしん　開き干し	36.0		まいわし（焼き）	14.0
	ぼら　からすみ	33.0		さんま（皮つき，焼き）	13.0
	かたくちいわし　田作り	30.0		さわら（焼き）	12.0
	いかなご　つくだ煮	23.0		さんま　かば焼（缶詰）	12.0

文部科学省：日本食品標準成分表2020年版（八訂）より作成

表10-4 ビタミンKが多く含まれる食品

食品名		含 量 (μg/100g 可食部)	食品名		含 量 (μg/100g 可食部)
野菜類	玉露 茶	4,000	野菜類	モロヘイヤ 茎葉(ゆで)	450
	抹茶 茶	2,900		あまのり 焼きのり	390
	青汁 ケール	1,500		あしたば 茎葉(ゆで)	380
	せん茶 茶	1,400		つるむらさき 茎葉(ゆで)	350
	挽きわり納豆	930		にら葉(ゆで)	330
	パセリ 葉(生)	850		こまつな 葉(ゆで)	320
	バジル 粉	820		ほうれんそう 葉(通年平均ゆで)	320
	しそ 葉(生)	690		トウミョウ 芽ばえ(油いため)	300
	五斗納豆	590		和種なばな 花らい・茎(ゆで)	250
	しゅんぎく 葉(ゆで)	460			

文部科学省:日本食品標準成分表2020年版(八訂)より作成

　ビタミンK摂取不足の高齢者は，大腿骨近位部骨折の発生率が高いこと，骨粗しょう症性骨折の既往のある患者や椎体骨折のある女性は，血中ビタミンK_1濃度が低いこと，また，高齢女性においてビタミンK不足の指標である低カルボキシ化オステオカルシン(ucOC)高値は骨密度とは独立した大腿骨近位部骨折の危険因子であること，ビスホスホネート薬服用中の閉経後骨粗しょう症患者においてucOC高値は骨折の危険因子であることが報告されている。血中のucOCが高値を示す場合には，ビタミンKの摂取を勧めるか，ビタミンK_2薬を投与することも考慮する。血中のucOC濃度は，ビタミンKの充足度を直接反映し，骨質の性状を予測しえる間接的な指標となる。骨粗しょう症治療薬であるメナテトレノンはオステオカルシン(OC)のGla化を促進することが明らかにされている。

● 6　カルシウムの吸収を阻害する食品

　食品中のカルシウムは，小腸において，正電荷を有したカルシウム単体として粘膜上皮に存在するカルシウムトランスポーターにより吸収される。小腸でのカルシウムの吸収は，他の食品成分により阻害される場合がある。

(1) リン酸やシュウ酸などが多く含まれる食品

　カルシウムは，ヒト腸内の中性では，リン酸またはシュウ酸と結合し，リン酸カルシウム，あるいはシュウ酸カルシウムの沈殿物を形成するため，これらを含む食品を大量に同時に摂取すると，体外に排出されてしまい，カルシウム不足となってしまう。リン酸塩は，スナック菓子，インスタント食品，冷凍食品などの加工食品に含まれているので，大量に摂取すると，カルシウムの吸収阻害を引き起こし，カルシウム不足となる。シュウ酸を多く含む食品は，ほうれんそうなどの野菜である。

　これら以外にカルシウムと沈殿を形成する成分として，フィチン酸やタンニンがある。これらもカルシウムと結合して，沈殿を形成し生体内でのカルシウム不足を

引き起こす。フィチン酸を多く含む食品は，米ぬか，小麦，米などの穀類，いんげんまめ，とうもろこしなどの豆類といった植物性食品である。また，タンニンを多く含む食品には，お茶，コーヒーなどの嗜好品がある。

(2) 食物繊維が多く含まれる食品

食物繊維は，既述したように，ナトリウムや糖の吸収を抑制するため，血圧上昇抑制や糖尿病の予防効果がある（1章参照）。これは食物繊維がナトリウムや糖などの低分子成分を取り込み，吸収を阻害することによる。

しかし，食物繊維は，ナトリウムや糖だけでなく，重要な栄養素であるカルシウムの吸収も阻害する。穀類や海藻などの食物繊維には，カルシウムの吸収阻害効果があると報告されている。

● 7 骨代謝を改善する食品成分と作用機序

骨を丈夫にするためには，骨吸収を抑え，骨形成を促進させることが大切である。食品には骨形成を促進させる成分や骨吸収を抑制する成分が含まれることが知られている。また，食品由来カルシウムの腸管での吸収率を向上させる食品成分も生体内でのカルシウム不足を予防し，骨代謝を改善することができる。

(1) 骨形成を促進し，骨吸収を抑制する成分

① ビタミンD

ビタミンDは，脂溶性ビタミンであり，カルシフェロールともよばれている（1章参照）。これまでに $D_2 \sim D_7$ の6種類が知られているが，食品中のビタミンDは，ほとんどビタミン D_3 である（図10-6）。ビタミン D_3 は，作用時には1.25位が水酸化された活性型ビタミン D_3 に変化する。活性型ビタミン D_3 は，小腸では粘膜上皮細胞に作用して，カルシウム，リン酸の吸収を促進し，腎臓では尿細管上皮細胞に作用して，カルシウムやリン酸の再吸収を促進させる。また骨では骨芽細胞に作用して，オステオカルシンやオステオポンチンなどの合成を促進させている。

成人1日当たりのビタミンDの摂取目安量は，男性，女性ともに $5.5\mu g$ である。

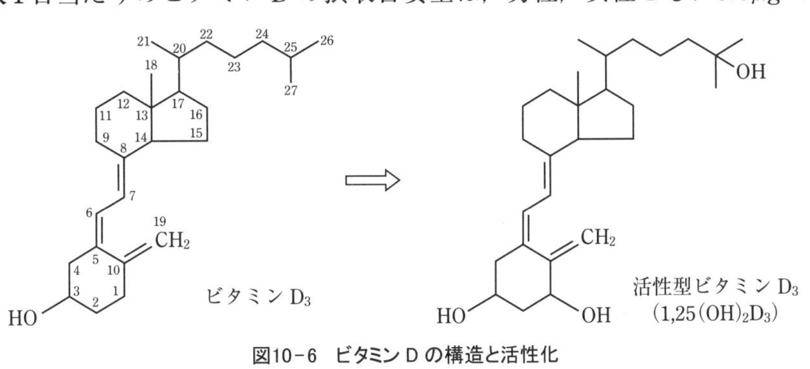

図10-6　ビタミンDの構造と活性化

また耐容上限量として100μgが設定されている。ビタミンDは脂溶性ビタミンであるため，過剰摂取は副作用を伴う。ビタミンDは，魚類の肝臓，魚肉，バター，卵黄などに多く含まれるが（p.121，表10-3参照），植物性食品にはほとんど含まれない。きのこ類には，ビタミンD_2の前駆体であるエルゴステロールが含まれている。

② ビタミンK

　ビタミンKは，脂溶性ビタミンであり，血液凝固に関与している。このビタミンの欠乏は，血液凝固の低下をもたらすことが知られている。ビタミンKは，血液凝固に関わっているプロトロンビン，Ⅷ因子，Ⅸ因子，Ⅹ因子の生合成に必要なγ-カルボキシグルタミン酸合成に関わっているため，これが不足すると血液凝固能が低下することになる。また骨組織にもγ-カルボキシグルタミン酸を含むオステオカルシンや骨基質タンパク質が存在するので，ビタミンKは，これらの生合成に不可欠で，骨形成を促進し，骨吸収を抑制すると考えられている。

　天然に存在するビタミンKには，緑色野菜に多いビタミンK_1（フィロキノン）と細菌の産生するビタミンK_2（メナキノン）が存在する（図10-7）。いずれのビタミンKも同様の機能をもっている。

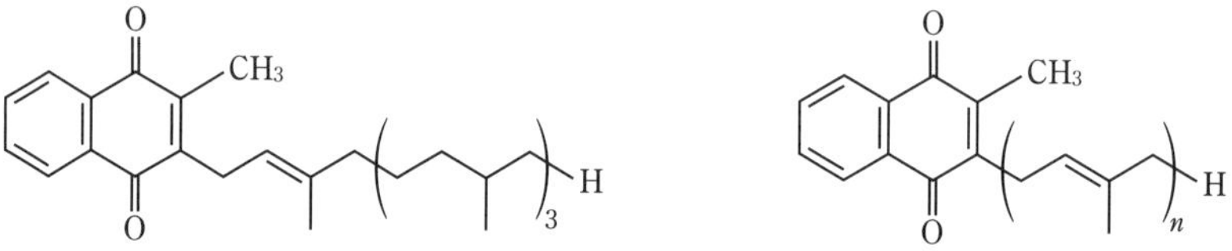

フィロキノン（ビタミンK_1）　　　　　メナキノン-n（ビタミンK_2）

図10-7　ビタミンKの構造

注〕　食品に含まれるビタミンK_2は，n＝4からなるメナキノン-4が多いが，糸ひき納豆にはn＝7からなるメナキノン-7が多い。

　成人1日当たり，必要なビタミンKの摂取目安量は，男性と女性ともに150μgである。納豆は細菌がこれをつくるため，ビタミンK_2が多く含まれている。また，しゅんぎく，こまつな，ほうれんそうなどの緑色野菜にはビタミンK_1が多く含まれている（p.122，表10-4参照）。

③ 大豆イソフラボン

　イソフラボンは，フラボノイドの一種で，芳香環の結合位置が，転移しているものをいう（図10-8）。大豆には，ゲニステインとダイゼインとよばれるイソフラボンが含まれている。これらは卵巣から分泌される女性ホルモンのエストロゲンと構造が類似しており，同様の活性を示し骨形成を促進し，骨吸収を抑制する作用がある。

　大豆イソフラボンを摂取することにより，骨粗しょう症が予防できることが知られている。大豆イソフラボンの摂取目安量は，1日当たり70～75mgであり，サプリメントからは，30mgとすることが，食品安全委員会で決められた。この目安量は，納豆60gを食べれば，満たされることになる。

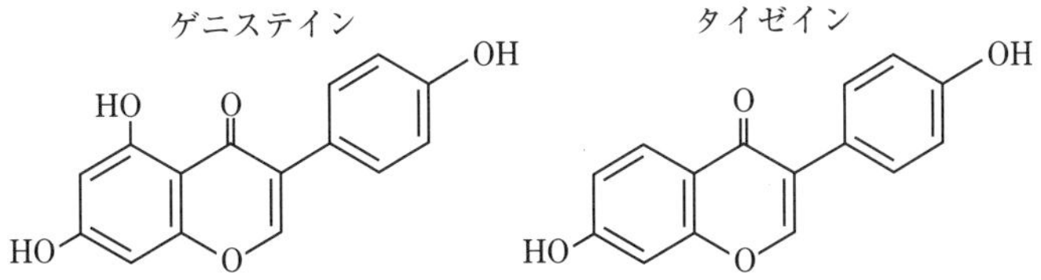

ゲニステイン　　　　　　　　　　　　タイゼイン

図10-8　イソフラボンの化学構造式

④　乳塩基性タンパク質（milk basic protein; MBP）

　牛乳中に微量含まれる塩基性タンパク質で，骨形成を促進することにより骨粗しょう症を予防する働きが知られている。また，破骨細胞の働きを抑制して，骨吸収を抑制する働きもあると考えられている。

　ラットを用いた実験であるが，成長期にMBPを投与すると，骨形成の指標となる血中アルカリホスファターゼの活性が上昇し，大腿骨の骨密度と骨強度が上昇することが報告されている。

（2）　腸管でカルシウムの吸収を促進させる成分

　カルシウムは，生体内のさまざまな機能を調節しているので，不足しないよう，食品から摂取する必要がある。1日当たりの摂取推奨量が，成人男性で800 mg，成人女性で650 mgである。食品のカルシウムは腸管で他の食品成分に含まれるリン酸やシュウ酸と結合・沈殿し，排泄されるため不足がちになる。

　カルシウムの腸管での吸収効率を上昇させるための食品成分が知られている。

①　カゼインホスホペプチド（CPP）

　カゼインホスホペプチドは，カゼインがトリプシンで分解されたときに，生成されるペプチドである（図10-9）。このペプチドは，カゼインに特徴的なリン酸化セリンを多く含む配列を有しているため，カルシウムと弱い結合による複合体を形成し，カルシウムとリン酸やシュウ酸との結合を抑制することができる。これにより，小腸腸管におけるカルシウムの吸収効率を挙げることができる。

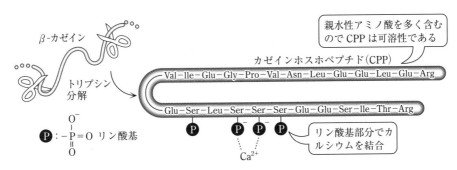

図10-9　カゼインホスホペプチド（CPP）の生成

　このペプチドはα-カゼインでは43-79残基に相当するものであり，β-カゼイン

では1-25，および1-28残基に相当するもので，いずれも牛乳を飲んだときに消化酵素であるトリプシンの作用で生成される（表10−5）。

表10-5 カゼインホスホペプチド（CPP）の一次構造

CPP名	アミノ酸配列	由　来
α-CPP	DIGSESTEDQAMEDIKQMEAESISSSEEIVPNSVEQK	$α_{s1}$-カゼイン
β-CPP	RELEELNVPGEIVESLSSSEESITR	β-カゼイン

* これらのペプチドのセリン（S）残基に Ca^{2+} が結合する。

「五訂増補食品成分表2012」より作成

　牛乳には100 mL当たり，約100 mgのカルシウムが含まれていると同時に，カルシウムの吸収を活性化するビタミンD，ならびにカルシウムの吸収効率を上昇させるCPPが含まれていることから，骨粗しょう症予防には最適の食品である。

　乳糖不耐症で牛乳が飲めない場合には，ヨーグルトやチーズなどの乳製品を摂取すれば，体内でCPPが生成され，ミルクと同様の効果が期待される。

② ポリグルタミン酸

　グルタミン酸の γ-カルボキシ基が別のグルタミン酸のアミノ基とペプチド結合し，直鎖状の高分子を形成したものである（図10−10）。一般的には，グルタミン酸が数十個から数千個結合しており，納豆の粘性物質を形成している。

　ポリグルタミン酸は，分子に多くのカルボキシ基を有するため，カルシウムと結合しやすく，腸管内で複合体を形成する。これにより腸管でのリン酸やシュウ酸との結合を抑制し，腸管での吸収を促進することができる。

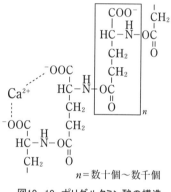

n＝数十個～数千個

図10-10 ポリグルタミン酸の構造

　納豆をどれくらい食べれば，ポリグルタミン酸によるカルシウムの吸収率が向上するかについては，調べられていない。

③ CCM（calcium - citric acid - malic acid）

　有機酸であるクエン酸（citric acid）とリンゴ酸（malic acid）をある比率で，炭酸カルシウムと反応させてつくられたものである（図10−11）。

　カルシウムはクエン酸やリンゴ酸の有するカルボキシ基とイオン結合するため，腸管でもリン酸やシュウ酸による沈殿を抑制し，吸収率を上げることができる。

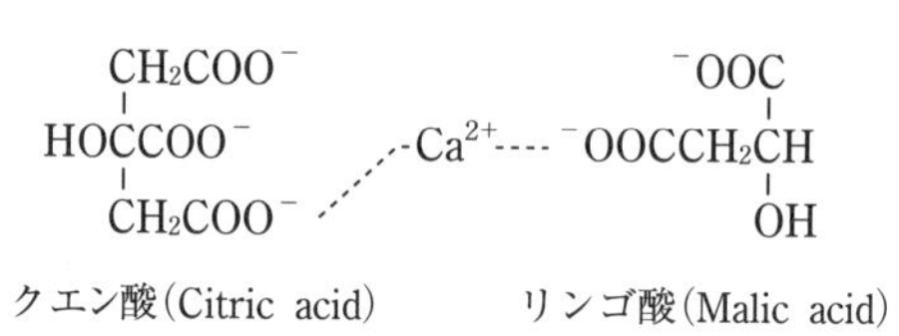

クエン酸（Citric acid）　　　リンゴ酸（Malic acid）

図10-11 CCM（クエン酸リンゴ酸カルシウム）の推定構造

●確認問題　＊　＊　＊　＊　＊

1. 血中 Ca^{2+} 濃度を上昇させる生体内の因子を2つ挙げなさい。

2. ビタミン D の役割を説明しなさい。

3. 消化管におけるカルシウムの吸収機構を説明しなさい。

4. 腎尿細管におけるカルシウムの再吸収機構を説明しなさい。

5. 骨粗しょう症の予防に必要な事柄を書きなさい。

6. カルシウムの吸収を阻害する食品とその成分が多く含まれる食品を書きなさい。

7. 小腸でカルシウムの吸収を促進する働きをもつ成分を3つ挙げなさい。

8. 骨代謝を改善することができる食品成分を2つ挙げ，その作用メカニズムを説明しなさい。

解答例・解説：QR コード(p.6,7)

〈参考文献〉

上西一弘：日本人の食事摂取基準2010年版によるカルシウムの摂取基準. Osteoporosis Japan 18：13-16(2010)

骨粗鬆症の予防と治療ガイドライン作成委員会編：骨粗鬆症の薬物治療 カルシウム薬. 72-73, 骨粗鬆症の予防と治療ガイドライン2011年度版(2011)

廣田孝子ほか：骨粗鬆症における発症と骨折予防 骨性因子-栄養, Osteoporosis Japan 19：51-56, (2011)

Vergnaud P, et al., Undercarboxylated osteocalcin measured with a specific immunoassay predicts hip fracture in elderly women; the EPIDOS Study. J Clin Endocrinol Metab 82：719-724(1997)

Johnson JA, et al., Renal and intestinal calcium transport: roles of vitamin D and vitamin D-dependent calcium binding proteins. Semin Nephrol 14：119-128(1994)

実験医学増刊　タイトル, 32-7羊土社 (2014)

化学と生物　セミナー室, 骨粗しょう症の分子機構とその予防と治療, 46巻(11), (12)(2008), 47巻(1)(2009)

文部科学省：日本食品標準成分表2020年版(八訂)

11章　筋肉を丈夫にする機能
―筋力の維持と向上

> **概要**：筋力の維持・向上はヒトの健康と大きく関わる。筋力を支える筋の構造，エネルギー供給の生理機構を含めた筋収縮の仕組みを概説する。さらに筋力低下を回避し，その増進をもたらす食および食品成分に関する最新の知見をまとめる。

到達目標　＊　＊　＊　＊　＊　＊　＊

1. 筋の構造，筋線維のタイプ，神経系による制御機構なども含めた筋収縮メカニズムを理解し，説明できる。
2. 筋収縮に必要なエネルギーはどのような基質を使い，またどのような制御機構により供給されるのかという点を理解し，説明できる。
3. 筋力の維持・増進に関わる食品や食品成分の関与について，現在，どの視点からアプローチされているのかという点について理解する。

● 1　骨格筋の収縮機構

（1）　筋力の維持と健康

　　筋肉，すなわち骨格筋は，骨格に付着する筋のことをいい，筋収縮により身体に動きを与える。近年，運動の不足，身体不活動は死亡リスクとして世界第4位，日本では第3位にもなっている。この事実は，運動・身体活動を担う骨格筋の筋力を維持すること，いわゆる「筋肉を丈夫にする」ことが健康の維持・増進につながることを示している。

　　筋力は，筋収縮により生じ，その筋を使うと向上し，使わないと低下する。ゆえに筋力を高める要因の一つが筋収縮となる。筋収縮は，骨格筋の主要な実質細胞である筋線維（筋細胞）が担い，細胞内の筋原線維を構築する収縮タンパク質が関わる。また筋収縮は運動ニューロンなどによっても制御される。すなわち，筋力には筋タンパク質に比例する筋量に加え，骨格筋組織の質も大きく影響する。

（2）　骨格筋と筋線維の構造

　　骨格筋は，細長い筋線維が結合組織の被膜（筋内膜，筋周膜，筋外膜）によって束ねられた構造となっている（図11−1）。結合組織には筋線維を支配する運動ニューロン，筋紡錘に向かう感覚ニューロンが分布する。また，筋収縮に必要なエネルギーをまかなうために血管が豊富に分布しており，それを支配する交感神経も含まれる。

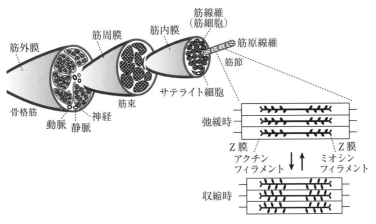

図11-1 骨格筋の構造

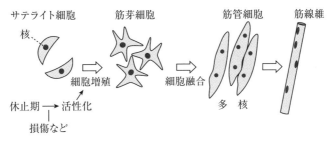

図11-2 筋線維形成までの過程

　筋線維は多核の巨大な細胞であり，その周囲には単核で紡錘状のサテライト細胞（satellite cell）が散在する。サテライト細胞は筋が損傷するなどの刺激によって細胞増殖し，筋線維と融合する（図11-2）。筋線維において筋核は，それを取り巻く限られた細胞質の体積（筋核ドメイン）に必要な遺伝子発現を担うと考えられており，筋タンパク質の発現構築に寄与する。このほか，筋線維内には以下の特徴的な構造が認められる。

① 筋原線維

　筋原線維は，筋フィラメントが規則正しく配列した束であり，筋フィラメントには収縮タンパク質であるアクチン（actin）からなる細いフィラメントと，ミオシン（myosin）からなる太いフィラメントの2種がある（図11-1, 3(a)）。筋線維内には数百〜数千の筋原線維が含まれる。

② 横行小管（transverse tubule，T管）と筋小胞体

　横行小管は，筋原線維を取り巻く2種の膜構造である。T管は筋線維の細胞膜が細胞内に落ち込んだもので，筋小胞体に接する。筋小胞体は内腔にCa^{2+}を蓄えており，T管からの刺激により細胞質にCa^{2+}を放出し，これが筋収縮の引き金となる。

③ 筋漿（筋形質）

　筋線維の細胞質である。筋収縮のエネルギー供給に関わるミトコンドリア，グリコーゲン，酸素結合するミオグロビンを含む。

（3） 筋収縮と弛緩

　筋収縮は，筋線維が運動ニューロンの支配を受け，細胞内にある筋原線維のZ膜−Z膜間(筋節)を短くする筋原線維の短縮により成立する(図11−1)。筋原線維の短縮は，アクチンフィラメントがミオシンフィラメント上を滑走する「フィラメント滑走説」によって説明されている。フィラメント滑走説は首振り説ともよばれ，以下のような，ATPを利用したアクチンフィラメントとミオシン頭部との結合・解離の繰り返しからなる。

① 運動ニューロンから筋線維への刺激（興奮）

　筋線維は，そのほぼ中央に運動ニューロンが接合しており，神経筋接合部(neuro muscular junction; NMJ)とよばれるシナプスが形成されている。1本の筋線維には1本の運動ニューロンが接合する。NMJでは神経伝達物質としてアセチルコリンが運動ニューロンから放出され，それを受容した筋線維に活動電位が発生する。生じた活動電位はT管を通して筋線維内部に伝えられ，T管に接する筋小胞体に到達する。その結果，筋小胞体からCa^{2+}が筋漿に放出され，細胞内Ca^{2+}濃度の上昇が起こる。

② 細胞内Ca^{2+}濃度の上昇とアクチン−ミオシン相互作用

　アクチンフィラメントは，アクチン分子，トロポニン，トロポミオシンからなる。通常，Ca^{2+}非存在下ではアクチン分子にあるミオシン結合部位はトロポミオシンにより覆い隠されている(図11−3(a))。運動ニューロン刺激により細胞内Ca^{2+}濃度の上昇がおこるとCa^{2+}がトロポニンに結合し，トロポニンの構造変化が起こる。その結果，トロポミオシンのアクチンフィラメント上での位置変化が生じ，アクチン分子のミオシン結合部位が露出するため，ミオシン頭部がアクチンに結合する(図11−3(b)①)。

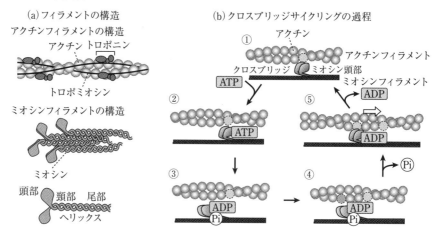

図11-3　クロスブリッジサイクリングによる筋収縮のしくみ

③ クロスブリッジサイクリング

　ミオシン頭部には，アデノシン三リン酸分解酵素(ATPase)活性があり，ATPが

結合するとアクチンとの親和性が低下するため，ミオシン頭部がアクチンから離れる(図11-3(b)②)。ミオシンはATPを分解することにより生じたエネルギーを利用して頭部の角度を変化させ(図11-3(b)③)，アクチンフィラメントの新たな部位に結合する(図11-3(b)④)。無機リン酸が遊離するとミオシン頭部は初期状態に戻る。この時，アクチンフィラメントを動かす力が生じるため(図11-3(b)⑤)，筋節が短縮する。再びミオシン頭部に新たなATPが結合することにより，ミオシン頭部はアクチンフィラメントから解離し，次の部位に結合するというサイクル(傾き運動)が繰り返される。この結果，ミオシンがアクチンフィラメント上を滑走して筋節が短縮し，筋肉が収縮する。

④ 弛 緩

運動ニューロンからのアセチルコリン放出がなくなると，筋線維は再分極し，筋漿中のCa^{2+}が筋小胞体に取り込まれる。その結果，Ca^{2+}がトロポニンから外れ，トロポミオシンがアクチン分子上のミオシン結合部位を覆うため，ミオシンとアクチンとの相互作用は起こらなくなり，筋収縮は解除される。

● 2 　筋線維におけるエネルギー供給

(1) エネルギー供給の3つのルート

上述のように，筋収縮には多量のATPが必要となる。しかし，筋線維内に蓄積されているATP量は限られており，最大収縮で1～2秒間継続できる程度である。さらに，筋収縮を継続するためには，絶えずATPを再生成する必要がある。ATPを再生成する供給ルートには，①ATP-クレアチンリン酸(phosphocreatine; PCr)系，②解糖系，③有酸素系の3ルートがある(図11-4)。

① ATP-PCr系

筋はATPのほかに，PCrを高エネルギーリン酸化合物として蓄える。ATPが消費されADPが増加すると，PCrをクレアチンとPiとに分解し，そのときに生じたエネルギーを用いてATPを再合成する。この供給系の供給速度は速いが，PCr量に限りがあるため持続性に欠け，10秒程度で枯渇する(表11-1)。

② 解糖系

この供給系におけるエネルギー基質(ATP合成のための材料)は，筋線維内に貯蔵されているグリコーゲンや血中から取り込んだグルコースである。この経路は筋線維の細胞質で起こり，グルコース1分子当たり2分子のピルビン酸が生成される。その際2分子のATPが消費され，4分子のATPが得られるため，結果として，2分子のATPが得られる。

これまで高強度運動時には骨格筋内が無酸素状態になるため，ミトコンドリアによる有酸素系が働かなくなり，乳酸産生を伴う解糖系によってATP供給が起こる

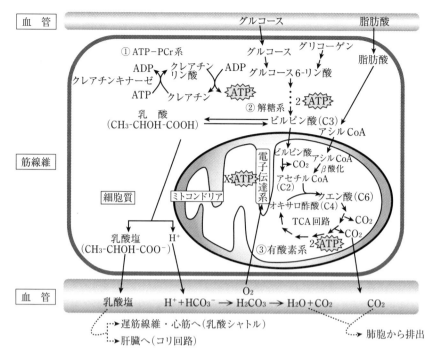

図11-4 エネルギー供給ルート

表11-1 エネルギー供給の3ルートがもつ特徴

	ATP 供給速度	ATP 供給持続時間	律速酵素		
			酵素名	促進因子	阻害因子
ATP-PCr 系	5～7	7～9秒	クレアチンキナーゼ	ADP	ATP
解糖系	3～4	32～33秒	ホスホフルクトキナーゼ	AMP, ADP, Pi, pH↑	ATP, PCr, クエン酸, pH↑
			ホスホリラーゼ	Ca^{2+}↑, NAD^+	
有酸素系	2～2.5	エネルギー基質がなくならない限り供給可能	イソクエン酸デヒドロゲナーゼ	ADP, Ca^{2+}↑, NAD^+	ATP, NADH
			シトクロムオキシダーゼ	ADP, Pi	ATP

と考えられていた。しかし，高強度運動時でも無酸素状態になることはなく，乳酸が生成されるかどうかは，ピルビン酸生成速度によって決まる。解糖系でのピルビン酸生成速度が緩やかなとき，ピルビン酸はミトコンドリアに取り込まれ，あまり乳酸はできない。しかし高強度運動時など，「解糖系におけるピルビン酸の生成速度 ＞ ミトコンドリアでのピルビン酸の処理速度」の状態になると，ミトコンドリアに入れなかったピルビン酸が乳酸となる。

　産生された乳酸は H^+ と乳酸塩（lactate, $CH_3-CHOH-COO-$）に分離する。そのため安静時の筋線維内部の pH は7.1であるが，運動直後では6.5程度にまで低下することがある。産生された乳酸は，筋線維の活動終了後，その中でピルビン酸に戻

され，ミトコンドリアで代謝されるか，血中に放出された場合は，遅筋線維や心筋に取り込まれ酸化代謝されたり（乳酸シャトル），肝臓でグリコーゲンに再合成される（コリ回路）。

③　有酸素系

ミトコンドリア内で，トリカルボン酸（TCA）回路（クエン酸回路，クレブス回路）と電子伝達系の相互作用により ATP を産生する経路のことである。TCA 回路では糖質，脂肪，タンパク質を酸化（脱水素）し，得られたエネルギーを電子伝達系で ATP に再合成する。

TCA 回路に入るアセチル CoA は，解糖系で生成したピルビン酸，あるいは脂肪酸の β 酸化，アミノ酸の酸化によって生成される。よってこの供給系におけるエネルギー基質はグルコース，脂肪酸，アミノ酸となる。通常，筋で必要な総エネルギーの2～5％はタンパク質から供給されるといわれているが，大量に利用されることはない。その際，優先的に利用されるのは3種類の分岐鎖アミノ酸（BCAA），およびリジンの4つである。これらのアミノ酸の利用率は，長時間の運動など筋グリコーゲンが減少すると高まる。

TCA 回路では炭素原子を二酸化炭素として外し，水素原子を水素運搬体（NADH，FADH）を使って電子伝達系に供給する。電子伝達系では，水素運搬体により運ばれた水素原子から電子が取り除かれ，生じた H^+ により ATP 合成酵素が活性化される。一方で水素原子より得られた電子からは，それがシトクロム間を通過する間に ADP を ATP に再リン酸化するのに必要なエネルギーが放出される。このエネルギーと H^+ により活性化された ATP 合成酵素により ATP が再合成される。

電気陰性度が高く，電子を受容する強い傾向をもつ酸素は，電子伝達系において最終電子受容体として働く。電子を受け取り，還元状態となったシトクロムは，それ以上電子を受け取ることができず，電子はそこで滞る。そのため ATP 再生成に必要なエネルギーが得られない。しかし，最終受容体として酸素があれば，シトクロムによる電子伝達の滞りが回避できる。有酸素系において酸素が必須であるのはこのためである。最終電子受容体として電子を受け取り還元状態の酸素は，さらに H^+ と結合し，水を生成する。

この系のエネルギー供給速度は遅い（表11−1）。しかし体内のエネルギー基質がなくならない限り ATP を再合成することが可能である。

（2）　筋収縮時の3つのルートの関わり

筋収縮時，上記の3ルートが同時に働いて ATP を産生する。これらの経路は多くの酵素反応から成り立っており，その酵素活性の調節を介して反応速度が制御される（表11−1）。

3ルートは酸素利用の有無により2つに大別でき，ATP-PCr 系，および解糖系は

酸素利用しない無酸素性の ATP 産生経路に分類される。身体活動・運動時，ATP 産生に対する両ルートの寄与率は運動時間や強度によって異なると考えられており（表11-2），高強度で短時間の運動では無酸素性，また低～中程度で長時間の運動では有酸素性の ATP 産生の寄与率が高くなる。

表11-2　運動時間と無酸素性・有酸素性ATP供給の寄与率

	運動持続時間									
	1～3秒	10秒	30秒	60秒	2分	4分		10分	30分	120分
無酸素性(%)	100	90	80	70	60	50	40	30	20	10	0
有酸素性(%)	0	10	20	30	40	50	60	70	80	90	100

● 3　筋線維の種類とその特性

（1）　筋線維の種類

筋線維は ATPase 活性の違いから遅筋線維（I 型線維）と速筋線維（II 型線維）の2種類があり，さらに II 型線維は IIa 型および IIx 型，IIb 型に分類される（表11-3）。ATPase 活性をもつミオシンは，4つのミオシン軽鎖と2つのミオシン重鎖（myosin heavy chain, MHC）からなる6量体タンパク質で，ATPase 活性部位は MHC にある。

MHC には MHC-1，MHC-2A，MHC-2X，MHC-2B のアイソフォームがあり，これらはそれぞれ I 型および IIa 型，IIx 型，IIb 型線維に含まれる。これらのうち MHC-2B について，その遺伝子はあるものの，タンパク質としての発現はヒトでは観察されていない。

表11-3　筋線維タイプが示す特徴

筋線維タイプ	遅筋線維（slow-twitch fiber）	速筋線維（fast-twitch fiber）		
	I 型線維	IIa 型線維	IIx 型線維	IIb 型線維
生化学的特性	SO（slow-twitch oxidative）線維	FOG（fast-twitch oxidative glycolytic）線維	FG（fast-twitch glycolytic）線維	
MHC のアイソフォーム	MHC-1	MHC-2A	MHC-2X	MHC-2BAT
ATPase 活性 ＝収縮速度	低い　　<<	高い　　<	高い　　<	高い
エネルギー供給ルート	有酸素系	有酸素系 解糖系	解糖系	解糖系
疲労速度	遅い　　<<	速い　　<	速い　　<	速い

IIa 型線維は I 型線維と IIx 型線維の中間的な性質をもつと考えられている。また筋線維の中には MHC-1 と-2A，MHC-2A と-2X など，2種類の MHC アイソフォームを発現するハイブリッド型の筋線維なども存在する。つまり筋線維はいずれかのタイプにきれいに分類されるというわけではなく連続している。またヒトの筋線維は定期的な運動や使用頻度，加齢などによってタイプが変化する。

骨格筋における収縮性やエネルギー代謝特性は，その筋を構成する筋線維の影響を受ける。

（2）　ATP 供給

クレアチンキナーゼ活性については，筋線維間で大きな違いはない。その一方で，I型線維は多くの毛細血管に取り囲まれていることに加えて，II型線維に比べると，細胞内でのミオグロビン濃度が高い。またミトコンドリア数も多く，多くの酸化酵素を含み，その酵素活性も高い。ゆえに，I型線維は有酸素能力が高く，有酸素系を主なエネルギー供給ルートとしている。IIb型線維は相対的にミトコンドリア数が少なく，解糖系酵素を多く含んでいる。そのため解糖系能力が高く，解糖系を主なATP供給ルートとしている（表11−3）。

（3）　収縮特性

筋線維が示す筋収縮は，収縮速度，固有張力，パワー出力，収縮効率の4つの点から比較できる。収縮速度はクロスブリッジサイクリングの1サイクルに要する時間となるためATPase活性に反映される。また収縮効率は一定のATP量で発揮できる張力であり，I型線維はII型線維より効率がよい。ATP供給ルートが有酸素系であることも考慮すると，I型線維は筋収縮速度が遅いが，疲労耐性は高いといえる（表11−3）。

筋線維がもつ固有張力（＝張力÷筋線維横断面積），すなわち，筋線維の単位面積当たりの張力はI型＜IIa型≦IIx型線維の順に高い。張力はアクチンに結合しているミオシンクロスブリッジの数によることから，I型線維はII型線維に比べ，横断面積あたりの筋タンパク質含量が少ないといえる。パワー出力は発揮張力と収縮速度の積と定義され，I型＜IIa型＜IIx型線維といえる。以上のことから速筋線維は，収縮速度は速いが疲労しやすいといえる。

（4）　骨格筋と筋線維組成

ヒトの骨格筋の筋線維組成に性差はない。人体のほとんどの筋は遅筋線維と速筋線維が混在しており，運動をしていない平均的な男女の遅筋線維の割合は約50％である。筋線維がもつ特性は，運動の有無や加齢，疾患によって，速筋線維が遅筋線維になる可能性があるため，骨格筋に含まれるそれぞれの筋線維の割合は変化する。

（5）　運動単位

筋線維の筋収縮はアセチルコリンを介した運動ニューロンの支配を受ける。運動ニューロンはその神経細胞体を脊髄内に置き，軸索が骨格筋まで伸びている（図11

－5）。筋に到達した軸索は枝分して側枝を出し，軸索側枝が筋線維と NMJ を形成して筋線維と接合する。よって，一つの運動ニューロンが複数の筋線維と接合し，接合するすべての筋線維で筋収縮がおこるため，一つの運動ニューロンが複数の筋線維を神経支配することになる。運動ニューロンとそれが神経支配するすべての筋線維を合わせて運動単位（motor unit）という。運動単位内の筋線維のタイプは同一で（表11－4），一つの運動ニューロンが支配する筋線維の数を神経支配比という。神経支配比は

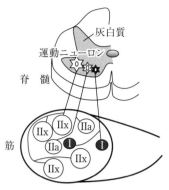

図11-5　運動単位の模式図

一定でなく，運動の細かい調節が必要な筋では神経支配比は少なく，下肢の筋など細かい調整が不要な大きな筋の神経支配比は1,000〜2,000となる。

表11-4　運動単位の構成と特徴

運動単位	S 型	FR 型	FF 型
運動ニューロンの細胞体の大きさ	小　＜　中　＜　大		
構成する筋線維のタイプ	I 型線維	IIa 型線維	IIx 型線維

（6）　運動単位の動員とサイズの原理

　筋の収縮力を大きくするためにはより多くの筋線維の筋収縮が必要である。中枢神経は活性化する運動ニューロンの数を増やし，動員される運動単位の数を増やして筋の収縮力を増大させる。

　運動ニューロンの興奮閾値はその細胞体のサイズによって決まり，サイズが小さいものほど閾値が低い（表11-4）。そのため，まず小さな運動単位が動員され，より大きな力が必要とされるときは順次大きな運動単位がそのサイズに従って逐次動員される（サイズの原理）。運動強度と動員される筋線維のタイプを図11-6に示す。ただし，高速かつパワー出力の高い運動（例，重量挙げなど）ではFR 型，FF 型が最初に動員されてサイズの原理の例外の場合もある。

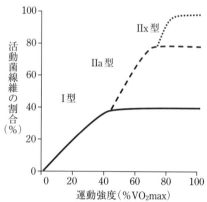

図11-6　動員される筋線維タイプと運動強度

内藤久士ら総監訳：「パワーズ運動生理学」第10版，メディカル・サイエンス・インターナショナル（2020）より改変

● 4　筋収縮により付与される筋の役割

(1)　マイオカインを分泌する内分泌器官

　　マイオカインとは，筋収縮時，筋線維から分泌されるサイトカインのことをいう。IL-6の分泌とそれによるインスリン非依存的な筋への糖の取り込みが示されて以来，筋線維は多くのマイオカインを分泌することが明らかにされている。マイオカインは，オートクライン，パラクライン的作用により筋量・質の維持・増

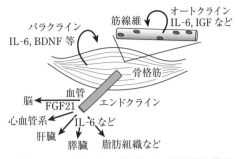

図11-7　マイオカインの作用とその標的組織・臓器

進，筋線維のエネルギー代謝調節などを行う。また血液などの体循環を介して遠方の細胞に作用するエンドクライン的作用により他臓器にも影響する（図11-7）。このような臓器間でのネットワークを形成して，健康増進に深く関わることが明らかにされつつある。

(2)　エネルギー消費器官

　　筋収縮時のATP消費に加え，骨格筋は人体において最大の臓器であることから（体重の約40％），筋は全身のエネルギー代謝調節器官といわれる。過剰に摂取されたエネルギーは脂肪として蓄積され，特に内臓脂肪としての蓄積は心血管系疾患等の生活習慣病の原因といわれる。よって，骨格筋におけるエネルギー代謝亢進を惹起することは効率的に生活習慣病予防につながる。

　　エネルギー基質としては，筋グリコーゲン，血中グルコース（血糖），筋トリグリセリド，血中遊離脂肪酸（free fatty acid, FFA），アミノ酸，乳酸が挙げられる。このうち糖と脂肪が主なエネルギー基質となる。アミノ酸については，通常（脂肪や糖質を主なエネルギー供給源として，バランスのよい食事をしている健常者におい

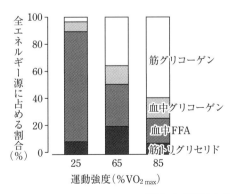

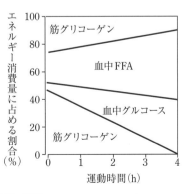

図11-8　利用されるエネルギー基質

内藤久士ら総監訳：「パワーズ運動生理学」第10版，メディカル・サイエンス・インターナショナル（2020）より改変

て），それをエネルギー基質として利用する割合は極めて少なく，また解糖系から生じた乳酸もエネルギー基質となる（p.130，図11-3）。

　安静時に必要なATPは，そのほとんどが有酸素性代謝によって生成される。運動・身体活動時は解糖系および有酸素系の両方の代謝経路からエネルギーが供給されており，そのときのエネルギー基質は，筋収縮に動員される筋線維タイプからもわかるように運動の強度や時間が影響する（図11-8）。たとえ高強度運動時においても血糖値の維持は必須であり，生体は血糖値を維持しながら必要なエネルギーを供給しなければならない。具体的には，以下の4つの作用が誘導される。

①　肝グリコーゲンからのグルコースの動員

②　脂肪組織からのFFAの動員

③　アミノ酸，グリセロールなどからの糖新生の亢進

④　グルコースの細胞への取り込み阻害

　このような全身の各器官との調整が必要となる反応に対して，生体は速効性ホルモンと許容性・遅効性ホルモンの両者を利用して2つのレベルでの調節を行っている（図11-9）。

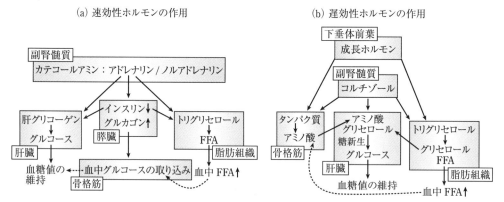

図11-9　血糖値維持とホルモン作用

速効性ホルモンにはアドレナリン，ノルアドレナリン，グルカゴン，インスリンがあり，これらのホルモンは共同して速い反応により血糖値維持に働く（a）。許容性・遅効性ホルモンにはチロキシン，コルチゾール，成長ホルモンがあり，このうちチロキシンは運動時でも血中濃度の上昇はなく，速効性ホルモンなどが完全な効果を発揮するように許容性ホルモンとして働く。ヒトの主要なコルチコイドであるコルチゾールと成長ホルモンは，低強度長時間の運動などでは血中濃度の上昇はなく，許容性ホルモンとして働くが，運動強度の増加などに伴ってその血中濃度が上昇すると，糖・脂肪酸の代謝調節活性を示す（b）。

　脂肪代謝速度が最も高くなるのは乳酸閾値（lactate threshold）直前にあると考えられている。また脂肪代謝速度は体内の糖貯蔵が不足すると低下する。これは糖から供給されるピルビン酸はオキサロ酢酸などのTCA回路の中間代謝物の前駆物質であるため，ピルビン酸の低下はこれらの低下も招き，TCA回路全体の活性が低下するためである（p.132，図11-4）。つまり，脂肪代謝は糖代謝に依存するといえる。

● 5 筋量および質の維持・向上と食および食品成分

食品やその成分を用いた筋力低下を回避するためのアプローチが，次の4つの視点から試みられている。

（1） 筋タンパク質の合成の亢進と分解の抑制

筋の構造から，筋タンパク質の合成が筋量増加を誘導し，分解が萎縮を誘導する。生体が飢餓・絶食のようなエネルギー基質不足時には，図11-9に示す作用が起動する。そのため骨格筋はタンパク質・アミノ酸貯蔵器官として，筋タンパク質からアミノ酸を提供し，血糖値維持，エネルギー基質供給を行う。よって筋タンパク質分解-筋委縮の回避を食から考えた場合，栄養状態を良好に保つことが重要といえる。

安静時に比べ，食後1~2時間は筋タンパク質合成が約2倍に増加する。これは筋肉内のアミノ酸濃度の上昇，なかでもロイシンがタンパク質合成亢進を促すシグナル経路を活性化するためと考えられている。カロリー制限やビタミンD，ぶどうの果皮や赤ワインなどに含まれるレスベラトロールには筋タンパク質分解-筋委縮関連分子の発現を抑制すること，この活性に加えてビタミンDにはタンパク質合成亢進を促すシグナル経路を活性化することが報告されている。

大豆タンパク質を含む食に関して，それを寝たきり傾向にある患者が摂取した場合，筋力減少の抑制に有効であることが報告され，またその摂取が筋タンパク質の分解経路の一つであるカルシウム-カルパイン系を介した分解を抑制することが示されている。また大豆タンパク質のグリシニン由来ペプチドには，もう一つのタンパク質分解経路であるユビキチン-プロテアソーム系による分解抑制活性があることが報告されている。

（2） 筋形成と筋核数

多核の筋線維において，筋核は筋核ドメインを範囲としてタンパク質合成を担うと考えられている。つまり筋核数の増加は筋線維サイズを増加し，筋量を高めることになる。筋核数の増加はサテライト細胞からの供給による筋芽細胞の細胞融合である（p.129，図11-2）。カテキン類やケルセチン，カルコン類といったフラボノイド類，またトマトやヤムイモに含まれるステロイドサポゲニンにおいて筋芽細胞の細胞融合を亢進し，筋タンパク質の蓄積誘導を示すことが，実験動物，培養細胞を用いた実験から示されている。

（3） ミトコンドリア機能

ミトコンドリアでは，酸素を活用してエネルギー産生を行う際，常に活性酸素種

（reactive oxygen species, ROS）が発生しているが，その一方でROSを無毒化し，ROSを適正量に保つ機能も兼ね備える。そのためミトコンドリアに機能障害が生じるとROSが体内に蓄積し，細胞障害がおこる。ROSが過剰になり，酸化的障害をおこしている状態を酸化ストレスといい，酸化ストレスが筋タンパク質分解経路を活性化することが明らかになっている。以上のことから，ミトコンドリアの機能を維持すること，また適正なROSの産生調節も筋委縮を回避し，筋量増加に寄与する。

　ケルセチン摂取老齢マウスを用いた実験から，ケルセチンにはミトコンドリアの生合成の低下を予防し，筋不使用により生じる廃用性筋委縮を回避することが示されている。またカロリー制限は，健常人の筋線維内のミトコンドリア生合成の上昇を誘導すること，老齢マウスのROS産生の減少による筋線維数の増加が示されている。

（4）NMJの形成・維持

　NMJは，筋収縮開始の起点であるが，老化によるNMJその変性は，筋力低下を伴うサルコペニアの要因にもなる。マウスを用いた実験から，老化によるNMJ改善には運動とカロリー制限が有効とされる。またレスベラトロールには，骨格筋側のシナプス部位の数を増加させる活性があることが培養細胞を用いた実験から示されている。

●確認問題　＊　＊　＊　＊　＊

1. 骨格筋は，細長い筋線維を結合組織の被膜が束ねた構造となっている。その筋線維内を横断する筋原線維について説明しなさい。
2. 筋収縮はアクチン－ミオシンの結合・解離の繰り返しである。その結合・解離を制御するものを書きなさい。
3. 筋収縮時に直接利用できるエネルギー源は何か。またそのエネルギー供給経路を3つまとめなさい。
4. 「筋肉を丈夫にする」するための食品成分について，現在，骨格筋のどのような点に着目されているかを書きなさい。

解答例・解説：QRコード(p.8)

〈参考文献〉

内藤久士ら総監訳：「パワーズ運動生理学」第10版，メディカル・サイエンス・インターナショナル（2020）

西村敏英ら編：「食品の保健機能と生理学」アイ・ケイコーポレーション（2021）

Ikeda N, *et al*., Lancet, 378, 1094（2011）

White RB, *et al*., BMC Dev Biol, 10（2010）doi：10.1186/1471-213X-10-21.

Gastin PB, Sports Med, 31, 725（2001）

和田正信総著：「ステップアップ運動生理学」杏林書院（2018）

Canepari M, *et al*., Scand J Med Sci Sports, 20, 10（2010）

Sawano S, *et al*, Histl Histopathol, 37, 493（2022）

Talbot J, *et al*, Dev Biol, 5, 518（2016）

Carlos B, *et al*, J Appl Physiol, 114, 1246（2013）

Waldemer-Streyer RJ, *et al*, FEBS J（2022）doi：10.1111/febs.16372

Bilski J, *et al*, Cells, 11, 160（2022）

Chow LS, *et al*, Nat Rev Endocrinol, 18, 273（2022）

藤井宣晴編：「健康寿命を守る骨格筋」羊土社（2022）

西宗裕史ら：実験医学，38, 2670（2020）

Fujita S, *et al*, J Physiol, 582, 813（2007）

Moro T, *et al*, Trends Endocrinol Metab, 27, 796（2016）

Fontana L, *et al*, Science 328, 321（2010）

Yoshida Y, *et al*, Arch Biochem Biophys, 664, 157（2019）

Alamdari N, *et al*, Biochem Biophys Res Commun, 417, 528（2012）

Uchitomi R, *et al*., Nutrients, 12, 3189（2020）

Kim C, *et al*., Food Sci Biotechnol, 29, 1619（2020）

Dyle MC, *et al*., J Biol Chem, 289, 14913（2014）

Kusano Y, *et al*., J Nutr Sci Vitaminol（Tokyo）65, 421（2019）

Nakao R, *et al*., Mol Cell Biol, 29, 4798（2009）

Mukai R, *et al*., J Nutr Biochem, 31, 67（2016）

Civitarese AE, *et al*., PLoS Med, 4, e7（2007）

Lee CM, *et al*., Ann N Y Acad Sci, 854, 182（1998）

Valdez G, *et al*., PNAS 107, 14863（2010）

Stockinger J, *et al*., J Gerontol A Biol Sci Med Sci, 73, 21（2018）

12章　食物アレルギーを予防する機能
―食品の免疫調節作用

> **概要**：私たちのからだには感染症や過敏な炎症反応を抑える免疫系が備わっているが，特に，「食物アレルギー」の発症に関わるからだのしくみについて学ぶ。そして，この食物アレルギーを抑える食品成分について，その化学的特徴と免疫調節作用の機序について詳しく学ぶ。

到達目標　＊　＊　＊　＊　＊　＊　＊

1. 食物アレルギーの原因となる食品を挙げることができる。
2. 食物アレルギーの特徴を理解し，食物アレルギーの発症を抑える生体のしくみを説明できる。
3. 食物アレルギーの予防に効果のある食品成分を挙げ，その機序を説明できる。

● 1　食物アレルギー発症における免疫学的な生体応答

　「アレルギー」は，免疫反応に基づく生体に対する全身的または局所的な障害として定義されており，近年，食物アレルギー，アトピー性皮膚炎，気管支喘息，花粉症といったアレルギー性疾患の増加は世界的な問題として注目されている。特に「食物アレルギー」は，「食物によって引き起こされる抗原特異的な免疫学的機序を介して生体にとって不利益な症状が惹起される現象」として，食中毒や自然毒のように生物が産生する毒素によるものや，乳糖不耐症のように免疫学的機序を介さない食物不耐症などとは区別されている。

　わが国のアレルギー患者については，現在，全人口の2人にひとりは何らかのアレルギー疾患に関与していると推定されており，この増加傾向は，先進国といわれる国々に共通してみられる現象である。また，これまではアレルギー患者が乳幼児や小児に多いのが特徴であったが，近年，花粉症やハウスダストなどによるアレルギー症状は，特に成人において増加傾向がみられ，環境要因がアレルギーの発症において無視できない問題となりつつある。

　このような状況を踏まえ，アレルギー発症のリスクは遺伝的背景だけでなく，幼少期の感染の機会の減少に起因しているとした衛生仮説（hygiene hypothesis）がStrachan によって提唱され（1989年），都市部におけるアレルギー発症率の増加がさらにその仮説を裏づけるものとして考えられている。加えて，これらのアレルギー疾患については，食物アレルギー症状を有する患者は複数の炎症症状を呈することが多く，アレルギー患者はそれぞれに連関した生体応答がみられるのも特徴である。

（1） アレルギー反応

　生体の免疫反応は，生体外異物を認識し，生体にとって有害なものを排除または無毒化するしくみとして宿主は生体防御機構を備えているが，時に生体応答の異常によって免疫系が過敏に応答してアレルギー反応を呈することがある。アレルギー反応はその発症機構の違いから以下のI〜IV型に大きく分類されている。

①　I型アレルギー（即時型過敏症）

　主にIgE抗体によって引き起こされるアレルギー反応である。アレルギーの原因物質である抗原が体内に入る抗原の感作によって，15〜20分程度で皮膚などへの発赤や膨疹がみられる即時型反応として位置づけられる。アナフィラキシーショック，アレルギー性鼻炎，結膜炎，気管支喘息，蕁麻疹，アトピー性性皮膚炎などの症状がみられるのが特徴である。アレルギーを引き起こす原因物質を含む食品を摂取しておこる「食物アレルギー」は，主にこのアレルギー反応である。

②　II型アレルギー（細胞融解型，細胞障害型）

　IgG抗体・IgM抗体によって引き起こされるアレルルギーである。これらの抗体が結合する標的抗原が自分自身の細胞表面上に存在する場合，自身の細胞が攻撃されてしまう細胞障害型過敏症を生じる。自己抗原に対する抗体や補体，貪食細胞などが関与する。赤血球表面に対する抗体が原因となって起こる自己免疫性溶血性貧血や自己抗体によって神経筋接合部のアセチルコリン受容体が障害されて発症する重症筋無力症，甲状腺刺激ホルモンレセプターに対する抗体が原因となって発症する甲状腺機能亢進症（バセドウ病）などがある。

③　III型アレルギー

　血中の可溶性抗原とIgG抗体との反応によって抗原抗体複合体が形成され，血管壁や組織に沈着する。これにより，補体（C3a, C5a）が活性化され，好塩基球や血小板からの血管作用性アミンの放出を促進し，血管透過性を亢進させる。さらに，補体が好中球を遊走し，リソソーム酵素の放出により組織が傷害を受ける。関連の疾患として，全身性エリテマトーデス（SLE），関節リウマチ，糸球体腎炎，アルサス反応，血清病などがある。

④　IV型アレルギー（遅延型過敏症）

　抗体ではなく抗原特異的T細胞によって起こるアレルギー反応である。T細胞が抗原を記憶する「感作」と，再び侵入した抗原に対してT細胞が反応を起こす「惹起」によって，アレルギー症状の出現に時間がかかる（24〜72時間）。関連の疾患として，ツベルクリン反応，接触性皮膚炎，アトピー性皮膚炎，気管支喘息などがある。

(2) 食物アレルギー

① 食物アレルギーとは

　　食物アレルギーは，「食物によって引き起こされる抗原特異的な免疫学的機序を介して生体にとって不利益な症状が惹起される現象(「食物アレルギー診療ガイドライン2012(Japanese Pediatric Guideline for Food Allergy 2012；JPGFA 2012)」)と定義されている。特に，食中毒や食品中の有害物質によって発症するものとは区別され，特定の食品成分が関与する免疫学的な現象として，血中の免疫グロブリンE(IgE)に依存した炎症反応や，IgEに対する依存性は弱いが消化器や皮膚，呼吸器における炎症症状を引き起こすものがある。アレルギーの中で，摂取する食物に起因するアレルギー反応が起こるものは，主にⅠ型アレルギー反応(即時型過敏症)が関与している。また，摂取した食物抗原に対して，摂取後数時間以上たって(約6時間後)非即時型(遅延型)のアレルギー反応が生じるものもある。一般に食物アレルギー反応は，アレルギーを引き起こしやすい原因物質(アレルゲン)が抗原として，抗原特異的なT細胞との免疫応答を介して起こされる。発症は特に3歳までに非常に多くみられるが，成人で発症することもある。乳幼児に食物アレルギーが多いのは，摂取した食品の消化吸収能力が未熟であることによって，消化管内での食品分子が十分に消化されて低分子化されずに取り込まれてしまうことや，免疫系の発達が成人に比べて不十分であることなどが考えられる。

② 食物アレルギーの発症機構

　　主にIgE抗体に依存性の反応がよく知られており，抗原特異的T細胞応答を介したものである。摂取した食品が不十分な加熱調理などによってタンパク質変性が起こらずに，食品中にアレルギー反応を引き起こしやすい分子構造を有していることや，さらに摂取した食品が生体内の消化によってアミノ酸まで十分に分解されずに高分子タンパク質またはアレルギーを引き起こしやすい構造をもつペプチドとして腸管から吸収されると，アレルギーの発症が起こりやすい。腸管内に到達した食品由来分子はまず，腸管免疫系の樹状細胞，マクロファージなどの抗原提示機能をもつ細胞に取り込まれる。これらの抗原提示細胞では，細胞内での抗原の分解処理(プロセッシング)によって10〜30アミノ酸レベルのペプチド断片が生じるが，これらのペプチド断片が抗原提示細胞の主要組織適合抗原(MHC)クラスⅡ分子とともに細胞表面に抗原情報を提示し，CD4分子を有するCD4$^+$T細胞がT細胞受容体(TCR)によってその抗原情報を認識することになる。食物アレルギーを引き起こしやすい主な食品アレルギー抗原(アレルゲン)は表12−1(p.144)に示す。これらはT細胞受容体によって認識されるT細胞エピトープ(抗原決定基)を有しており，MHCクラスⅡ分子と抗原ペプチド複合体はTCRを介してT細胞の活性化が誘導される。このとき，特に活性化T細胞はIL−4，IL−5，IL−6，IL−13などのサイトカインを分泌する2型ヘルパーT細胞(Th2)に分化する。さらに，アレルゲンを

結合できるB細胞受容体を有するB細胞がTh2細胞によるサイトカインや胚中心における濾胞性ヘルパーT細胞(Tfh)によってIgE⁺B細胞へのクラススイッチ,抗体の親和性成熟などが誘導され,IgEを産生する形質細胞へとなる。このアレルゲン特異的IgE抗体は,末梢組織に存在するマスト細胞や好塩基球の細胞表面上にある高親和性IgE受容体(FcεRI)に結合し,マスト細胞が抗原(アレルゲン)とIgE抗体によって架橋されるとマスト細胞内に強いシグナル(刺激)が入り,細胞内の顆粒成分の分泌が起こる(脱顆粒)。この顆粒成分には,ヒスタミンやロイコトリエンのような化学伝達物質(ケミカルメディエーター)があり,これらが末梢組織に作用することにより皮膚症状(かゆみ,発赤,蕁麻疹など),呼吸器症状(咳,喘鳴,呼吸困難など),粘膜症状(かゆみ,腫れ,くしゃみ,鼻水,鼻づまりなど),消化器症状(下痢,腹痛など)がおこる(図12−1)。

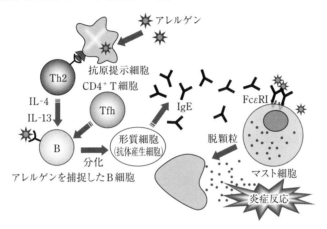

図12-1　Ⅰ型アレルギー反応による食物アレルギーの発症

③　食物アレルギーの制御

　さらに,生体には「経口免疫寛容」として食品抗原特異的な免疫応答を強く誘導しないユニークな生体応答システムが備わっており,このしくみは食物アレルギーの制御において重要であり,この反応が腸管免疫系と密接な関係があると考えられている。経口免疫寛容においては抗原特異的T細胞(CD4⁺T細胞)応答がその中心的な役割を担っており,特定の食品抗原に対するT細胞がアポトーシスによって細胞死すること,同食品抗原に対して応答するT細胞が抗原刺激に対して低応答化または不応答化を示すこと,さらに免疫反応を抑制するサイトカイン(IL-10, TGF-βなど)を産生する制御性T細胞が誘導されることなどがその主要なメカニズムである(図12−2)。これにより,生体外異物である食品を経口摂取した際に,宿主においては食品抗原に対する強い排除応答が誘導されないために食物アレルギーの発症を制御している。なお,近年,経口免疫寛容の誘導において腸内環境が重要な役割を果たしていることが明らかになりつつある。幼少期に何らかの原因で健常な腸内細菌叢の構築が十分でなかったことや,あるいは乳幼児期に抗生物質な

どの投与などによって腸内細菌叢のバランスが崩れたことが要因となって，経口免疫寛容がうまく誘導されずにアレルギーの発症につながったと考えられる種々のケースが指摘されている。さらに，摂取する食品成分が制御性T細胞の誘導に関与しているケースもあり，抗体産生の制御や腸管バリアの構築などを通して食物アレルギーの発症の制御に役立つ食品成分についても注目されている。

　加えて，食物アレルギー制御における「二重抗原暴露仮説（dual allergen exposure hypothesis）」についても注目しておきたい。食物アレルギーの発症は経口摂取する食物アレルゲンだけでなく，皮膚へのアレルゲン暴露（経皮感作）によっても抗原感作が起きることが，皮膚の保湿用として用いられていたベビーオイルに混入した食物アレルゲンの問題から大きな社会問題となった。すなわち，アレルゲンの経皮感作は食物アレルギーの発症の誘導に関与するが，アレルゲンの経口感作による経口免疫寛容の誘導によってアレルギーの制御につながるという考え方である。

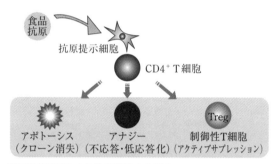

経口免疫寛容により低応答化する現象
- 抗体産生応答
- 脾臓やリンパ節の抗原特異的T細胞の増殖・サイトカイン産生応答

図12-2　抗原特異的T細胞応答に注目した経口免疫寛容

● 2　食物アレルギーを予防する食品成分と作用機序

（1）　食物アレルギーを引き起こす食品

　食物アレルギー反応を引き起こす食品として，わが国の食物アレルギーの原因物質は，図12-3に示すとおりである。その主要な食品として，かつては鶏卵，牛乳，大豆が3大アレルゲンとして注目されていたが，近年は，大豆に代わり小麦が主要なアレルギー原因食品として認識されている。なお，2020年の調査結果をもとにした発表では，木の実類（くるみ，カシューナッツ，マカダミアナッツなど）」が小麦を抜

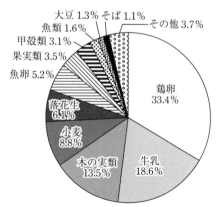

図12-3　食物アレルギーの原因物質
令和3年度 食物アレルギーに関連する食品表示に関する調査研究事業 報告書，消費者庁より改変

いて3番目に多いアレルギーの原因食品となった。

食物アレルゲンの特徴をもとに分類される方法の一つに，主に鶏卵，牛乳，魚，甲殻類，そばなどに含まれるクラス1食物アレルゲンと，主に果物・野菜などに含まれるクラス2食物アレルゲンなどがある。

クラス1食物アレルゲンは，加熱処理や消化酵素に対して安定な構造をもつという特徴があり，消化管経由での感作により発症する。その代表的なものに，卵白中のオボムコイドやオボアルブミン，牛乳中のカゼインやβ-ラクトグロブリン，ピーナッツ中のビシリン，コングルチン，グリシニン，甲殻類中に含まれるトロポミオシンなどがある（表12-1参照）。

表12-1 主な食物アレルギー抗原（アレルゲン）

食 品	アレルゲン
鶏 卵	オボムコイド（Gal d 1） オボアルブミン（Gal d 2） オボトランスフェリン（Gal d 3） リゾチーム（Gal d 4）
牛 乳	カゼイン（Bos d 8） αS1-カゼイン（Bos d 9） β-ラクトグロブリン（Bos d 5）
小 麦	ω-5グリアジン（Tri a 19） グルテニン（Tri a 26, 36）
落花生	ビシリン（Ara h 1） コングルチン（Ara h 2） グリシニン（Ara h 3）
え び	トロポミオシン（Pen a 1）
りんご	（Mal d 1）
も も	（Prup 7）
そ ば	（Fag e 1）

一方，クラス2食物アレルゲンは，熱や消化酵素に対して不安定で気道による感作によって口腔粘膜に発症するのが特徴である。バナナ，キウイフルーツ，アボカド，りんご，にんじん，セロリなどの果物や野菜に含まれているアレルゲンが知られており，花粉によって感作され，花粉抗原と交さ反応性もみられる。

わが国においては，厚生労働省による食物アレルギーの原因となる食品の調査などにより，その発症件数の多いものや発症した際の症状が重いものについて，28品目を食品に使用した場合の表示を食品衛生法上求められている（平成21年より食品表示に関する業務は厚生労働省から消費者庁へ移管）。現在は，加工食品中における「卵，乳，小麦，えび，かに，そば，落花生，くるみ」の8品目には特定原材料として表示義務を，「アーモンド，あわび，いか，いくら，オレンジ，カシューナッツ，キウイフルーツ，牛肉，ごま，さけ，さば，大豆，鶏肉，バナナ，豚肉，まつたけ，もも，やまいも，りんご，ゼラチン」の20品目には表示を奨励することを定めている（表12-2）。

表12-2 食物アレルギー表示対象品目

用 語	アレルギーの原因となる食品の名称	表示の義務
特定原材料（8品目）	えび・かに・くるみ・小麦・そば・卵・乳・落花生（ピーナッツ）	表示義務
特定原材料に準ずるもの（20品目）	アーモンド・あわび・いか・いくら・オレンジ・カシューナッツ・キウイフルーツ・牛肉・ごま・さけ・さば・大豆・鶏肉・バナナ・豚肉・まつたけ・もも・やまいも・りんご・ゼラチン	表示を推奨

消費者庁：「加工食品の食物アレルギー表示のハンドブック」（令和5年3月作成）より改変

（2）　アレルゲン除去食品

　食物アレルギーの患者にとって，その問題を解決する食生活には，アレルギー除去食品によってアレルギーの原因となる食物アレルゲンを摂取しない対策が最も重要である。ここでいう「アレルゲン除去食品」とは，①特定の食品アレルギーの原因物質である特定のアレルゲンを不使用または除去した（検出限界以下に低減した場合を含む）ものであること。②除去したアレルゲン以外の栄養成分の含量は，通常の同種の食品の含量とほぼ同程度であること。③アレルギー物質を含む食品の検査方法により，特定のアレルゲンが検出限界以下であること。④同種の食品の喫食形態と著しく異なったものでないこととして「特別用途食品の表示許可等について（消食表277号）」に規定されている。

　その代表例を以下に挙げる。

①　調製粉乳

　加熱処理や酵素処理などによるタンパク質抗原の低アレルゲン化が図られている。加熱処理では乳清タンパク質中のウシ血清アルブミンと免疫グロブリンに対して一定の低アレルゲン化が期待できるが，実際には加熱時に生じるメイラード反応によって，新たな抗原性物質の生成を招く恐れがあり，加熱処理単独での低アレルゲン化は技術的に難しいとされている。一方，酵素分解によって免疫系に認識されないペプチドやアミノ酸レベルまで低分子化する方法により調製された「アレルギー疾患乳児用の完全分解乳やアミノ酸乳」がある。そのなかでも，カゼインの酵素分解物には酵素によって苦味ペプチドが生成され風味を損なう問題がある。また，乳タンパク質として精製原材料から調製されるため，微量栄養素（ビオチン，セレン，カルニチンなど）の損失が起きやすく，乳幼児の栄養素欠乏症をまねく恐れがある。

②　小　麦

　食品加工用酵素である *Tricoderma viride* 由来のセルラーゼとプロテアーゼを作用させることにより低アレルゲン化した小麦粉が開発されている。この調製法では小麦中のグルテンが分解されるためにバッター状になってしまう特徴があるが，低アレルゲン化小麦に残存するデンプンの糊化特性を利用して，さまざまな小麦加工食品の製造に応用されている。

③　米

　酵素処理によって製造された乾燥米粒を，低アレルゲン化米（ファインライス，資生堂）として，わが国初の「特定保健用食品」として当時の厚生省より許可されている（1993年）。これは米をタンパク質分解酵素で処理した後に塩，水可溶性のグロブリンアルブミン画分をできる限り除去することによって，製造されたものである。この酵素処理米は，米アレルギーのあるアトピー性皮膚炎患者の血清中の米特異的IgE抗体との反応性を指標に開発が進められたものである。さらに，この酵素

処理米のほか，アルカリ処理法によってタンパク質の低減化を行ったアルカリ処理米も，低アレルゲン化米として開発されている。

④ 大 豆

現在までのところ有効な低アレルゲン化大豆加工食品がみられない。しかし，みそや納豆などの発酵食品において，原材料の大豆から発酵過程でアレルゲンタンパク質の分解がみられることから低アレルゲン化大豆加工食品として利用が期待されている。また遺伝子組換えを含む育種レベルでの低アレルゲン化品種の創出の試みや酵素処理による低分子化，さらに高圧・加熱・混捏処理やガラクトマンナンで処理してメイラード反応によるアレルゲンの低減化などの試みもある。

⑤ 食 肉

アレルゲンとして同定されているタンパク質が上記の食品タンパク質に比べて少ないが，他のアレルゲンタンパク質を食肉の加工工程で加えることが多いため，低アレルゲン化への取り組みが行われている。特にソーセージなどの食肉加工品において「つなぎ」として使用される乳，卵，大豆などがアレルゲンとして作用することから，これらの「つなぎ」を添加しない食肉加工製品がアレルゲン除去食品として開発されている。

(3) アレルギー反応を制御する成分

近年，アレルギー疾患の増加が先進諸国を中心に増加傾向であり，QOL（Quality of Life）の観点からもアレルギー反応を制御する取組みが各方面で進められている。食品成分においても，アレルギー反応の制御に応用できないかどうかが多くの食品科学・臨床分野の研究者によって注目されている。

① 茶の成分（カテキン）

茶（*Camellia sinensis*）は，単なる嗜好品としてだけでなく，茶に含まれるポリフェノールがもつ生理作用，すなわち，血圧上昇抑制作用，脂質代謝改善作用，抗がん作用など生体への保健効果が報告されており，近年の健康志向の高まりとともにその生理作用が注目されている。また，近年，世界的にもアレルギー患者が増え続けているという社会背景を受けて，緑茶中のカテキンに存在する抗アレルギー作用についても大きな注目を集めている。特に，立花らはこのカテキンの抗アレルギー作用の分子機構を明らかにしており，茶カテキン中のエピカテキンガレートやエピガロカテキンガレートがアレルギー反応の主要なエフェクター細胞であるマスト細胞や好塩基球に作用して，細胞内のミオシンホスファターゼの活性化を介したミオシンの軽鎖をリン酸化する働きを抑制することで炎症性化学物質ヒスタミンを放出する（脱顆粒）反応を抑制することや，これらの細胞が炎症反応を起こす際に細胞内への刺激を受け取る受容体である高親和性 IgE 受容体 FcεRI 発現を抑制する作用機序を明らかにしている。さらに，茶葉熱水抽出物より見出されたメチル化カテ

キンには上記の抗アレルギー作用があることや、「べにふうき」はこのメチル化カテキンを含有する特徴をもっていることが明らかになっている。これは一般的に飲用されている「やぶきた茶」にはメチル化カテキンが含まれていないこととは対照的であるが、これまでに、「べにふうき」の抗アレルギー作用の解析がすすめられている。その結果、花粉症患者などに対する臨床スコアの改善効果などが明らかになりつつあることから、今後の抗アレルギー食品としての応用が期待されている。

② プロバイオティクス（乳酸菌）

　腸内細菌叢の改善によりヒトにとって有益な作用をもたらす生きた微生物としてプロバイオティクスが定義されており、乳酸菌やビフィズス菌など、ヒト腸内で共生することのできる細菌として広く一般に知られている。このことは、乳酸菌やビフィズス菌が食品成分の免疫調節作用として、最も古くから注目され続けてきたものの一つであることから、近年のプロバイオティクスの免疫調節作用としても非常に広範な研究報告が多数存在する。アレルギー反応は生体内における免疫反応が過敏に起こってしまう、いわゆる免疫応答のバランスの乱れによるものと解釈されている（図12-4）。特に、乳酸菌などのプロバイオティクスによるアレルギー抑制作用については、生体内におけるT細胞応答（Th1/Th2バランスの調節、制御性T細胞の誘導）やI型アレルギー反応であるIgE抗体産生、炎症反応の制御に注目した研究が数多く報告されている。臨床試験においては、アトピー性皮膚炎の罹患履歴をもつ妊産婦に乳酸菌（*Lactobacillus rhamnosus* GG）を経口投与して生まれた乳児の皮膚炎症状が改善された報告がある。また、近年では乳酸菌の菌体成分を認識するパターン認識受容体（pattern-recognition receptors; PRRs）を介した自然免疫系応答により、マスト細胞などの炎症性細胞に作用して脱顆粒反応抑制効果などに乳酸菌が作用する機序が明らかになりつつある。さらに現代の国民病ともいわれる花粉症などのアレルギー疾患に対しても乳酸菌を用いた臨床研究が進められている。なお、これらのプロバイオティクスによる抗アレルギー作用の特徴は菌株特異的な作用であり、必ずしもすべての乳酸菌やビフィズス菌に対してみられる作用ではない。

　例えば、*Lactobacillus acidophilus* L-92株はマウスにおいて誘導されたアレルゲン特異的なIgEレベルを低下させる働きが大きいことから選抜された菌株であるが、アレルギー性鼻炎の発症の緩和に対して有効であるという報告があるほか、アト

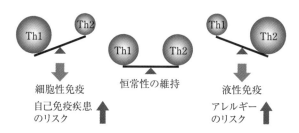

図12-4　Th1／Th2バランスにおける生体恒常性との関係

ピー性皮膚炎の改善に対してもヒト臨床試験での取組がなされている。さらに，炎症性腸疾患についても，マウスを用いた研究でその発症に腸内細菌叢との関わりが指摘されていることから，プロバイオティクスを用いたヒト臨床試験への応用が図られている。特に，軽中等度の潰瘍性大腸炎患者に対して，乳酸菌およびビフィズス菌の摂取によって潰瘍性大腸炎の緩解誘導や緩解の維持に対して有効であるとされるいくつかの報告があり，腸内細菌環境やそれによる腸内代謝産物が潰瘍性大腸炎の制御に重要であると考えられている。また，クローン病に対する臨床試験でもプロバイオティクスの応用研究が進められており，プロバイオティクスによるIL-10やTGF-βなどの抗炎症作用のある免疫制御反応がその腸炎症抑制機構に重要であると考えられる。

　一方，食品タンパク質を摂取することにより，このタンパク質抗原が宿主の免疫系を感作して腸管独特の免疫反応が誘導される。このとき，摂取した食品抗原は腸管免疫系を介して宿主の抗原特異的T細胞応答を惹起するが，この抗原特異的免疫応答は経口免疫寛容とよばれる過剰な免疫反応が起こらない抑制型の免疫応答が特徴である。すなわち，食物アレルギーの制御には如何にして効率的に食品抗原に対する経口免疫寛容を誘導するかが重要となる。これまでにマウスを実験モデルとした経口免疫寛容の誘導実験において，腸内細菌が存在しない無菌マウスと腸内細菌を有するマウスとの比較研究が報告されており，無菌マウスにおいては通常マウスに比べて経口免疫寛容が誘導されにくいことが知られている。

　また，無菌マウス由来の細胞を用いた *in vitro* の実験では，抗原特異的T細胞応答は事前に抗原提示細胞を介して腸内共生菌の刺激をT細胞側に与えておくと，食品抗原に対するTh2型サイトカインの産生応答を制御できることが明らかになっている。*in vitro* の実験では，アレルギー反応のエフェクター細胞であるマスト細胞は，抗原刺激による炎症性物質を放出する脱顆粒反応において，プロバイオティクス菌体の刺激を与えると脱顆粒反応が抑制されることも明らかになっている。このことはプロバイオティクス菌体によって宿主の免疫系を制御することにより，アレルギー反応を抑え，予防効果につながる可能性を示唆している。さらなるアレルギー制御機構の解明とともに，効果的な臨床応用への期待が高まっている。

③　プレバイオティクス（オリゴ糖）

　プレバイオティクスの生理作用は，難消化性糖類であるオリゴ糖などによって，経口摂取した際に消化酵素によって分解されにくい特徴があることから，大腸に到達して大腸内の腸内細菌（特にビフィズス菌など）によって利用され，ビフィズス菌や乳酸菌に選択的に資化される。そして有機酸を産生し（腸内発酵），さらに腸内細菌叢を改善する。例えば，スクロースにD-ガラクトースが結合した構造をもつオリゴ糖であるラフィノースは，アトピー性皮膚炎の患者に対して投与することにより，皮膚炎症状の改善や炎症性細胞である末梢血中の好酸球数の減少がみられる。

また，マウスを用いた研究でも，食餌性の抗原タンパク質によって誘導される血中抗体価 IgE の上昇抑制や経口免疫寛容の効果的な誘導による腸管免疫系での Th2 型サイトカイン産生の低応答化など，抗アレルギー作用が報告されている。

さらに，スクロースにフラクトースが結合した構造をもつオリゴ糖であるフラクトオリゴ糖においても抗アレルギー作用があることが知られている。両親にアトピー性皮膚炎やアレルギー鼻炎などのアレルギー性疾患を既往症としてもつ乳児に対して，フラクトオリゴ糖をガラクトオリゴ糖とともに摂取させた場合，アトピー性皮膚炎の累積発症率および血中の抗体価が対照群に比べて有意に低下することが報告されている。また，マウスを用いた喘息モデルや消化管アレルギーモデル，遅延型アレルギーモデルなどにおいてもフラクトオリゴ糖摂取によってそのアレルギー発症が有意に抑制されることが知られている。腸内細菌叢の改善によって，腸管粘膜におけるムチン層が厚くなることや分泌型免疫グロブリン A（IgA）産生の亢進など，粘膜バリアへのポジティブな影響がアレルゲンタンパク質の腸管腔からの侵入を抑えることなどがその作用機序として考えられている。

④ ヌクレオチド

ヌクレオチドは妊婦や新生児にとって特に重要であると考えられている栄養素でもあるが，アレルギー発症の頻度が高い乳幼児では，生体の T 細胞応答において Th1/Th2 バランスが Th2 型に傾きやすい傾向がこれまでに示唆されている。実際に，マウスを実験モデルとして妊娠期および授乳期にヌクレオチドを0.4％添加した実験食にて飼育すると，7週齢以下の成長期の個体では血中 IgE や IgG1/IgG2a 抗体価はヌクレオチド投与群よりもヌクレオチド非投与群のマウスの方が高い傾向がみられ，さらに，脾臓細胞のサイトカイン産生応答においては IFN-γ はヌクレオチド投与群が高く，逆に IL-4 では非ヌクレオチド投与群の方が高かったこと，また，ヌクレオチドの投与によって腹腔マクロファージの IL-12 産生を亢進することなどから，ヌクレオチドの摂取が Th1/Th2 バランスを Th1 優位に誘導し，抗アレルギー作用への応用の可能性が示唆されている。現在，ヌクレオチドの臨床試験においても Th1 型サイトカインの IL-2 および IL-12 産生を活性化することから，その抗アレルギー作用についての応用の可能性が期待されている。

⑤ 脂肪酸

近年，先進国で増加傾向にあるアレルギー疾患は，食事として摂取する脂質の増加と相関があることが指摘されている。すなわち，食生活において飽和脂肪酸の摂取量が減少傾向にある一方で，多価不飽和脂肪酸，特に n-6（ω6）系多価不飽和脂肪酸の摂取量の増加がみられることや，この n-6 系多価不飽和脂肪酸の摂取量増加とアレルギー疾患の増加には相関関係があるという疫学的研究がある。n-6 系多価不飽和脂肪酸の増加と n-3（ω3）系多価不飽和脂肪酸の低下がアレルギー疾患に関与しているという可能性は，現在のところ必ずしも明確な根拠が示されているわ

けではない。しかし，これらの多価不飽和脂肪酸は，n-6系多価不飽和脂肪酸がアラキドン酸カスケードを経て代謝されて生成されるエイコサノイドにおいて，プロスタグランジンE2やロイコトリエン4系列の炎症性メディエーターがみられることや，n-3系多価不飽和脂肪酸はアラキドン酸カスケードにおける阻害作用をもつことから，n-3系はn-6系とは異なり抗炎症作用につながることが，*in vitro* 試験などから示されている。特に，プロスタグランジン E2の生成には炎症反応とともにCOX-2を介して起こる反応であるが，魚油に多く含まれているエイコサペンタンエン酸やドコサヘキサエン酸などに代表されるn-3系多価不飽和脂肪酸はCOX-2の作用を抑制することからも，n-3系多価不飽和脂肪酸の抗炎症作用・抗アレルギー作用が期待されている。実際に，アトピー性皮膚炎，喘息症に対するn-3系多価不飽和脂肪酸の有効性を調べる臨床試験などが行われ，n-3系多価不飽和脂肪酸のα-リノレン酸を多く含む亜麻仁油を腸管アレルギーモデルマウスに投与すると炎症抑制効果がみられ，このときn-3系脂肪酸由来の代謝産物である17, 18-epoxy-eicosatetraenoic acid（17, 18-EpETE）が腸管上皮細胞において増加してアレルギー炎症の制御に寄与していることが報告されている。

⑥　その他の食品成分

　上述した食品成分のほかにも，トマト（*Lycopersicon esculentum*）に含まれるポリフェノールであるナリンゲニンカルコンや，りんご（*Rosaceae malus*）中のポリフェノールであるプロシアニジンなどに抗アレルギー作用についての研究報告があり，抗アレルギー食品素材としての応用展開が期待されている。

（4）　免疫力を高める成分

　食品中には，炎症反応を制御することによってアレルギー症状を抑制する抗アレルギー作用ばかりでなく，宿主の免疫応答を賦活化することにより，免疫応答のバランスを維持する働きも期待されている。次に挙げる食品成分は，免疫調節作用のある食品素材として，比較的多くの研究報告がある。

①　プロバイオティクス：乳酸菌による予防効果（免疫力の活性化）

　イリア・メチニコフによるヨーグルトの健康長寿説が提唱されて以来，ヨーグルトに含まれる乳酸菌に保健効果があることが注目されている。

　乳酸菌やビフィズス菌には腸内細菌叢を改善して腸内腐敗菌を減少させるという働きばかりでなく，免疫系に直接作用して抗感染・抗がん作用があることが，さまざまな研究によって報告されている。特に，経口摂取した *Lactobacillus* および *Bifidobacterium* など腸管免疫系細胞に作用して，感染防御に重要な免疫グロブリンA（IgA）産生を活性化する働きが知られており，その活性の強さは菌株特異的であるのが特徴である。これらのプロバイオティクス菌体は，免疫系細胞，特に抗原提示細胞などの Toll 様受容体（Toll-like receptor, TLR）によって認識されるペプチドグ

リカンやリポテイコ酸などを菌体成分にもっている。また，菌体が産生する菌体外多糖成分などが免疫系細胞に感作することによって，IL-12産生が惹起され，さらにT細胞を介した免疫応答によりIgA産生が誘導されると考えられている。実際に経口摂取されたプロバイオティクス菌体は，小腸のパイエル板細胞などによって腸管関連リンパ組織内に取り込まれ，同リンパ組織内の抗原提示細胞によってIL-12p40産生が誘導されるなど，直接，腸管関連リンパ組織の免疫応答を惹起することが，マウスをモデルにした実験によって示唆されている。さらに，この反応は小腸粘膜においてT細胞応答を介したIgA産生を活性化する。一方，腸管腔内でのIgAは高分子タンパク質の過剰な吸収を抑える働きが考えられていることから，食品として摂取した食品タンパク質の未消化な高分子タンパク質の腸管上皮細胞からの吸収を抑制し，アレルギー反応の制御にも有効であると考えられる。

② **プレバイオティクス：オリゴ糖による腸内細菌叢の改善**

プレバイオティクスには，特定の腸内細菌を選択的に増加させる作用があることから，生理機能の特徴は腸内環境の変化を誘導する働きととらえることができる。すなわち，オリゴ糖などの経口摂取によって腸内で増加したビフィズス菌や乳酸菌などは，その菌体自身がプロバイオティクス菌体と同様にその菌体成分による腸管免疫系細胞への免疫学的な感作を誘導する。また，腸内で増加した腸内細菌が産生する有機酸などが腸管内の生理作用に大きな影響を与えていると考えられる。これまでに，プレバイオティクスの免疫賦活作用については，ヒト臨床試験に関する報告は少ないが，マウスなどの実験モデルにおけるIgA産生誘導や腸管組織における免疫関連遺伝子をはじめ脂質代謝関連遺伝子などの発現に影響がみられることが報告されている。現在までのところ，プロバイオティクスによる腸管免疫系への作用は，経口摂取によって腸管腔内で取り込まれる小腸部位の腸管免疫系に特徴的であるのに対し，プレバイオティクスの主な作用部位は腸内細菌の大部分が存在する大腸部位であることが想定される。しかし，大腸部位における免疫応答ついては小腸部位の免疫系に比べて研究報告が少なく，詳細は不明な点が多い。

今後はプレバイオティクスによる免疫調節作用によって標的とされる細胞分子や新たな機能性も含めて，さらなる生理作用の解析が進められるであろう。

③ **腸内環境因子が調節する食物アレルギー制御の可能性**

アレルギー疾患の発症と腸内細菌叢については，生後2歳までの腸内細菌叢について *Bifidobacterium* や *Lactobacillus* などの検出率は健常児において高く，アレルギー発症児には少ないことが指摘されている。また，実験動物においては腸内細菌をもたない無菌マウスは通常マウスに比べて経口免疫寛容を誘導しにくいことが報告されている。*Lactobacillus* などの腸内細菌やその菌体成分によっては，過敏なT細胞の反応を抑制したり，マスト細胞の炎症性物質の放出（脱顆粒反応）などを抑える働きもあることから，腸内細菌が直接食物アレルギー反応を調節する可能性が考

えられている。さらに，腸内細菌が産生する代謝産物は摂取する食品によっても変化し，これらの腸内環境に起因する成分も免疫系細胞応答に強く影響を与えることがわかっている。つまり，アレルギー反応の制御にかかる腸管免疫系応答が腸内共生菌によって調節できることから，近年は食品成分を使った花粉症の予防や症状緩和，アトピー性皮膚炎の症状の緩和などに取り組む臨床試験も進められている。

　以上，述べてきたように，機能性食品成分によってアレルギーの発症を制御するには，宿主の免疫反応の適正化が重要なポイントとなる。すなわち抗原提示能の制御や食物アレルギーの発症に重要なⅠ型アレルギー反応が関与しているT細胞応答では，Th2型反応が過剰に活性化しないように制御すること，それに伴い血中の抗体価(特にIgEなど)の上昇を抑制すること，摂取する食品抗原に対しては，経口免疫寛容を効率的に誘導できるようにすること，抗原特異的なT細胞応答を制御して過敏な免疫反応が起こらないように制御性T細胞応答を効果的に誘導すること，炎症反応におけるエフェクター細胞であるマスト細胞，好中球などの活性化を抑制し，特に炎症性化学物質(ヒスタミンなど)の脱顆粒反応を制御することなどである(図12-5)。これらは機能性食品成分が腸管免疫系などをはじめとする免疫組織内の標的細胞に直接作用することによって誘導されること，さらに摂取した機能性食品分子は腸管内の微生物学的な環境変化を誘導し，腸内細菌による代謝産物などによって免疫反応がさらに修飾されることが考えられている。食品成分は医薬品と比べると免疫系に作用する効果は顕著ではないが，生体に対する安全性を担保しながら，さらなる臨床応用研究とともに，アレルギーの予防へ向けた大きな進展が大いに期待されている。

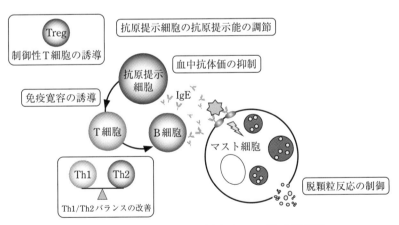

図12-5　食品成分によって期待されるアレルギー制御機構

●確認問題　＊　＊　＊　＊　＊
1. 食物アレルギーの発症におけるⅠ型アレルギー反応について説明しなさい。
2. 経口免疫寛容とその意義について説明しなさい。
3. 食物アレルギーを起こす食品には，どのようなものがあるかを挙げなさい。
4. 食物アレルギーに関する表示義務が必要な食品を挙げなさい。
5. 食物アレルギーを抑制できる食品成分を挙げ，その機序を説明しなさい。

解答例・解説：QR コード(p.7,8)

〈参考文献〉

立花宏文：「生化学」，81, 290(2009)

Kalliomaki M, *et al*., Lancet, 357, 1076(2001)

藤原茂：食品免疫・アレルギーの事典，323, 朝倉書店(2011)

Sudo N, *et al*., J Immunol, 159, 1739(1997)

Tsuda M, *et al*., Cytotechnology, 55, 89(2007)

Kasakura K, *et al*., Int Arch Allergy Immunol, 150, 359(2009)

Kaneko I, *et al*., J Appl Glycosci, 51, 123(2004)

Nagura T, *et al*., Br J Nutr, 88, 421(2002)

van Hoffen E, *et al*., Allergy, 64, 484(2009)

永渕真也：食品免疫・アレルギーの事典 , 349, 朝倉書店(2011)

Hiramatsu Y, *et al*., Cytotechnology, 63, 307(2011)

Fukasawa T, *et al*., J Agric Food Chem, 55, 3174(2007)

Bjorksten, B, *et al*., Clin Exp Allergy, 29, 342-346 (1999).

Kalliomaki, M, *et al*., J Allergy Clin Immunol, 107, 129-134(2001).

Sudo, N. *et al*., J Immunol, 159, 1739-1745(1997).

Furusawa, Y, *et al*., Nature, 504, 446-450(2013).

Miyazato, S, *et al*., Biosci Microbiota Food Health, 38.89-95(2019).

13章　生体の酸化を防止する機能
―活性酸素の消去と健康

> **概要**：私たちがエネルギー産生(ATP 産生)をするには，呼吸により取り込む酸素分子が必須である。
> 一方，体内外で酸素分子から生じる化学反応性の高い酸素を含む分子種(活性酸素)は，生体組
> 織と化学反応して傷害を与えるという作用も有している。活性酸素の種類，産生プロセスおよび
> 化学反応性とそれらの障害を軽減する作用を有する食品中の抗酸化物質について学ぶ。

到達目標　　＊　　＊　　＊　　＊　　＊　　＊　　＊
1. 活性酸素やフリーラジカルとはどのようなものかを説明できる。
2. 活性酸素の生体内での発生，生体に傷害をもたらす機序について説明できる。
3. 活性酸素の種類とそれぞれを消去する機能をもつ食品成分を挙げ，それらの消去反応機構を
   説明できる。
4. 抗酸化物質であるカロテノイド，フェノール類，クエン酸などを多く含む食品を挙げること
   ができる。

● 1　はじめに

　　私たちは空気中の酸素分子を吸い二酸化炭素を吐き出す(呼吸)というプロセスを
通してエネルギーを獲得し，生命を維持している。しかし，酸素分子は「酸化」と
いう化学反応を引き起こす反応性に富んだ気体でもあり，食品中のタンパク質や糖
質，脂質などの成分が酸化されて食品が劣化することはよく知られている。また，
私たちのからだの内外では，酸素分子を起源として生じる酸化反応性のより高い活
性酸素による生体組織の酸化が起こっており，これがさまざまな病気や老化の原因
となることが明らかになってきている。

● 2　酸化と還元

　　酸化(oxidation)とは対象とする物質が「電子を失う(相手に渡す)反応」と定義さ
れるが，反応としてはその物質が酸素と化合するものを指すことがほとんどであ
る。その反対に還元(reduction)とは対象とする物質が「電子を得る(相手から受け
取る)反応」と定義されるが，反応としてはその物質から酸素が奪われるものを指
すことが多い。酸化反応と還元反応は，化学反応を起こした 2 つの物質間で必ず
同時に起こっており，このため酸化還元反応とよばれている。酸化還元反応で酸化
を受ける物質は還元剤，還元を受ける物質は酸化剤とよばれる。例えば，身近な反

応として，鉄(Fe)が錆びて(酸素分子(O_2)と反応して)酸化鉄(赤錆 Fe_2O_3)になる場合では，鉄は Fe → Fe^{3+} に変化して電子が酸素原子に移動しており，反応としては鉄と酸素が化合しているので，鉄は酸化されている(還元剤)。一方，酸素分子は鉄から電子を奪っているため還元されたことになる(酸化剤)。活性酸素と抗酸化物質の化学反応もほとんどは酸化還元反応であり，生体組織の酸化や食品の酸化変質を抑える抗酸化物質は，活性酸素との反応においてそれ自体は酸化される(活性酸素は還元される)。したがって，後述する抗酸化物質であるアスコルビン酸やポリフェノール類などは還元剤として作用している。

● 3 　活性酸素

　活性酸素(reactive oxygen species)とは，酸素分子(O_2)が何らかのプロセスを通じて，より反応性の高い化合物に変化したものであり，一般にスーパーオキシドアニオン($\cdot O_2^-$)，ヒドロキシルラジカル($\cdot OH$)，過酸化水素(H_2O_2)，一重項酸素($^1O_2$)の4種類を指す(図13-1)。

　酸素原子は最外側の軌道(L軌道)に2個の不対電子(ペアになっていない電子，(図13-1中の ●)をもっており，通常の酸素分子(三重項酸素)では二つの酸素原子がそのうちの一つの電子を互いに共有する形で結合しているため，酸素分子は合計2個の不対電子をもつ構造になっている(図13-1上段左)。このような酸素分子は比較的安定している(通常の空気中の酸素分子)。

　　　　　　　　　　　　　　　　　　　酸素分子(O_2)　　スーパーオキシドアニオン　ヒドロキシルラジカル
　　　　　　　　　　　　　　　　　　　三重項酸素　　　　　($\cdot O_2^-$)　　　　　　　　($\cdot OH$)

　　　　　　　　　　　　　　　　　　　過酸化水素　　　　一重項酸素
　　　　　　　　　　　　　　　　　　　(H_2O_2)　　　　　($^1O_2$)

図13-1　酸素分子と活性酸素の電子状態

＊図は最外側の軌道上の電子を点で表し，● 点は不対電子(ペアになっていない電子)を示す。

　一方，三重項酸素がミトコンドリアで電子を一つ受け取って生じるのが，生体組織障害を起こす活性酸素であるスーパーオキシドアニオン(図13-1上段中央)である。スーパーオキシドアニオンはミトコンドリアでのATP産生に伴い，どうしても発生してしまう活性酸素であるので，私たちはこれを物質変化させて，スーパーオキシドアニオンを消去する解

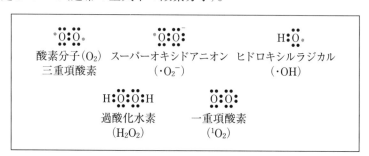

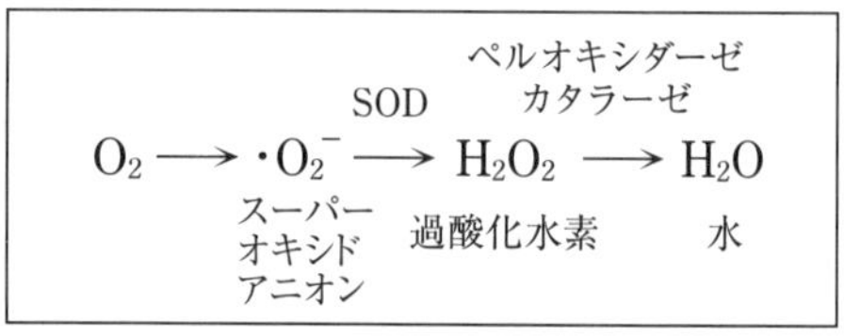

図13-2　活性酸素の消去酵素による解毒化

毒酵素系をもっている(図13-2)。

　図13-2に示した系で，スーパーオキシドアニオンにスーパーオキシドジスムターゼが働いて生じる過酸化水素(図13-1下段左)も活性酸素ではあるが，過酸化水素の反応性はそれほど高くはない。しかし，過酸化水素は鉄などの遷移金属イオンによって還元され(フェントン反応)，容易に分解してヒドロキシルラジカル(図13-1上段右)を生成する。ヒドロキシルラジカルは活性酸素の中で最も反応性が高く，活性酸素による生体障害の主要な原因物質と考えられている。このように，スーパーオキシドアニオン，過酸化水素，ヒドロキシルラジカルはATP産生に伴って私たちの体内で生じる活性酸素である。

　一重項酸素(図13-1下段右)は，三重項酸素とは電子配置が異なり，一つの電子軌道が空となっている。このため電子を求める性質が非常に強く，強力な酸化力を有する活性酸素である。一重項酸素は主に三重項酸素に紫外線などの光が作用して生じるため，一重項酸素は体外で生じ，体表の組織を障害する活性酸素である。

　活性酸素の中で，スーパーオキシドアニオンとヒドロキシルラジカルは，「フリーラジカル(free radical)」とよばれる。多くの物質は電子が2個で1組のペア(電子対)となった状態で構造を維持しているが，ペアになっていない「不対電子」を有する物質をフリーラジカルといい，スーパーオキシドアニオンとヒドロキシルラジカルはこれに該当するからである。不対電子を有する物質は反応相手の物質から電子を奪って電子対になろうとする強い性質を有するため(自分は還元されやすく相手を酸化しやすい性質をもつ)，一般に不安定で化学反応性が大きい。

　過酸化水素と一重項酸素は活性酸素ではあっても，不対電子をもたないためフリーラジカルではない。しかし，反応性に富んだ重要な活性酸素として位置づけられている。

　ここまでに説明した4つの活性酸素種以外にも，生体組織を障害する活性酸素として以下の一酸化窒素(NO)や脂質ラジカルも知られている。

　一酸化窒素(NO)は，生体内で一酸化窒素合成酵素(NO Synthase; NOS)により，アミノ酸であるL-アルギニンからL-シトルリンとともに合成される。一酸化窒素は常温で気体の状態で存在し，生体膜を自由に通り抜けて細胞情報伝達因子として機能し，アポトーシスや血管拡張などの過程に関与することが知られている。しかし，一酸化窒素はスーパーオキシドアニオンと反応してペルオキシナイトライト($ONOO^-$)を生成する。これが強力な酸化力をもっており，タンパク質中のチロシン残基や核酸中のグアニン残基をニトロ化することにより，組織を傷害することが知られている。

　生体の細胞膜などに存在する脂質(LH)は，ヒドロキシルラジカルにより水素と電子を奪われて(酸化されて)不対電子をもつようになり，脂質ラジカル(・L; アルコキシルラジカル)となる。生成された脂質ラジカルは，酸素分子と反応して脂質

ペルオキシルラジカル(・LOO)となり，他の脂質(LH)と反応して，過酸化脂質
(LOOH)と新たな脂質ラジカル(・L)を生成する。このようなラジカル反応が連鎖的
に繰り返されることを，連鎖的脂質過酸化反応とよぶ。

　生体内では，このように活性酸素に端を発したラジカル同士の反応が連鎖的に起
きているので，どこまでの物質を活性酸素として論じることが困難な場合も多い。

● 4　活性酸素の生体内での産生とその消去系

　呼吸によって取り入れた酸素分子は，細胞内のミトコンドリア電子伝達系(図13
-3)により「還元」され，生存に必要なエネルギーをATP(アデノシン三リン酸)と
いう形で効率的に産生している。しかし，2％程度の酸素分子はエネルギー産生過
程で外部へ漏れ出て，電子伝達系の副生成物としてスーパーオキシドアニオン(・
O_2^-)を生成する。さらに複合体Ⅲでも，不安定な中間体であるユビセミキノンの
電子が直接酸素に転移し，スーパーオキシドアニオンが形成される。

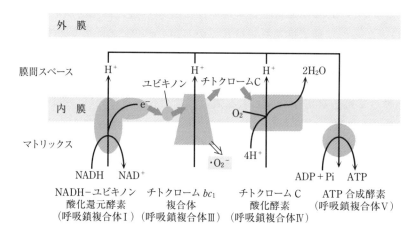

図13-3　ミトコンドリア電子伝達系

ミトコンドリア電子伝達系によるATP産生

注〕　ミトコンドリア内では，TCA回路により高エネルギー物質であるATPを産生するとともに，高エネルギー電
　　子を有するNADHを産生する。ミトコンドリア電子伝達系は，生物が好気呼吸(酸素を用いる呼吸)を行うとき
　　に起こす最終段階の反応系である。NADHはミトコンドリア内膜でNAD$^+$に酸化され，その際生じたプロトン
　　(H$^+$)は膜間スペースに輸送されて膜の内と外にプロトン濃度の差を生じさせる。生じた濃度勾配によりプロトン
　　がプロトン輸送体(呼吸鎖複合体Ⅴ：ATP合成酵素)をマトリックス側に向かって通過する際にATPが合成され
　　る。この過程で副生成物として・O_2^-が生成される。特に，複合体Ⅲではユビキノンの電子が直接酵素に転移し
　　て・O_2^-が生成される。

　生体内では，スーパーオキシドアニオンなどの反応性の高い活性酸素を消去する
ことが生命を維持するために不可欠であるため，私たちは，活性酸素に対する防御
システムを生体に備えている。システムとしては活性酸素を反応性のないものに変
化させる酵素系と，自分が標的となり酸化されてフリーラジカルの酸化作用を消去
する抗酸化物質の供給とに分けられる。

酵素系としては，前述したスーパーオキシドディスムターゼ(SOD)→，グルタチオンペルオキシダーゼ，カタラーゼがある(図13-2)。

SODは，スーパーオキシドアニオンに水素イオンをして酸素と過酸化水素に分解する酵素群で，ヒトでは銅，亜鉛，マンガン，鉄を補因子として含んだアイソザイムがある。銅/亜鉛SODはあらゆる細胞の細胞質に，マンガンSODはミトコンドリアに存在している。銅/亜鉛を含む細胞外型SODも肺・膵臓などの細胞外に存在する。これら3種のSODのうち，ミトコンドリアに局在するマンガンSODは最も重要で，この酵素が欠損した遺伝子改変(ノックアウト)マウスは，スーパーオキシドアニオンを消去できないため生後まもなく死亡してしまう。カタラーゼは，SODによりスーパーオキシドアニオンから生じた過酸化水素を酸素分子と水に変えて消去する酵素である。グルタチオンペルオキシダーゼは，補因子として4つのセレン原子を含み，過酸化水素と有機ヒドロペルオキシドの分解を触媒する。動物では少なくとも4種のグルタチオンペルオキシダーゼアイソザイムがある。グルタチオンペルオキシダーゼ1が最も豊富で，効率的に過酸化水素を除去する。一方，グルタチオンペルオキシダーゼ4は過酸化水素ではなく主に脂質ヒドロペルオキシドに作用してこれを還元することが知られている。カタラーゼは鉄とマンガンを補因子とし過酸化水素を水と酸素へと変換する酵素である。

生命機能の維持に必須な抗酸化物質としては，ビタミンC(アスコルビン酸)，ビタミンE(トコフェロール)がある。これらは先に述べたように，自らが活性酸素によって酸化されることにより，活性酸素を消去する作用を有している。ビタミンCは水溶性であるので主に細胞質で，ビタミンEは，脂溶性であるので主に細胞膜などで活性酸素の消去に寄与している。

● 5　活性酸素による防御と傷害

私たちは，生体内で，活性酸素の高い反応性をうまく利用して生体防御に役立てている。マクロファージや好中球などはスーパーオキシドアニオン，ヒドロキシラジカルなどの種々の活性酸素を産生して感染したウイルスや微生物を殺菌し，また発生したがん細胞を排除している。

しかし前出したように，ATP産生のプロセスで発生してしまう反応性の高い活性酸素を消去することは生命を維持するためには不可欠であり，私たちは，さまざまな「抗酸化」機構・物質を利用して生体を防御している。これら防御機構が働かないと，活性酸素・フリーラジカルは生体内のタンパク質や脂質，核酸を酸化し，細胞膜，DNA，酵素などを傷害して，生活習慣病や老化の原因となるさまざまな障害を引き起こすと考えられている。また肥満，高血糖，炎症などさまざまな内的要因や，紫外線，放射線，喫煙などの外的要因により，通常より多くの活性酸素・

フリーラジカルが体内で発生してしまう場合も酸化による傷害が問題となる。活性酸素の生成と消去のバランスが崩れ「生体の酸化反応と抗酸化反応のバランスが崩れ酸化反応が優位になった状態」は「酸化ストレス」とよばれ，このような状態が病気の発症や進展に関与していると考えられている。

　活性酸素は，生体内の脂質，核酸，アミノ酸，炭水化物，種々の生理的活性物質など多様な分子を標的としているために多くの病気と関連している。特にすべての細胞膜の脂質中に局在する高度不飽和脂肪酸は，活性酸素の攻撃を最も受けやすい物質であり，攻撃され連鎖的な脂質過酸化反応を介して過酸化脂質を生成する。脂質やタンパク質で構成される生体膜は，細胞や細胞内小器官を区切るだけでなく膜表面の受容体としても多様な機能をもっているので，連鎖的な脂質過酸化反応は，膜構造の破壊による細胞死だけでなく，細胞を維持するための酵素作用や受容体機能を大きく障害することになる。

● 6　抗酸化物質と食品

　酸化ストレスに対応するために，日常生活においても抗酸化物質を多く含む食品を積極的に摂取することが望ましい。抗酸化物質は水溶性と脂溶性の2つに大別される。水溶性抗酸化物質は細胞質基質と血漿中の酸化物質と反応し，脂溶性抗酸化物質は細胞膜の脂質過酸化反応を防止している。これらの化合物は体内で生合成するか，食物からの摂取によって得られる。

　水溶性抗酸化物質としては，アスコルビン酸(ビタミンC)，還元型グルタチオンなどが挙げられる。アスコルビン酸は，私たちが自分ではつくることができない抗酸化物質であるため，果物，野菜など食事での摂取を必要とする。最も重要な細胞性抗酸化物質であるグルタチオンはシステインを含むトリペプチドであり，私たちの体内の細胞でアミノ酸から生合成され，摂取により補給する必要はない。細胞内ではグルタチオンは，グルタチオンレダクターゼにより還元型で維持され，直接酸化物質と反応するだけではなく，グルタチオン－アスコルビン酸回路やグルタチオンペルオキシダーゼ，グルタレドキシンなどの酵素系によって他の有機物の還元を行っている。アスコルビン酸やグルタチオンは細胞質で主にフリーラジカルの消去を行う物質である。

　脂溶性抗酸化物質としては，ビタミンE(トコフェロール)，カロテノイド(リコペン，カロテン，ルテイン)が挙げられる。ビタミンE(トコフェロール)は植物油に多く含まれ，特にα-トコフェロールは，脂質過酸化連鎖反応で生成する脂質ラジカルによる酸化から細胞膜を保護するため，最も重要な脂溶性抗酸化物質である。カロテノイド(リコペン，カロテン，ルテイン)は果物，野菜，卵に含有され，優れた一重項酸素消去活性を有している。脂溶性抗酸化物質は細胞膜で活性酸素種

の消去を行う物質である。

　また，脂溶性と水溶性の中間的な極性を有する抗酸化物質としては，細胞質，細胞膜の両方で抗酸化効果を発揮するフェノール類(レスベラトロール，フラボノイド，など)が挙げられる。フェノール類は，茶，コーヒー，豆，果物，オリーブオイル，チョコレート，赤ワインなどに含まれる重要な抗酸化物質である。

●7　抗酸化作用を有する食品成分と作用機序

　本項では，活性酸素の種類別，あるいはこれらの活性酸素種の反応にきわめて大きな影響を有する遷移金属について，どのような消去(抗酸化)物質が知られているか，またそれがどのような機構によるのかを概説する。

(1)　一重項酸素($^1O_2$)の消去活性

　$^1O_2$については，これを効率的に消去する脂溶性化合物がよく知られている。特に自然界に広く分布する黄色〜赤色の色素であるカロテノイド類は，活性酸素種のうち$^1O_2$を選択的に消去することが報告されており，共役二重結合数の大きいものほどこの作用が強いことが知られている。具体的には，β-カロテン((かぼちゃ(100 g 当たり4 mg)，にんじん(100 g 当たり9 mg))，リコペン(トマト(100 g 当たり3 mg))，アスタキサンチン(さけ，イクラ(100 g 当たり3 mg))などである(図13-4)。

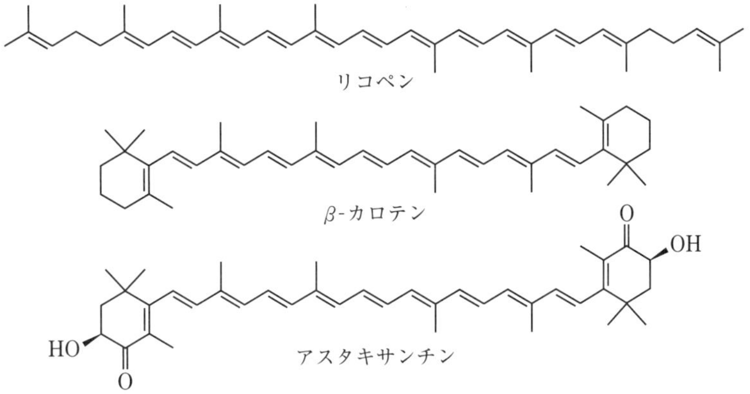

図13-4　一重項酸素($^1O_2$)の消去活性

　このなかでは，共役系の長い(多くの連続した二重結合構造を有する)アスタキサンチンが最も強い$^1O_2$消去活性をもつ。このほかビタミンE，Cにも$^1O_2$消去作用が報告されているが，脂溶性ビタミンであるビタミンEが，主に生体内で$^1O_2$消去に関わっていると考えられている。

　これらの化合物の$^1O_2$消去の機構は，化合物への$^1O_2$の付加(化学的消去：ビタミンE)，あるいはこれらの化合物が触媒として働き，$^1O_2 \rightarrow {}^3O_2$(三重項酸素)へと戻す機構(物理的消去：カロテノイド)が報告されている(図13-5)。

　カロテノイドは，自然界に広く分布する黄色〜橙色の色素である。したがって，

$$\text{A(消去物質)} + {}^1O_2 \longrightarrow \text{AO}_2\text{(化学的消去)}$$
$$\text{A(消去物質)} + {}^1O_2 \longrightarrow \text{A} + {}^3O_2\text{(物理的消去)}$$

図13-5 ${}^1O_2$ の消去機構

このような色を呈する野菜や果物(にんじん，かぼちゃ，みかん，トマト)や緑黄色野菜にも多く含まれている。動物性食品としては，さけ，イクラ，えびなどにアスタキサンチンが含有されている。

β-カロテンの1日の摂取目安は6mg程度であり，にんじん1/2個程度となる。リコペンの1日の摂取目安は15〜20mg程度とされており，これはトマトにすると2個，トマトジュースではコップ1杯程度である。アスタキサンチンの1日の摂取目安は1〜2mg程度で，これは，さけの切り身1〜2切れ程度となる。

(2) ラジカルの消去活性

多くのラジカル種の起点となる(O_2^-)の消去には，SOD以外ではいわゆるポリフェノール類(フラボノイド，ポリフェノールなど)やビタミンEが有効といわれているが，その詳細な作用機構は不明である。HO・や脂質ラジカル(LOO・)もポリフェノール類やビタミンEによって消去されるが，図13−6のような機構が報告されている。

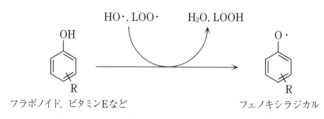

フラボノイド，ビタミンEなど　　　フェノキシラジカル

図13-6 フラボノイド，ビタミンEのラジカル消去機構

ポリフェノールが多く含まれる食品としては，ベリー類の果物(100g当たり250mg)，コーヒー(1杯当たり200mg)や赤ワイン(100mL当たり300mg)などの飲み物が知られている。ポリフェノールの1日の摂取目安は，1500mg程度とされており，これはコーヒー7，8杯分に相当する。

(3) 金属イオンの消去

Fe^{3+}，Cu^{2+}等の金属イオンは，各種ラジカル種の発生や，活性酸素の脂質などへの反応に際し，重要な役割を果たしていることが多い。したがって，これら金属イオンの消去は酸化反応の抑制に有効である。具体的には，分子内に複数のN, Oを有する化合物(N, Oは配位結合に関与する孤立電子対を有する)であるクエン酸，フィチン酸，ペプチド類(図13−7)などは，これら金属イオンと配位結合し，金属イオンの酸化反応への寄与を抑制することが報告されている。

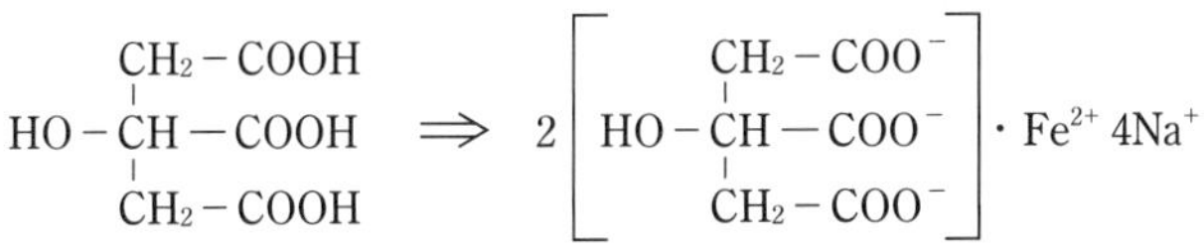

$$
\begin{array}{c}
CH_2-COOH \\
HO-CH-COOH \\
CH_2-COOH
\end{array}
\implies 2
\left[
\begin{array}{c}
CH_2-COO^- \\
HO-CH-COO^- \\
CH_2-COO^-
\end{array}
\right] \cdot Fe^{2+}\ 4Na^+
$$

クエン酸 　　　　　　　　　　クエン酸とFe^{2+}との配位化合物

図13-7 クエン酸の金属イオン消去作用

　クエン酸は，柑橘類などの果物（100 g 当たり1 g），フィチン酸は玄米（100 g 当たり1 g）に多く含まれることが知られている。ただし，金属イオンは酸化反応にのみ関与しているわけではなく，生体にとって必要な成分でもある。したがって，クエン酸やフィチン酸には摂取目安は示されていない。

●確認問題　　＊　　＊　　＊　　＊　　＊

1. 活性酸素とはどのようなものかを説明しなさい。また，一般的な活性酸素を4つ挙げなさい。
2. フリーラジカルとはどのようなものかを説明しなさい。
3. ミトコンドリアでのスーパーオキシドアニオンの発生機序について説明しなさい。
4. 活性酸素と疾病との関わりについて説明しなさい。
5. フリーラジカルを消去するために，私たちが有している酵素系について説明しなさい。
6. 抗酸化ビタミンであるビタミンC，ビタミンEの働きを説明しなさい。
7. 一重項酸素（$^1O_2$）を効率的に消去する食品成分を一つ挙げ，その消去機構について説明しなさい。
8. フリーラジカルを効率的に消去する食品成分を挙げ，その消去機構について説明しなさい。

解答例・解説：QRコード(p.8,9)

〈参考文献〉
　河野雅弘，小澤俊彦，大倉一郎：「抗酸化の科学：酸化ストレスのしくみ・評価法・予防医学への展開（DOJIN ACADEMIC SERIES）」化学同人（2019）
　二木鋭雄：「抗酸化物質-フリーラジカルと生体防御」学会出版センター（1994）
　和田昭允，池原森男，矢野俊正，ネスレ科学振興会（監修）：「食品の抗酸化機能 学会センター関西」（2002）
　食品工業編集部：「抗酸化食品研究」光琳（2012）

14章　肌の健康を保全する機能

> **概要**：皮膚はからだ全身を覆い，紫外線や病原体などさまざまな外的環境から人体を保護し，発汗などを通じて内的環境の維持に重要な臓器である。この皮膚の状態を良好に保つことは健康面のみならず，美容などの審美的な面でも不可欠である。本項では，皮膚の基本的な構造とそれらを形成している細胞の役割，皮膚を健康に保つために重要な要素や皮膚トラブルの要因について解説する。さらに保健機能食品から肌の健康と保全に関わる機能性成分や食品をとり上げ，これまでの知見・作用機序について説明する。

到達目標　＊　＊　＊　＊　＊　＊　＊

1. 皮膚は，さまざまな細胞が層状に積み重なった構造をしている。その構造，および機能について知る。
2. 皮膚トラブルの原因と症状を学び，皮膚の健康を維持する方法について理解する。
3. 皮膚の健康を維持するために必要な栄養素について学ぶ。
4. 機能性食品として販売されている肌の健康に関わる成分の作用機序を学ぶ。

● 1　皮膚の構造と働き

（1）　皮膚とは

　　皮膚は「人体最大の臓器」であると考えられていて，日本人成人平均では，皮膚の表皮から真皮の部分で体重比にすると約8％を占め，それに皮下脂肪組織も含めると約16％になる。成人の皮膚の平均面積は約1.6 m²あり，たたみ一畳分の広さに相当する。体重が70 kgのヒトであれば，11 kg分が皮膚を占めることになる。一般的に大きいと考えられている脳や肝臓が約1.4 kg，心臓が約300 g程度である。また体中の皮膚は多少の差はあるが，同じ構造と機能をもっている。

　　ヒトは外部から受ける環境の変化に対して恒常性を維持することができる。恒常性の維持において皮膚は人体表面のすべてを覆っているため，異物の侵入や物理的な刺激からの保護，体

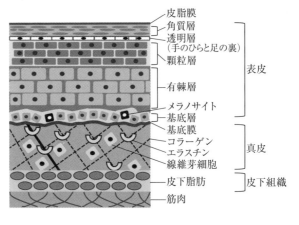

図14-1　皮膚の構造

内水分の損失防御や放出による体温の維持，温度や圧力などを感知する感覚器など，さまざまな重要な役割を担っている。

（2）　皮膚の構造

　　皮膚は表面から表皮，真皮，皮下組織の3つに分類される（図14-1）。さらに皮膚付属器として毛器官，汗腺，脂腺，爪の4つの組織がある。

①　表　皮

　　表皮は皮膚の最表面の層で約0.12 mmの厚さがあり，5種の表皮細胞（角質層，透明層，顆粒層，有棘層，基底層）から構成されている。表皮の一番深い層である基底層では，ケラチノサイトという細胞がつくられ分化を繰り返している。分化したケラチノサイトは徐々に皮膚表面に押し上げられ，一番外側の角質層となる。古い角質層は，最終的に垢となって剥がれ落ちる。この一連の分化をターンオーバーといい，年齢や部位により異なるが約4週間かけて起こる。

a）　角質層

　　表皮の一番外側に存在しており，15～40層の平らな角質細胞が積み重なってできている。手掌（手のひら）と足底（足の裏）では200層以上になる。角質細胞は死んだ細胞であり，核，および細胞小器官を消失している。また角質細胞の間には細胞間脂質という脂質で満たされている。細胞間脂質はスフィンゴ脂質からなるセラミドの層と水の層が交互に規則正しく重なり合うラメラ構造という層状構造をもつ。この構造により肌のバリア機能や保湿機能が保たれている。

b）　透明層

　　手掌と足底にのみ存在する。角質層と顆粒層の間に存在し，手掌と足底では角化が不完全なため，基質より繊維の密度が高い。このため顕微鏡で観察すると光を強く屈折して透明にみえる。

c）　顆粒層

　　扁平な顆粒細胞が2～3層に重なった構造をもつ。顆粒細胞にはフィラグリンタンパク質の前駆体であるプロフィラグリンを主成分としたケラトヒアリン顆粒を細胞質に含んでいる。フィラグリンは，ケラチン繊維を凝集させることにより肌のバリア機能を強化させ，紫外線を跳ね返す役割ももつ。さらにフィラグリンは，ターンオーバーに伴い分解され，肌の保湿因子の主要成分となる。

d）　有棘層

　　表皮の中で最も厚く5～10層の細胞構造からなる。下層では多角形で上層になるにしたがって扁平になっていく。核はクロマチン含有量の少ない大きな円形である。細胞辺縁で棘様のデスモソームという接着因子によって細胞間架橋を形成し，隣接する細胞同士を接合している。有棘層にはランゲルハンス細胞という免疫細胞が存在している。ランゲルハンス細胞は，皮膚より侵入した異物（抗原）を効率よく

取り込み，免疫応答を引き起こす。

e) 基底層

　表皮の一番深い層であり日々新しい細胞がつくられている。基底層はケラチノサイト一層からなっている。真皮と接触しており，その接着部分には基底膜がある。血管のない表皮には基底膜のケラチノサイトを介して真皮の血管から酸素と栄養を受け取っている。基底層には一定間隔にメラノサイトが存在している。メラノサイトはメラニン色素を産生して紫外線が真皮に到達するのを防ぐ。

② 真　皮

　真皮は表皮の約15〜40倍（平均1〜2mm）の皮膚の厚さをもつ結合組織である。真皮には乳頭層と網状層がある。乳頭層には毛細血管や汗腺，毛球部，神経が集まっている。乳頭層は表皮に栄養を与え，熱い，冷たい，痛い，痒いなどの刺激を感受する。網状層は柔軟性と弾力に優れているため神経や血管，腺，毛包を支持しやすい構造である。真皮の構成成分ではコラーゲンと網目状に分布したコラーゲンを支えるエラスチンがある。これらの網目構造はヒアルロン酸で満たされている。ヒアルロン酸はムコ多糖類の一種で水分を保持する機能がある。また，コラーゲン，エラスチン，ヒアルロン酸は繊維芽細胞により産生される。線維芽細胞は細胞周期が早く，古くなると細胞分裂により新しい線維芽細胞が形成され肌の弾力を保っている。老化により線維芽細胞の機能が衰えてくるとシワやたるみなどが生じる。真皮にある汗腺と皮脂腺により分泌された汗と皮脂は皮脂膜を形成し皮膚の潤いを保つ。真皮にある毛細血管は体温が上昇すると拡張して血液の流量を増やす。さらに発汗が促進され熱を体外に排出する。また，外気温が低く寒く感じる際には血管を収縮して熱が逃げるのを防ぐ。

③ 皮下組織

　皮下組織は，皮膚の組織の中では最も内側に存在しており皮膚と筋肉をつなぎ合わせている組織である。皮下組織は脂肪を多く含んでいるので皮下脂肪組織ともいわれる。皮下組織の脂肪の中には動脈と静脈が通っており，真皮の毛細血管と繋がっていて皮膚に栄養を届け，老廃物を排出する。皮下脂肪は部位や個人により異なるが10mm以上あり，厚みがあるため外部からの衝撃を防ぎ，筋肉や臓器を保護する。また脂肪を多く含み熱が伝わりにくいという性質をもつ。そのため外部の熱が体内内部に到達するのを防ぎ，体内で生産された熱が体外へと放出されるのも防ぐ。よって皮下組織は熱の生産と放出のバランスを保ち体温を維持することに役立っている。さらに皮下脂肪は食べ物を通じて得たエネルギーを脂肪という形にして蓄えるという役割も担っている。

(3) 皮膚バリア

　皮膚のバリア機能とは，外的刺激や外部からの異物侵入を防ぎ，体内からの水分

が過剰に蒸散するのを防ぐことを指す。皮膚のバリア機能は，皮膚の最も外側に位置する角質層に備わっている。角質層表面の「皮脂膜」，角質層細胞内の「天然保湿因子（Natural Moisturizing Factor; NMF）」，角質層細胞間を埋める「細胞間脂質」のバランスを保つことにより皮膚のバリア機能が維持されている。

① 皮脂膜

　皮脂腺から分泌された皮脂と汗が混ざり合って皮脂膜を形成し，からだ全体を覆っている。皮脂膜は皮膚に潤いやつやを与えることにより，皮膚表面の摩擦を減らして，肌を滑らかにする。さらに皮膚表面からの過剰な水分の蒸散を防ぎ，潤いを保つ。皮脂膜は pH 4.5～6.0の弱酸性であり皮膚常在菌が棲息している。何らかの原因で皮膚の炎症が進み皮脂が中性近くになった場合には，黄色ブドウ球菌などの病原菌が繁殖しやすくなる。

② 天然保湿因子（NMF）

　表皮の顆粒細胞に存在するプロフィラグリンはケラチン繊維を凝集して皮膚を強固にするタンパク質である。角質層細胞の新陳代謝により細胞が表皮方向に移動するにつれ，フィラグリンは次第にアミノ酸へと分解される。これらのアミノ酸は角質層の水分と結合することによって水分を維持する。

③ 細胞間脂質

　主に角質層に存在するセラミド（約50％），コレステロール（約30％），遊離脂肪酸，硫酸コレステロールなどの脂質である。これらの脂質は「ラメラ（層状）構造」という水層と脂質層が層状に積み重なった構造を形成する。このラメラ構造により皮膚は体内の水分が体外へと蒸散するのを防ぎ，異物の侵入を防ぐというバリア機能をもつ。何らかの原因で表皮細胞のターンオーバーが乱れるとラメラ構造が形成されなくなり，バリア機能が低下する。その結果乾燥肌などの肌荒れが起こる。

● 2　皮膚の老化・トラブル

（1）　シワの発生原因

　肌の弾力が失われるとシワができる。シワには表皮に生じる浅いシワと真皮に生じる深いシワの2つのタイプがある。表皮のシワの原因は細胞間脂質の乱れから肌の保水力の低下による水分不足である。その結果，ラメラ構造に隙間が生じ肌の乾燥が進む。乾燥しやすい目の周り，口の周りに表皮のシワは発生しやすい。ほうれい線や額などにできる深いシワは真皮に生じる。真皮は線維芽細胞により産生されるコラーゲン，エラスチン，ヒアルロン酸などにより肌の柔軟性と弾力性が保たれている。加齢や紫外線により生じた活性酸素により線維芽細胞の機能の低下しコラーゲン，エラスチン，ヒアルロン酸が分解される。これにより真皮の深い部位にシワが生じる。また表皮に生じた細胞間脂質の乱れが真皮まで到達すると，さらに

肌の乾燥が進みシワやたるみの原因となる。

(2) 色素沈着の発生原因

　色素沈着とは褐色色素であるメラニン色素が表皮や真皮に沈着して起こる黒ずみのことで「シミ」といわれる。メラニンはチロシンを材料としてチロシナーゼにより表皮の基底層に存在するメラノサイト内で産生される。一般的にメラニンは紫外線を吸収することにより真皮へのダメージを軽減する。通常の肌であれば，生成されたメラニンは肌のターンオーバーとともに徐々に排出されていく。加齢やホルモンバランス，アトピー性皮膚炎などでターンオーバーのバランスに障害が生じるとメラニン色素が沈着したシミが生じる。

● 3　スキンケア

　正常な皮膚は約4週間でターンオーバーをしており，皮膚は自ら健やかな状態を維持する恒常性をもつ。しかしながら肌の恒常性は加齢や体調などの変化の内的要因に加えて，紫外線，乾燥や気温差などの外的要因によってダメージを受けやすい。必要に応じて洗浄料や保湿クリームなどを利用して皮膚を良好な状態に手入れすることをスキンケアという。

　スキンケアでは「洗浄」，「保湿」，「保護」が基本となる。石けんによる手洗いや，手指のアルコール消毒を過度に行うと皮膚バリアが壊れ，肌荒れの原因になることもある。

(1) 洗　浄

　入浴や洗顔で，汗や皮脂など，皮膚に付着した異物や刺激物を取り除く。必要に応じて石鹸，洗顔ホーム，化粧品クレンジングなどを用いる。ファンデーションや口紅などの化粧品は油性成分を含んでいるため，通常の石鹸では十分に洗浄できない。そのため油性成分を溶かしやすい化粧品クレンジングをメイク落としとして使用する。皮膚への過剰な摩擦は刺激となり肌荒れの原因となるので，洗剤を泡立てて摩擦を少なくする。また残った洗剤も肌荒れの原因となるので流水で十分に洗い落とす。

(2) 保　湿

　スキンケアにおける保湿とは角質層での水分，脂質，NMF の保湿因子のバランス（モイスチャーバランス）を維持することである。皮膚の洗浄後は皮脂が取り除かれる。必要に応じて化粧水，乳液，油性クリームを使用し，水分と油分を補い，潤いを保つ。化粧水とは精製水を主成分として，その他にアルコール類，薬剤，保湿

剤などの水溶性成分が加わったものである。化粧水は角質層を柔軟にして潤すことにより肌を滑らかに整える。乳液は水分と油分が乳化した水中油型エマルジョンの液状が主流である。皮膚へ水分と油分を同時に補うことができる。

（3） 保　護

　外環境からの刺激から皮膚を保護することである。乾燥や大気中の化学物質なども皮膚へ悪影響を及ぼすが，最大の要因は紫外線である。紫外線から皮膚を保護するためには日傘，長袖，帽子を着用するのが効果的である。さらに日焼け止めクリームの併用が有効である。日焼け止めの紫外線防止効果は数値で示されている。皮膚への悪影響を及ぼす紫外線は UV-A と UV-B がある。UV-A は真皮まで到達しシワやたるみの原因となる。この UV-A に対する防御効果は PA（Protection Grade of UVA）を用いて「PA ＋」～「PA ＋＋＋＋」のように4段階で表示され，「＋」が多いほど防御効果が高い。また UV-B は真皮までは到達しないが，表皮のメラノサイトを活性化してメラニンを増加させ日焼け，シミ，そばかすの原因となる。UV-B に対する防御効果は SPF（Sun Protection Factor）を用いる。SPF は2～50の数値で防御効果が示され，数値が大きいほど防御効果が高い。SPF50以上の場合は「50 ＋」と表示される。散歩や買い物程度の外出では日焼け止めは SPF 10～20，PA ＋＋程度のものを使用する。

● 4　肌の健康を保全する作用を有する食品成分と作用機序

　ヒトは呼吸により生命活動を維持するエネルギーを得ているが，同時に体内では活性酸素種やフリーラジカルが発生している。また紫外線やたばこの煙などは体内で活性酸素種やフリーラジカルの発生を増加させる。体内で発生した活性酸素種は酸化ストレスを引き起こし，皮膚のシワや色素沈着などの皮膚の老化，肌荒れのみならず，がんを含むさまざまな疾患の原因となることが知られている。そのためわれわれの体内では厳密に活性酸素種を除去するシステムをもっている。このような抗酸化システムには，食品を供給源とする抗酸化物質が密接に関係している。これらの成分は消化吸収により体内へと入り，皮膚成分の合成や代謝に関与する。活性酸素種を除去し，抗酸化酵素の活性化することにより皮膚の酸化ダメージを軽減する。食品成分の中で，特に抗酸化能が高い物質を以下に示す。

（1） ポリフェノール

　ポリフェノールは，植物由来の抗酸化性物質で，ベンゼン環に複数の水酸基が結合した物質の総称である。天然では8,000種類以上のポリフェノールが存在する。抗酸化作用がとても強いことから，肌を健康に保つうえで最も重要な物質であると

考えられている。ポリフェノールは，主にコラーゲンの分解抑制，コラーゲン合成の増加，マトリックスメタロプロテアーゼ，サイトカインなどのシグナル伝達経路による炎症の抑制することにより，抗酸化・抗炎症作用を発揮し，皮膚の酸化的損傷や炎症を抑制する。近年，アンチエイジング効果が期待され研究されているポリフェノールには，茶ポリフェノール，ウコンに含まれるクルクミン，ブルーベリーに含まれるアントシアニンや大豆に含まれるイソフラボンなどのフラボノイド類，赤ワインに含まれるレスベラトロールがある。

(2) ビタミン

　多くのビタミン類は，抗酸化作用をもつことが知られている。特にビタミンCは強力な抗酸化物質であり，健康な皮膚においては高濃度のビタミンCが含まれている。ビタミンCはコラーゲン合成に必須であり，紫外線による皮膚の酸化ストレスを低減させる。また脂溶性ビタミンであるビタミンEは細胞膜の内側を，水溶性であるビタミンCは細胞膜の外側で過酸化脂質の生成を抑制することにより，化学的刺激や紫外線による皮膚を保護する。さらにカロテノイドの一種であるさけや甲殻類に含まれるアスタキサンチンや緑黄色野菜に多く含まれるβ-カロテンは細胞膜の脂質二重層の内側に存在することができる。これらの抗酸化性はビタミンC，ビタミンEと併用することにより高められると考えられている。また皮膚は紫外線を浴びると7-デヒドロコレステロールを原料として肝臓でビタミンDが合成される。ビタミンDはカルシウムの吸収を促進し骨代謝に関与していることが知られている。太陽の光を十分に浴びることのできない環境や過剰な日焼け止めクリームの使用などは，ビタミンD欠乏症を招くことがある。しかし，ビタミンDは紫外線によるDNAの損傷を防ぐことが明らかになっており，適度の日光浴は皮膚の健康を維持するうえでも必要であると考えられている。またコエンザイムQ10は肉類や魚介類に含まれる脂溶性ビタミン様物質であり，体内で還元型コエンザイムQ10となり高い抗酸化性をもち細胞内で活性酸素種を除去する。さらに抗酸化力を失ったビタミンEの再生にも用いられる。コエンザイムQ10は加齢とともに減少し，老化の要因の一つであると考えられている。

(3) 脂肪酸

　脂質は細胞膜の主要な構成成分として利用され，皮膚表皮のバリア機能，皮膚の環境バランスや皮膚の損傷修復などに密接に関与している。体内で合成することができず，食品から摂取する必要のある脂肪酸を必須脂肪酸という。必須脂肪酸の摂取不足や脂質代謝異常は，乾燥肌やアトピー性皮膚炎，疥癬，ニキビなど炎症性皮膚疾患の原因となる。

　必須脂肪酸には，n-3(ω-3)系不飽和脂肪酸(α-リノレン酸，エイコサペンタエン

酸(EPA)，ドコサヘキサエン酸(DHA))と，n-6(ω-6)系不飽和脂肪酸(リノール酸，γ-リノレン酸，アラキドン酸)がある。α-リノレン酸はえごま油，亜麻仁油に多く含まれ，EPA，DHA は青魚などの脂質に多く含まれ，リノール酸は大豆油や菜種油などの植物性油から，γ-リノレン酸は乳製品や魚介類から摂取される。またアラキドン酸は肉類，鶏卵に多く含まれている。

　n-3系不飽和脂肪酸は食品の供給源が n-6系不飽和脂肪酸に比べると限られているため，一般的に摂取量は十分ではない。いわゆる欧米型の食生活では接種する n-6系と n-3系不飽和脂肪酸の割合は15：1程度であると考えられている。n-6系と n-3系不飽和脂肪酸から生成されるエイコサノイドといわれる生理活性物質は，それぞれ相反する性質をもつ。n-6系由来のエイコサノイドは炎症性ロイコトリエン，プロスタグランジン，サイトカインの産生を増加させ生理状態を炎症性へと変化させる。したがって，n-6系と n-3系不飽和脂肪酸の摂取割合が1：1～4：1程度が，皮膚を含め生理状態を良好に保つとされている。

(4)　ムコ多糖

　ムコとは，粘液性という意味をもつ。ムコ多糖類はアミノ糖を含む複合多糖類で動物組織や関節，体液，皮膚に多く存在する。皮膚には N-アセチルグルコサミンとグルクロン酸が交互に連続した構造をもつ，ヒアルロン酸が多く存在している。ヒアルロン酸は高い粘性と保水力をもつため，皮膚の張りと潤いを維持するために重要である。ヒアルロン酸は真皮においてコラーゲンによって張り巡らされた網目構造の隙間を埋めるように存在している。

　ヒアルロン酸は，うなぎ，魚の目，ふかひれ，鶏の皮などに多く含まれているが分子量が大きく，加熱に弱いことから食品から効果的に消化吸収することは難しい。よって，機能性表示食品やサプリメントでは吸収しやすく低分子化されたヒアルロン酸が販売されている。経口摂取されたヒアルロン酸は，消化酵素では分解されず，大腸の腸内細菌により分解され体内へ吸収される。また吸収されたヒアルロン酸は真皮においてコラーゲンの分解と合成を活性化し，関節や皮膚でヒアルロン酸の合成を促進することが報告されている。

● 5　肌の健康に関する機能性食品

(1)　特定保健用食品

　1991年に制度化された特定保健用食品とは，消費者庁が人体の生理学的機能などに影響を与える保健機能成分を含む食品を審査・許可し，特定の保健の用途に適する旨を表示して販売される食品のことである。対象者は，健康が気になる人や，普段の食生活に不安を感じている人など，「病気ではない人」である。特定保健用

食品は医薬品ではないので，効果を過剰に期待し，医薬品的な効能を期待することは適していない。保健機能を有する成分を「関与成分」といい食物繊維，オリゴ糖，ポリフェノール，カルシウム，アミノ酸など多様な成分がある。保健機能に関する表示では「血糖・血圧・血中のコレステロールなどを正常に保つことを助ける」，「おなかの調子を整える」，「骨の健康に役立つ」などが認められている。特定保健用食品は，一部の例外を除いて疾病のリスク低減に関する表示は認められていない。特定保健用食品の許可件数は2022年8月時点で1,062件であり，「お腹の調子を整える，便通改善」，「血糖値関係」，「血圧関係」，「コレステロール関係」が多い。

　皮膚に関する特定保健用食品は，2018年に「肌の乾燥が気になる人」に向けて「米胚芽由来グルコシルセラミド」を含む商品が，「グルコシルセラミドの摂取は角層細胞間脂質であるセラミドの合成を促進し，角層細胞の周辺帯の形成を促進し，顆粒層のタイトジャンクション形成に寄与することで，皮膚バリア機能を改善する」として認められている。

(2) 栄養機能食品

　2001年に制度化された栄養機能食品とは，特定の栄養成分の補給のために利用される食品で，栄養成分の機能を表示されたものである。一般の消費者に販売される加工食品および生鮮食品が対象となる。栄養機能食品は，一日当たりの摂取目安量に含まれる当該栄養成分量が，定められた上・下限値の範囲内にある必要があるほか，基準で定められた当該栄養成分の機能だけでなく注意喚起なども表示する必要がある。また，栄養機能食品は個別の許可申請を行う必要がない自己認証制度である。

　栄養機能食品の皮膚に関する機能の表示は「皮膚や粘膜の健康維持を助ける栄養素」という例がある。

(3) 機能性表示食品

　2015年に制度化された機能性表示食品制度とは，事業者が食品の安全性と機能性に関する科学的根拠を，国の定めるルールに基づき販売前に消費者庁長官に届け出ることにより，機能性を表示して販売できる制度のことである。一般消費者向けの加工食品および生鮮食品を届け出ることができる。機能性表示食品は疾病に罹患している者，未成年者，妊婦（妊娠を計画している者を含む。）は対象にしていない。

　健康について気になる人が，科学的なデータに基づいて適切な食品選ぶ際に，手助けになることを目的としている。機能性表示食品は特定保健用食品と異なり，国は審査を行わない。事業者が届け出た科学的根拠，安全性などのデータは消費者庁ホームページで一般公開されている（2022年8月調べ5755件）。

　肌に関する機能性関与成分で検索すると，557件の届け出がされている（2022年8

月）。市販されている商品の形状としては粉末，タブレットやドリンクの形態が多い。これらの中から届け出件数が多いいくつかの関与成分について概要を記す。

① グルコシルセラミド（141件）

こめやパイナップル由来のグルコシルセラミドを用いたタブレット，ドリンクが販売されている。こめなどの植物に含まれるグルコシルセラミドは経口摂取された後，消化管で代謝されセラミド，スフィンゴ塩基と脂肪酸へと分解され，セラミドとして一部は皮膚に到達する。マウスを用いた実験ではグルコシルセラミドを摂取したマウスは，表皮を介した水分蒸散量が低下し，角質層水分量が増加することが示されている。これはグルコシルセラミド由来のスフィンゴなどの代謝産物が，セラミド合成酵素の発現増加，角質層の強化に貢献するコーニファイドエンベロープ形成促進，およびその構成タンパク質や架橋酵素の発現を増加する。さらに表皮タイトジャンクション構成タンパク質の発現上昇が認められている。これらの結果，グルコシルセラミドの摂取により皮膚のバリア機能が強化され皮膚の保湿が向上すると期待されている。

② アスタキサンチン（79件）

アスタキサンチンは，えび・かになど甲殻類，さけ・ますの身に含まれるカロテノイド系の色素である。甲殻類のアスタキサンチンは，生身の状態ではタンパク質と結合しているため，赤色を呈さないが，70℃以上に加熱すると，タンパク質が変性してアスタキサンチンが遊離するため，赤色を呈する。アスタキサンチンは，経口で摂取されると消化管から血中に吸収され皮膚や筋肉などの各器官に運ばれる。

ヒト角化細胞およびヒト線維芽細胞を用いた実験によると，アスタキサンチンは紫外線障害に対して炎症惹起成分プロスタグランジン E_2 やインターロイキン-8，アポトーシス，活性酸素の増加を抑制することが示されている。したがって，アスタキサンチンは，皮膚を紫外線および活性酸素によるダメージから保護し，また，炎症を防ぎ角質層などの皮膚組織の障害を抑えると期待されている。

③ ヒアルロン酸 Na（75件）

ヒアルロン酸は，N-アセチルグルコサミンとグルクロン酸が交互に連続した構造をもつ多糖類であり，皮膚，関節，靭帯などのさまざまな組織に存在している。ヒアルロン酸は粘性および保湿性が高く皮膚の潤いを保つ重要因子として知られている。経口摂取されたヒアルロン酸は腸内細菌により低分子化され小腸から体内へ吸収された後，皮膚などの組織に移行する。経口摂取されたヒアルロン酸 Na は，腸管内で溶解することで，ヒアルロン酸と同様にイオン化しているので，同じ作用機序を示すと考えられる。低分子ヒアルロン酸は高分子ヒアルロン酸の線維芽細胞での合成を促進させる。その結果，高い保水力により肌の水分量を高める機能性を発揮すると期待されている。

④ GABA（γ-アミノ酪酸）（69件）

GABAは，非たんぱく質構成アミノ酸であり，抑制系の神経伝達物質として，働く。トマト，茶，だいずといった植物にも含まれている。生体内でL-グルタミン酸の脱炭酸により合成される。GABAは「血圧が高めの方に適する」と表示ができる特定保健用食品の関与成分として許可されている。マウス線維芽細胞においてGABAの合成酵素であるGAD67が抗酸化機能や真皮形成に関与し，GABAはヒアルロン酸合成を促進する。さらに，正常ヒト真皮線維芽細胞を用いた実験により，GABAがコラーゲンの産生やエラスチンの産生を促進することから，経口摂取されたGABAは，肌の弾力維持に役立つものと期待されている。

⑤ 乳酸菌（45件）

乳酸菌は，炭水化物を発酵し，生産物として主として乳酸をつくる菌類の総称である。古くからチーズやヨーグルトなどの発酵乳の製造に利用されている。乳酸菌は，ビフィズス菌とともに有用腸内細菌のプロバイオティクスである。乳酸菌は，特定保健用食品の関与成分として「お腹の調子を整える」などの表示が認められている。また，乳酸菌を利用した機能性表示食品としては「整腸作用がある」，「免疫力を高める」，「コレステロールを低下させる」，「血圧を下げる」，「肌の潤いを保ち，肌の乾燥を緩和する」などの例がある。経口摂取された乳酸菌は小腸のM細胞を介してパイエル板に取りこまれ，腸管における免疫反応を誘起し，さらに全身性の免疫反応へと波及する。マウスに乳酸菌を摂取させると，免疫細胞の活性化時に放出されるサイトカインの血中濃度が上昇する。これらのサイトカインは，表皮におけるセラミド合成に影響を与える。その結果，腸管の免疫細胞を活性化し，免疫反応が全身へと波及し，皮膚のセラミド合成経路が活性化されると期待されている。

⑥ コラーゲンペプチド（33件）

コラーゲンは，皮膚，血管，腱，歯などの組織に存在する繊維状のタンパク質で，からだを構成する全タンパク質の約30％を占める。コラーゲンは，一般的なたんぱく質を構成する20種類の基本アミノ酸には含まれないヒドロキシプロリン（Hyp）を含み，その他グリシン，プロリン，アラニンを多く含むという特殊なアミノ酸組成をもつ。コラーゲンペプチドとはコラーゲンを加水分解によって切断し低分子化したものである。コラーゲンペプチドを摂取すると，体内にHypを含むペプチドが吸収され，真皮に存在する線維芽細胞でのコラーゲンやエラスチン，ヒアルロン酸産生が増大する。その結果，皮膚の真皮から表皮への水分の移動が増加し肌の保水力が向上すると期待されている。

●確認問題　　＊　　＊　　＊　　＊　　＊

1. 皮膚を形成する3つの層構造と皮膚付属器について説明しなさい。

2. 皮膚のターンオーバーについて説明しなさい。

3. 皮膚バリアについて説明しなさい。

4. シワの発生原因およびメカニズムについて説明しなさい。

5. 皮膚の黒ずみ，シミの発生原因およびメカニズムについて説明しなさい。

解答例・解説：QR コード(p.9)

〈参考文献〉

国立研究開発法人医薬基盤・健康・栄養研究所　「健康食品」の安全性・有効性情報

Tsuji K, *et al*., J Dermatol Sci, 44, 101(2006)

Ishikawa J, *et al*., J Dermatol Sci, 56, 220(2009)

Kawada C, *et al*., Biosci Biotechnol Biochem, 77, 867(2013)

Petri D, *et al*., Comp Biochem Physiol C Toxicol Pharmacol, 145, 202(2007)

Terazawa S, *et al*., Exp Dermatol, 21, 11(2012)

Suganuma K, *et al*., J Dermatol Sci, 58, 136(2010)

Papakonstantinou E, *et al*., Dermatoendocrinol, 4, 253(2012)

Laznicek M, *et al*., Pharmacol Rep, 64, 428(2012)

Sven O, *et al*., Experimental Eye Research, 7, 497(1968)

Ito K, *et al*., Biochim Biophys Acta, 1770, 291(2007)

Uehara E, *et al*., Biosci Biotechnol Biochem, 81, 367(2017)

Uehara E, *et al*., Biosci Biotechnol Biochem, 81, 1198(2017)

Rijkers GT, *et al*., J Nutr, 140, 671S (2010)

Lee YD, *et al*., J Microbiol Biotechnol, 26, 1517(2016)

Chang ZQ, *et al*., Prostaglandins Other Lipid Mediat, 94, 44(2011)

Okawa T, *et al*., J Dermatol Sci, 66, 136(2012)

Shigemura Y, *et al*., Food Chem, 129, 1019(2011)

15章　機能性食品（保健機能食品）
―生体の保健機能を積極的に高めるために

> **概要**：機能性食品の分類，それぞれの特徴を学ぶ。また，特定保健用食品の有する病気の予防効果を
> 知り，その利用法を学ぶ。

到達目標　　＊　　＊　　＊　　＊　　＊　　＊　　＊

① 食品と医薬品の違いを説明できる。
② 特定保健用食品，栄養機能食品並びに機能性表示食品の違いを説明できる。
③ 特定保健用食品に表示できるヘルスクレームを挙げられる。
④ 栄養機能食品に用いられる栄養成分をすべて挙げられる。
⑤ 日本と外国のサプリメントの違いを説明できる。
⑥ 機能性食品の上手な利用法を理解し，説明できる。

● 1　機能性食品とは

　これまでの内容から，毎日の食生活で食べている食品には，栄養素を供給する働きだけではなく，病気を予防する働きがあることも理解できたと思う。われわれの健康を維持し，病気を予防するためには，さまざまな食べ物の働きを知り，食べ物をバランスよく食べることが大切である。しかし，毎日の生活のなかでは，多忙やストレスなどの原因により，体調が優れないこともある。このようなときには，生体の保健機能をより高めるために，健康維持に必要な機能性成分を積極的に摂ることも必要である。

　日本では2001年に保健機能食品制度がスタートし，さまざまな機能性成分を強化した機能性食品が考案され，開発されている。また2015年には，新たに機能性表示制度が導入された。本項では，日本における機能性食品の現状を解説する。

（1）　食品と医薬品の違い

　私たちが通常，口のなかに入れる食品や医薬品などの飲食物は，すべて食品衛生法や薬機法（旧薬事法）により明確に区別されている。

　食品は，医薬品および医薬部外品以外のすべての飲食物を指している。食品衛生法には，食品や食品添加物の飲食による危害の発生を防止するために，それらの基準，表示，検査等に関するさまざまな事項が定められている。食器，割ぽう具，容器，包装，乳児用おもちゃも食品衛生法の規制対象となっている。

一方，薬機法(旧薬事法)は，1960年8月に施行された法律であり，医薬品と医薬部外品にあたる飲食物の品質，有効性および安全性を確保するために必要な事項が定められている。薬機法には，化粧品や医療機器に関する決まりも含まれている。ヒトまたは動物の疾病の診断，治療または予防を目的とする物を医薬品と定めており，それには治療を目的とした効能を表示することが認められている。

　医薬部外品は，医薬品の効能をもたず，口臭，体臭の防止，脱毛の防止などのように，人体に対する作用が緩和なものを指している。また染毛剤，浴用剤などもこれに分類されている。これらは，医薬品のように販売業の許可を必要とせず，一般の小売店において販売することができる。

　これまでの説明からわかるように，食品は，医薬品や医薬部外品と違って，ヒトの疾病を治療することを目的としていないことから，治療に関わる効能を表示できないことが医薬品や医薬部外品と大きく異なる点である。

(2)　食品表示において規制の対象となる健康に関する表現例

　近年，食品メーカーは，消費者の健康志向に伴い，健康維持を目的とした多くの食品を開発し，販売している。その際，食品の表示や広告に対して，薬機法による規制があることに注意しなければならない。以下に食品の規制対象となる制限に関して，例を挙げる。

＜規制の対象となる表現例＞

①　疾病の治療または予防を目的とした効果・効能

　「糖尿病，高血圧，動脈硬化のヒトに」，「がんがよくなる」，「便秘がなおる」

②　身体の組織機能の一般的増強，増進を主たる目的とする効能・効果

　「疲労回復」，「体力増強」，「老化防止」，「若返り」，「血液を浄化する」，「美肌・美白」

③　医薬品的な効能・効果の暗示

　「体質改善，健胃整腸で知られる○○○○を原料とし……」

　「体がだるく，疲れのとれない方に」

　「副作用はありませんので，安心してお召し上がりいただけます」

以上の表現例は，食品には不適切な表現として，薬機法で規制されているので，修正が求められる。

(3)　保健機能食品制度と機能性表示食品制度

①　保健機能食品制度

　日本国民の健康への関心が高くなってきたことを受けて，厚生労働省は，2001年4月より，食品の病気を予防する働きを強化した保健機能食品を作り，消費者に提供する保健機能食品制度をスタートさせた。保健機能食品は，食品衛生法に基づ

いた加工食品であり，近年明らかとなってきた食品素材の病気を予防する機能性成分を強化したもので，国民の健康増進を目的に作られている。

保健機能食品は，機能性食品(Functional food)と同義語で使用されている。これは，生体調節機能を有し，病気を予防する効果を示す機能成分を食品に適切に配合し，より効率的にその機能を発揮するように設計された食品で，その効果が，科学的に立証されたもののことである。保健機能食品のうち，ヒトで効果が立証されたものは，特定保健用食品として，食品でも病気の予防効果の表示が許可されている。この許可制度は，最初，厚生労働省が行っていたが，2009年からは，消費者庁が行っている。

② 機能性表示食品制度

2015年4月からは機能性表示食品制度ができ，これまでの機能性食品に加えて，新しく分類される「機能性表示食品」が機能性食品として認められることとなった。

a) 機能性表示食品ができた背景

機能性表示食品が新しくできた背景には，いくつかの理由がある。一つは，日本社会の超高齢化に伴い，税金による医療費補助の負担が益々増大すると同時に，国民の医療費負担そのものも増えることにより，国民の健康維持が難しくなることが予想されることにある。そこで，国民自身が健康を意識した食生活を送り，病気を予防するために，食品に健康食品の機能性表示をできるようにしたのである。特に新しい制度では，サプリメントだけでなく，一般の生鮮食品や加工食品にも機能性表示ができる。これにより世界に先駆けて「健康長寿社会」の実現を目指している。

また，これまでの制度では，栄養機能食品と特定保健用食品(トクホ)だけに機能性表示が許可されていた。トクホの認可には，莫大な費用と長い期間を要するため，中小企業や小規模事業者にとっては，トクホの開発は事実上難しかった。しかし，今回の制度では，米国のダイエタリーサプリメントの表示制度を参考にしながら，論文等による科学的な根拠があれば，企業等が自らの責任により，国への届け出のみで，食品への機能性表示を可能とした。これにより，中小企業や小規模事業者にも機能性食品の開発への積極的な参入を促し，これら企業の活性化に繋がる安倍内閣の成長戦略第3弾としての経済的効果への期待も理由の一つである。

b) 機能性表示食品とは

2013年の12月に上記の理由から，消費者庁に「食品の新たな機能性表示制度に関する検討会」が設置され，「企業等が，加工食品及び農林水産物について，食品の安全性が確保できることを踏まえて，自ら，食品の機能性に関する科学的な根拠を評価することにより，それを表示できる」という新たな制度の検討に入った。検討会で合計8回の検討を行い，2015年度4月から，これまでの栄養機能食品制度と特定保健用食品制度に加えて，新たな機能性表示食品制度が導入された。

（4） 保健機能食品の分類

　保健機能食品は，栄養機能食品，特定保健用食品並びに機能性表示食品に分類されている。栄養機能食品は規格基準型とよばれ，定められた基準に合致していれば，国への許可申請を出さなくても販売することができる。また，特定保健用食品（トクホ）は，消費者庁の許可または承認を必要とする個別許可型であり，そのなかには従来型の「特定保健用食品」，「疾病リスク低減表示型特定保健用食品」，「規格基準型特定保健用食品」，および「条件付特定保健用食品」の4種類がある。さらに，機能性表示食品は，企業自らが安全性と機能性について実証すると共に，臨床試験もしくはシステマティック・レビュー(SR)を用いた科学的根拠により実証された機能性表示ができるものである。（図15-1）

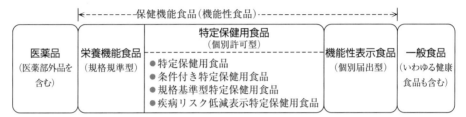

図15-1　新たな制度による機能性食品（保健機能食品）の分類

●2　栄養機能食品（規格基準型）

　2001年にスタートした保健機能食品制度では，保健機能食品の形状が食品の形ではなく，錠剤やカプセルでも良いことが認められ，ビタミンやミネラルからなる栄養機能食品が，保健機能食品に加わった。2015年4月から導入された新制度により，対象成分が増えた。

（1）　対象成分

　栄養機能食品は，規格基準型の保健機能食品で，13種類のビタミン（新制度でビタミンKが加わる）と6種類のミネラル（新制度でカリウムが加わる），並びにn-3系脂肪酸(α-リノレン酸，EPA，DHA)（新制度で加わる）に関して，設定された1日摂取量の上限値と下限値の基準を満たしたものである。（表15-1）。この基準を満たしていれば，製品開発・販売に際して，許認可，登録等の手続きを必要としないものである。例えば，ビタミンCに関する栄養機能食品では，以下の商品とその表示がみられる。

例1　飲料タイプ

　「ビタミンCの栄養機能食品です。ビタミンCは，皮膚や粘膜の健康維持を助けるとともに，抗酸化作用をもつ栄養素です。」

＊　本品は，特定保健用食品とは異なり，消費者庁の個別審査を受けたものではありません。
＊　多量摂取により疾病が治癒したり，より健康が増進するものではありません。1日の摂取目安量を守ってください。
＊　食生活は，主食，主菜，副菜を基本に食事のバランスを。

表15-1 栄養機能食品の規格基準

栄養成分	下限値	栄養成分の機能	上限値	摂取をする上での注意事項
n-3系脂肪酸	0.6g	n-3系脂肪酸は，皮膚の健康維持を助ける栄養素です。	2.0g	本品は多量摂取により疾病が治癒したり，より健康が増進するものではありません。1日の摂取目安量を守ってください。
亜　鉛	2.64mg	亜鉛は，味覚を正常に保つのに必要な栄養素です。 亜鉛は，皮膚や粘膜の健康維持を助ける栄養素です。 亜鉛は，たんぱく質・核酸の代謝に関与して，健康の維持に役立つ栄養素です。	15mg	本品は多量摂取によ疾病が指癒したり，より健康が増進するものではません。亜鉛の摂り過ぎは，銅の吸収を阻害するおそれがありますので，過剰摂取にならないよう注意してください。一日の摂取目安量を守ってください。乳幼児・小児は本品の摂取を避けてください。
カリウム	840mg	カリウムは正常な血圧を保つのに必要な栄養素です。	2800mg	本品は多量摂取により疾病が治癒したり，健康が増進するものではありません。一日の摂取目安量を守ってください。腎機能が低下している方は本品の摂取を避けてください。
カルシウム	204mg	カルシウムは，骨や歯の形成に必要な栄養素です。	600mg	本品は多量摂取により疾病が治癒したり，健康が増進するものではありません。一日の摂取目安量を守ってください。
鉄	2.04mg	鉄は，赤血球を作るのに必要な栄養素です。	10mg	本品は多量摂取により疾病が治癒したり，より健康が増進するものではありません。一日の摂取目安量を守ってください。
銅	0.27mg	銅は，赤血球の形成を助ける栄養素です。 銅は，多くの体内酵素の正常な働きと骨の形成を助ける栄養素です。	6.0mg	本品は多量摂取により疾病が治癒したり，より健康が増進するものではありません。一日の摂取目安量を守ってください。乳幼児・小児は本品の摂取を避けてくだい。
マグネシウム	96mg	マグネシウムは，骨や歯の形成に必要な栄養素です。 マグネシウムは，多くの体内酵素の正常な働きとエネルギー産生を助けるとともに，血液循環を正常に保つのに必要な栄養素です。	300mg	本品は多量摂取により疾病が治癒したり，より健康が増進するものではありません。多量に摂取すると軟便（下痢）になることがあります。一日の摂取目安量を守ってください。乳幼児・小児は本品の摂取を避けてください。
ナイアシン	3.9mg	ナイアシンは，皮膚や粘膜の健康維持を助ける栄養素です。	60mg	本品は多量摂取により疾病が治癒したり，より健康が増進するものではありません。一日の摂取目安量を守ってください。
パントテン酸	1.44mg	パントテン酸は，皮膚や粘膜の健康維持を助ける栄養素です。	30mg	本品は多量摂取により疾病が治癒したり，より健康が増進するものではありません。一日の摂取目安量を守ってください。
ビオチン	15μg	ビオチンは，皮膚や粘膜の健康維持を助ける栄養素です。	500μg	本品は重量摂取により疾病が治癒したり，より健康が増進するものではありません。一日の摂取目安量を守ってください。
ビタミンA	231μg	ビタミンAは，夜間の視力の維持を助ける栄養素です。 ビタミンAは，皮膚や粘膜の健康維持を助ける栄養素です。	600μg	本品は多量摂取により疾病が治癒したり，より健康が増進するものではありません。一日の摂取目安量を守ってください。 妊娠三か月以内又は妊娠を希望する女性は過剰摂取にならないよう注意してください。

ビタミンB$_1$	0.36 mg	ビタミンB$_1$は，炭水化物からのエネルギー産生と皮膚や粘膜の健康維持を助ける栄養素です。	25 mg	本品は多量摂取により疾病が治癒したり，より健康が増進するものではありません。一日の摂取目安量を守ってください。
ビタミンB$_2$	0.42 mg	ビタミンB$_2$は，皮膚や粘膜の健康維持を助ける栄養素です。	12 mg	本品は多量摂取により疾病が治癒したり，より健康が増進するものではありません。一日の摂取目安量を守ってください。
ビタミンB$_6$	0.39 mg	ビタミンB$_6$は，たんぱく質からのエネルギーの産生と皮膚や粘膜の健康維持を助ける栄養素です。	10 mg	本品は多量摂取により疾病が治癒したり，より健康が増進するものではありません。一日の摂取目安量を守ってください。
ビタミンB$_{12}$	0.72 μg	ビタミンB$_{12}$は，赤血球の形成を助ける栄養素です。	60 μg	本品は多量摂取により疾病が治癒したり，より健康が増進するものではありません。一日の摂取目安量を守ってください。
ビタミンC	30 mg	ビタミンCは，皮膚や粘膜の健康維持を助けるとともに，抗酸化作用を持つ栄養素です。	1000 mg	本品は多量摂取により疾病が治癒したり，より健康が増進するものではありません。一日の摂取目安量を守ってください。
ビタミンD	1.65 μg	ビタミンDは，腸管でのカルシウムの吸収を促進し，骨の形成を助ける栄養素です。	5.0 μg	本品は多量摂取により疾病が治癒したり，より健康が増進するものではありません。一日の摂取目安量を守ってください。
ビタミンE	1.89 mg	ビタミンEは，抗酸化作用により，体内の脂質を酸化から守り，細胞の健康維持を助ける栄養素です。	150 mg	本品は多量摂取により疾病が治癒したり，より健康が増進するものではありません。一日の摂取目安量を守ってください。
ビタミンK	45 μg	ビタミンKは，正常な血液凝固能を維持する栄養素です。	150 μg	本品は多量摂取により疾病が治癒したり，より健康が増進するものではありません。一日の摂取目安量を守ってください。血液凝固阻止薬を服用している方は本品の摂取を避けて下さい。
葉酸	72 μg	葉酸は，赤血球の形成を助ける栄養素です。葉酸は，胎児の正常な発育に寄与する栄養素です。	200 μg	本品は多量摂取により疾病が治癒したり，より健康が増進するものではありません。一日の摂取目安量を守ってください。葉酸は胎児の正常な発育に寄与する栄養素ですが，多量摂取により胎児の発育がよくなるものではありません。

例2　錠剤タイプ

「ビタミンCの栄養機能食品です。ビタミンCは，皮膚や粘膜の健康維持を助けるとともに，抗酸化作用をもつ栄養素です。1日の目安量である2粒に，ビタミンC 34 mg，アントシアニジン23.9 mg，ビルベリーエキス 100 mg，イチョウ葉エキス 60 mg が含まれています。」

　このような栄養機能食品は，食生活において，1日に必要な栄養成分を摂れない場合など，栄養成分の補給や補完のために利用すると便利である。

（2） 対象食品：新制度で新たに加わった条件

　　2015年から，加工食品の形態に加え，生鮮食品も対象となった。例えば，イチゴの可食部100 gに含まれるビタミンC含量は62 mgである。100 gのイチゴのパックは，下限値30 mgを超えており栄養機能食品を表示できる対象品となった。

（3） 表示事項：新制度で見直された内容

　　見直された表示事項は，以下の4つである。
① 栄養表示基準値の対象年齢（18歳以上）及び基準熱量（2200 kcal）に占める割合に関する文言を表示する事
② 特定の対象者（疾病に罹患している人，妊産婦等）に対し，定型文以外の注意を必要とする場合には，当該注意事項を表示する事
③ 栄養成分の量および熱量を表示する際の食品単位は，1日当りの摂取目安量とする事
④ 生鮮食品に栄養成分の機能を表示する場合，保存方法を表示する事
これらの点を考慮して栄養機能食品が，販売されることになる。

　　消費者は，食品に記載されている内容をきちんと理解し，摂取していくことが大切である。そのためには，消費者への栄養教育や啓発活動も重要となってくる。

● 3　特定保健用食品

　　一般的には，食品には病気を予防する保健機能の効果や病気の症状を改善する効果を表示することができないが，ヒトで該当する機能の有効性や安全性が科学的に立証されたものは，国が認めた場合に特定保健用食品（トクホ）として，食品でも健康強調表示（ヘルスクレーム）の表示ができるようになった（表15-2）。

（1） 特定保健用食品の種類

　　特定保健用食品は，条件により，次の4種類に分類される。

① 個別許可型特定保健用食品

　　従来型の個別許可型の特定保健用食品で，保健機能の有効性や安全性について，科学的根拠（有意水準が5％以下）をつけて申請し，許可が得られたものである。

② 条件付特定保健用食品

　　保健機能の有効性や安全性について，科学的根拠のレベルが低い（有意水準が5％以上10％以下）が，一定の有効性が確認されたものを条件つき特定保健用食品として，2005年2月より認可することとなった。限定的な科学的根拠である旨の表示を条件としており，個別許可型①とは認可マークも異なっている。

③ 規格基準型特定保健用食品

　　2005年2月より，特定保健用食品のうち，これまでの許可件数が多く，科学的根

表15-2 特定保健用食品(トクホ)に用いられている成分

トクホの種類	成 分	
①おなかの調子を整える食品	①オリゴ糖	キシロオリゴ糖，大豆オリゴ糖，フラクトオリゴ糖，イソマルトオリゴ糖，乳果オリゴ糖，ラクチュロース，ガラクトオリゴ糖，コーヒー豆マンノオリゴ糖
	②乳酸菌類	ラクトバチルスGG株，ビフィドバクテリウム・ロンガムBB536, L.カゼイ YIT 9029(シロタ株)，B.ブレーベ・ヤクルト株，カゼイ菌(NY1301株)，ビフィドバクテリウムラクティスBB-12，ガセリ菌SP株とビフィズス菌SP株　など
	③食物繊維	難消化性デキストリン，小麦ふすま，低分子化アルギン酸ナトリウム，寒天由来の食物繊維，低分子化アルギン酸ナトリウムと水溶性コーンファイバー，サイリウム種皮由来の食物繊維，小麦ふすまと難消化性デキストリン，ポリデキストロース，高架橋度リン酸架橋でん粉　など
②コレステロールが高めの方の食品	大豆たんぱく質，リン脂質結合大豆ペプチド，低分子化アルギン酸ナトリウム，植物ステロール，キトサン，ブロッコリー・キャベツ由来の天然アミノ酸，茶カテキン　など	
③コレステロールが高めの方，おなかの調子を整える食品	低分子アルギン酸ナトリウム，サイリウム種皮由来の食物繊維	
④血圧が高めの方の食品	①ペプチド	サーディンペプチド，イソロイシルチロシン，海苔オリゴペプチド，ローヤルゼリーペプチド，カゼインドデカペプチド，ゴマペプチド，大豆ペプチド，ラクトトリペプチド
	②ペプチド以外の成分	杜仲葉配糖体，γ-アミノ酪酸，酢酸，クロロゲン酸類，モノグルコシルヘスペリジン，燕龍茶フラボノイド
⑤ミネラルの吸収を助ける食品	CCM(クエン酸リンゴ酸カルシウム)，CPP(カゼインホスホペプチド)，乳果オリゴ糖，フラクトオリゴ糖	
⑥骨の健康が気になる方の食品	フラクトオリゴ糖，大豆イソフラボン，ポリグルタミン酸，ＭＢＰ(乳塩基性タンパク質)，ビタミンK2(メナキノン-4)，ビタミンK2(メナキノン-7)，カルシウム【疾病リスク低減】	
⑦虫歯の原因になりにくい食品と歯を丈夫で健康にする食品	①糖　類	マルチトール，パラチノース，還元パラチノース，エリスリトール，キシリトール，リン酸化オリゴ糖カルシウム(POs-Ca)
	②糖類以外の成分	茶ポリフェノール，カゼインホスホペプチド－非結晶性リン酸水素カルシウム複合体(CPP-ACP)，リン酸1水素カルシウム，緑茶フッ素，フクロノリ抽出物(フノラン)など
⑧歯ぐきの健康を保つ食品	カルシウムと大豆イソフラボン，ユーカリ抽出物	
⑨血糖値が気になり始めた方の食品	難消化性デキストリン，難消化性再結晶アミロース，大麦若葉由来食物繊維，グァバ葉ポリフェノール，小麦アルブミン，L-アラビノース，チオシクリトール，ネオコタラノール	
⑩血中中性脂肪が気になる方の食品	EPA(エイコサペンタエン酸)，DHA(ドコサヘキサエン酸)，グロビンタンパク分解物，ベータコングリシン，モノグルコシルヘスペリジン，ウーロン茶重合ポリフェノール，高分子紅茶ポリフェノール，難消化性デキストリン	
⑪体脂肪が気になる方の食品と内臓脂肪が気になる方の食品	中鎖脂肪酸，茶カテキン，クロロゲン酸類，りんご由来プロシアニジン，ウーロン茶重合ポリフェノール，ケルセチン配糖体，コーヒー豆マンノオリゴ糖，コーヒーポリフェノール，葛の花エキス，ガセリ菌SP株，アラニン・アルギニン・フェニルアラニン，α-リノレン酸ジアシルグリセロール　など	
⑫血中中性脂肪と体脂肪が気になる方の食品	ウーロン茶重合ポリフェノール	
⑬血糖値と血中中性脂肪が気になる方の食品	難消化性デキストリン	
⑭体脂肪が多めの方，コレステロールが高めの方の食品	茶カテキン	
⑮肌が乾燥しがちな方の食品	グルコシルセラミド	

＊：(公財)日本健康・栄養食品協会のホームページ(https://www.jhnfa.org/)から引用。

拠が蓄積されたものについては，下記の条件を満たしていれば，事務局での書類審査で，認可されるようになった。これを，規格基準型特定保健用食品としている。

条件1　同一保健用途で，許可件数が100件を超えているもの

条件2　関与成分の最初の許可から6年を経過しているもの

条件3　複数の企業が許可を取得しているもの

　以上の条件を満たしていれば，規格基準型特定保健用食品に申請できる。

④ 疾病リスク低減表示型特定保健用食品

　特定保健用食品のうち，疾病リスクを低減することに効果が期待される旨の表示ができるものを，疾病リスク低減表示型特定保健用食品とよぶ。この食品において許可される内容は，関与成分の摂取による疾病リスクの低減が医学的・栄養学的に認められ確立されているものである。現在では，骨粗しょう症予防のカルシウムと神経管閉鎖障害の子どもが生まれるリスクを低減する葉酸が許可されている。

(2) 特定保健用食品の保健機能

　これまでに，15種類の保健機能に関して，1,065品目（2023年5月現在）の特定保健用食品が認められている。以下に，それぞれの保健機能を紹介する。

① おなかの調子を整える食品

　（オリゴ糖を含む食品，乳酸菌類を含む食品，食物繊維を含む食品）

② コレステロールが高めの方の食品

③ コレステロールが高めの方，おなかの調子を整える食品

④ 血圧が高めの方の食品

⑤ ミネラルの吸収を助ける食品

⑥ 骨の健康が気になる方の食品

⑦ 虫歯の原因になりにくい食品と歯を丈夫で健康にする食品

⑧ 歯ぐきの健康を保つ食品

⑨ 血糖値が気になり始めた方の食品

⑩ 血中中性脂肪が気になる方の食品

⑪ 体脂肪が気になる方の食品と内臓脂肪が気になる方の食品

⑫ 血中中性脂肪と体脂肪が気になる方の食品

⑬ 血糖値と血中中性脂肪が気になる方の食品

⑭ 体脂肪が多めの方，コレステロールが高めの方の食品

⑮ 肌が乾燥しがちな方の食品

　これらの食品には，それぞれの効果をもつ保健機能が表示されているが，この効果については，それぞれの食品がもつ保健機能の有効性や安全性に関する科学的根拠を国に提出し，審査，許可を受けることが義務づけられている（健康増進法第26条）。

　各食品の保健機能に関与する成分も明らかにされている（表15-2）。

(3) 特定保健用食品が認可されるプロセス（図15－2）

新しく「トクホ」を開発し，その認可を得るためには，いくつかのプロセスを経なければならない。

① 申請者は，消費者庁食品表示課に必要な書類を提出する。

② 消費者庁食品表示課は，申請された食品の安全性と効果に関して，消費者委員会に諮問する。

③ 消費者委員会は，新開発食品評価調査会でその効果を判断すると同時に，安全性については食品安全委員会に諮問する。

④ 食品安全委員会は，新開発食品評価調査会で新規の関与成分の安全性を審査する。その結果を消費者委員会へ答申する。

⑤ 消費者委員会は，その結果に基づいて，改めて申請された食品の安全性と効果を評価する。問題がなければ，厚生労働省の医薬食品局へ医薬品の表示に抵触しないかの確認をするよう答申する。

⑥ （独）国立健康・栄養研究所または登録機関で関与成分量を分析する。

⑦ 問題がなければ，消費者庁長官が許可をする。

以上のプロセスにより，新しく「トクホ」が認可されると，販売が可能となる。

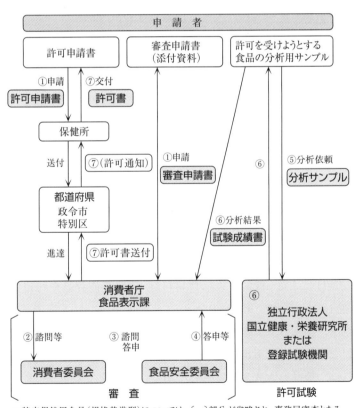

＊特定保健用食品（規格基準型）については，〔　〕部分が省略され，事務局審査となる。

図15-2　特定保健用食品が認可されるプロセス

（4）　特定保健用食品のラベルに表示すべき内容

　　特定保健用食品として認可され販売する場合に，その容器には以下の内容が表示されていなければならない。

① 　特定保健用食品であること。

② 　商品名

③ 　名　　称

④ 　原材料名

⑤ 　内容量

⑥ 　賞味期限

⑦ 　調理または保存方法

⑧ 　許可表示内容(ヘルスクレームと関与成分)

⑨ 　栄養成分量および熱量

⑩ 　1日当たりの摂取目安量

⑪ 　摂取方法

⑫ 　摂取する上での注意事項

⑬ 　販売者・製造者の名称と住所

　　これらの事項を記載したうえで，消費者庁の許可商標マークを掲載して販売できる。多くの記載事項は，食品衛生法，健康増進法で定められた記載内容であり，特定保健用食品があくまでも食品であることによる表示義務が課せられている。

サイドメモ：食品への新しい機能性表示制度（機能性表示食品制度）
　消費者庁は2013年より食品に対する機能性表示に関する制度を検討した結果，これまでの保健機能食品に加えて生鮮食品や加工食品にも機能性表示を許可する制度を2015年4月からスタートさせた。これらの食品に機能性を表示する場合にはヒトへの保健効果を証明できる科学的根拠が求められる。科学的根拠としては，すでに公表された論文(パブリケーションレビュー)であり消費者庁に提出して許可を得る。また論文がない場合にはヒト試験を実施し，そのデータを消費者庁に提出して許可を得ることになる。新しい制度により，一般の食品の保健機能をみながら，自分の体調に合わせて食品を選択できるようになった。

●　4　新しい制度による機能性表示食品

（1）　機能性表示食品とは

　　新たな制度による「機能性表示食品」は，栄養機能食品や特定保健用食品と異なり，企業自らが安全性と機能性について実証すると共に，臨床試験もしくはシステマティック・レビュー(SR)を用いた科学的根拠により実証された機能性表示を含めて必要な書類を消費者庁に届け出ることによって申請するものである。それが認可されれば，製品を販売できるものであり，これまでの栄養機能食品や特定保健用食品と違い，短時間で製品として販売できるメリットがある。また，科学的根拠してSRが利用できることから，高額のヒト試験を実施しなくても申請できるメリットがある。対象となる食品としては，サプリメント形状の加工食品，その他の加工

食品，生鮮食品の3種類となる。

　また，本食品は下記の2点を満たしたものであり，これまでの栄養機能食品並びに特定保健用食品とは異なる。

① 疾病に罹患していない者（未成年，妊産婦及び授乳婦を除く）に対し，機能性関与成分によって健康の維持および増進に資する特定の保健目的（疾病リスク低減に関するものは除く）が期待できる旨を科学的根拠に基づいて容器包装に表示できる食品のことである。

　　ただし，特別用途食品，アルコール含有飲料，ナトリウム・糖分等の過剰摂取に繋がる食品は，対象外である。

② 販売日の60日前までに，当該食品に関する「保健機能に関する表示の内容」，「事業者名および連絡先等の事業者に関する基本情報」，「安全性及び機能性の根拠に関する情報」，「生産・製造および品質の管理に関する情報」，「健康被害の情報収集体制」および「その他必要な事項」を記載した書類を消費者庁長官に届け出たものである。

　これまでに認可された機能性表示食品の内，既に発売されている「えんきん」と「アサヒめめはな茶」の表示内容，並びに安全性，生産・製造及び品質管理，機能性の根拠に関する情報を例として示す（表15−3，4）。

表15−3　「えんきん」のラベルに表示されている内容

【届出表示】「えんきん」には，ルテイン・アスタキサンチン・シアニジン-3-グルコシド・DHAが含まれるので，『手元のピント調節機能』を助けると共に，目の使用による肩・首筋への負担を和らげます。

【届出番号】A7

【機能性関与成分】ルテイン10mg・アスタキサンチン（フリー体として）4mg・シアニジン-3-グルコシド2.3mg・DHA50mg（1日摂取目安量当たり）

【1日摂取目安量】1日当たり2粒

【摂取の方法】1日摂取目安量　2粒（目安量を守り，水などと一緒にお召し上がりください。）

【摂取上の注意】本品は疾病の診断，治療，予防を目的としたものではありません。

※本品は，事業者の責任において特定の保健の目的が期待できる旨を表示するものとして，消費者庁長官に届出されたものです。ただし，特定保健用食品と異なり，消費者庁長官による個別審査を受けたものではありません。

※原材料をご参照の上，食品アレルギー（大豆）のある方は摂取しないでください。

※妊娠・授乳中の方，未成年の方は，摂取しないでください。

※乳幼児の手の届かないところに置いてください。

※疾病に罹患している場合は医師に，医薬品を服用している場合は医師，薬剤師に相談してください。

※体調に異変を感じた際は，速やかに摂取を中止し，医師に相談してください。

表15-4 「めめはな茶」ボトルのラベルに表示されている内容

【届出表示】本品には，メチル化カテキンが含まれるので，ほこりやハウス
　ダストによる目や鼻の不快感を緩和します。

【届出番号】A69

【機能性関与成分】メチル化カテキン〔エピガロカテキン-3-*O*-(3-*O*-メチル)
　ガレートおよびガロカテキン-3-*O*-(3-*O*-メチル)ガレート〕34 mg

【1日摂取目安量】1日当たり2本(700 mL)

【摂取の方法】1日摂取目安量をお飲みください。

【摂取上の注意】多量に摂取することにより，疾病が治癒するものではあり
　ません。

※本品は，事業者の責任において特定の保健の目的が期待できる旨を表示するものとして，消費者庁長
　官に届出されたものです。ただし，特定保健用食品と異なり，消費者庁長官による個別審査を受け
　たものではありません。

※本品は，疾病の診断，治療，予防を目的としたものではありません。

※本品は，疾病に罹患している者，未成年者，妊産婦(妊娠を計画している者を含む。)及び授乳婦を
　対象に開発された食品ではありません。

※疾病に罹患している場合は医師に，医薬品を服用している場合は医師，薬剤師に相談してくださ
　い。

※体調に異変を感じた際は，速やかに摂取を中止し，医師に相談してください。

(2) 機能性表示食品の販売までのプロセス

　機能性表示食品の届け出をしたい食品関連事業者は，安全性ならびに機能性関与成分によって健康の維持増進に資する特定の保健の目的が期待できる旨を科学的根拠に基づいて表示する。

　安全性に関しては，食経験に関する情報を評価し，十分でない場合に安全性試験を実施し，自ら評価する。機能性に関しては，最終製品や関与成分に関する研究レビューで説明する。

　機能性関与成分としては，栄養成分ではなく，キシリトール，β-クリプトキサンチン，大豆イソフラボン，ポリフェノール，難消化性デキストリン，食物繊維などの化合物や腸内細菌等が挙げられている。これらの成分に関して，作用機序について既存情報を収集し，評価することが大切であり，必ずしもSRである必要はない。これまでに知見がない場合には，特定保健用食品と同様に，最終製品を用いた臨床試験を実施し，科学的根拠を示す必要がある。

　このように，これまでの個別審査型「トクホ」と違い，審査が短期間で終了することや長期の臨床試験を実施する必要がなく，開発や販売での金銭的並びに時間的負担が少ないことから，企業にとって，開発が容易となることが期待される。しかし，これまでと異なり，企業自らが，科学的根拠を基に，保健機能の効果を表示することから，その責任は重大となる。図15-3に，機能性表示食品の申請から発売までのプロセスを示す。

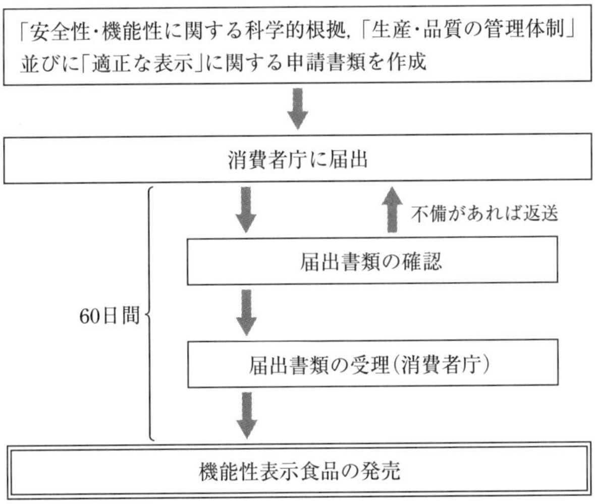

図15-3　機能性表示食品の申請から発売までのプロセス

(3)　科学的根拠となるシステマティック・レビュー(SR)とは

マスコミによる健康情報には，ある健康食品に病気を予防する保健効果が認められたという個人の体験談が掲載されているが，個人の効果だけでは科学的な根拠にはならない。一定数のヒトに同様の効果が出ることを，一定の統計的な有意差をもって示す必要がある。そのためには，以下のような試験方法で評価された研究結果を科学的根拠とすることができる。

①　科学的根拠となる評価結果を出すための試験方法

食品機能の有効性を科学的根拠で示すための試験方法は，試験対象，試験デザイン，解析方法などの多くの要因を考慮しなければならない。これまでの試験方法としては，*in vitro* 試験，*in vivo* 試験，ヒト試験がある。

a)　*in vitro* 試験

in vitro 試験は，食品に含まれる機能性成分を探索したり，その作用メカニズムを解明するための予備的な試験方法として，機能性成分の標的酵素や細胞を試験管やシャーレに取り出して，評価する方法である。

b)　*in vivo* 試験

in vivo 試験は，マウスやラットを用いて，病気を予防する効果が期待できる機能性食品成分を投与して，その効果を調べて評価する方法である。候補となる機能性成分の投与群と非投与群で，その効果が評価されると同時に，効果があった場合には，血液検査，組織検査等によりメカニズムを解析する方法である。動物実験による結果を参考にして，ヒトでの効果や有効投与量を推定することになる。

c)　ヒト試験

最終的には，ヒトを対象としたヒト試験で効果が認められることが重要である。この試験には，介入試験と観察試験がある。介入試験では，被験者を無作為に2つ

に分け，機能性候補成分を直接摂取して，有効性を評価する方法である。この方法では，試験群には候補成分を含む食品を，また対照群には候補成分を含まない同一形態の食品を摂取させる方法で，無作為比較試験を実施する。

　一方，観察試験では，食事内容に直接介入せず，対象者の食事内容を観察あるいは調査して，機能性候補成分を多く摂取している群とそうでない群に分けて，各群の健康状態を比較して，成分の有効性を評価する方法であり，コホート研究とよばれるものである。

② **システマティック・レビュー(SR)**

　SRとは，食品に含まれる機能性成分に関して，無作為比較試験を用いた研究成果を中心にして，過去の研究結果を網羅的に収集して，食品に含まれる機能性成分の有効性に科学的根拠があることを示すことを指している。

　SRは，下記のような手順を用いて実施される。

a)機能性成分と有効性を決定する。

b) a)に関する研究成果に関する論文を，データベースを用いて検索し，無作為比較試験等の臨床試験を実施した研究結果を網羅的に収集する。

c)既述した①試験方法を参考にして，試験研究のレベルを評価する。選抜した質の高い論文だけを選び，客観的な最新の最終結果を導き出す。

d) **機能性表示食品で表示されている内容**

　機能性表示食品を販売するためには，下記の項目を表示することが義務づけられている。

＜機能性表示食品の義務表示事項＞

1．機能性表示食品である旨

2．科学的根拠を有する機能性関与成分およびそれを含む食品の機能性

3．栄養成分の量および熱量

4．一日に摂取する目安量当たりの機能性関与成分の含有量

5．一日当たりの摂取目安量

6．届出番号

7．食品関連事業者の連絡先

8．機能性および安全性に関して，国の評価を受けていない旨

9．摂取方法

10．摂取する上での注意事項

11．バランスのとれた食生活の普及啓発を図る文言

12．調理または保存の方法に関して，注意が必要な場合には，その注意事項

13．疾病の診断，治療，予防を目的としたものではない旨

14．疾病に罹患している者，未成年，妊産婦(妊娠を計画しているものを含む。)および授乳婦に対し訴求したものではない旨(生鮮食品を除く)

15. 疾病に罹患している者は医師，医薬品を服用している者は，医師や薬剤師に相談したうえで，摂取すべき旨

16. 体調に異変を感じた際は速やかに摂取を中止し医師に相談すべき旨

また，表示の中には，「疾病の治療効果または，予防効果を標榜する用語」，「消費者庁長官に届け出た機能性関与成分以外の成分を強調する用語」，「消費者庁長官の許可または承認を受けたものと誤認させるような用語」の使用が禁止されている。

e) これまでに認可された機能性表示食品（一覧）

消費者庁のホームページ（http://www.caa.go.jp/foods/index23.html）を見ると，機能性表示食品を申請する方法や必要な書類が掲載されている。また，届けられている機能性表示食品に関する一覧表（http://www.caa.go.jp/foods/docs/ichiran.xls）並びに詳細な情報（届出番号，商品名，一般向け公開情報，有識者向け公開情報（基本情報，機能性情報，安全性情報）が掲載されている。2023年4月現在の届出総数は，6,008品目であり，市場規模も3,000億円を超えている。今後も増え続けることが予想される。

表15-5に，初期に届出された10件の機能性表示食品の情報を記載する。詳細な情報は，上記のURLからアクセスすれば，得ることができる。

表15-5 消費者庁に届けられた機能性表示食品（A1〜10）（2015年）

届出番号	届出日	商品名	届出者	食品の区分 1 サプリ 2 その他加工 3 生鮮	機能性関与成分名	表示しようとする機能性
A1	H27.4.13	ナイスリムエッセンスラクトフェリン	ライオン株式会社	1	ラクトフェリン	内臓脂肪を減らすのを助け，高めのBMIの改善に役立ちます。
A2	H27.4.13	食事の生茶	キリンビバレッジ株式会社	2	難消化性デキストリン	脂肪の多い食事を摂りがちな方，食後の血糖値が気になる方，おなかの調子をすっきり整えたい方に適した飲料です。
A3	H27.4.13	パーフェクトフリー	麒麟麦酒株式会社	2	難消化性デキストリン	脂肪の多い食事を摂りがちな方や食後の血糖値が気になる方に適しています。
A4	H27.4.13	ヒアロモイスチャー240	キユーピー株式会社	1	ヒアルロン酸Na	肌の水分保持に役立ち，乾燥を緩和する機能があることが報告されています。
A5	H27.4.15	ディアナチュラゴールドヒアルロン酸	アサヒフードアンドヘルスケア株式会社	1	ヒアルロン酸Na	ヒアルロン酸Naは肌の潤いに役立つことが報告されています。
A6	H27.4.15	健脂サポート	株式会社ファンケル	1	モノグルコシルヘスペリジン	中性脂肪を減らす作用のあるモノグルコシルヘスペリジンは，中性脂肪が高めの方の健康に役立つことが報告されています。

A7	H27.4.15	えんきん	株式会社ファンケル	1	ルテインアスタキサンチンシアニジン-3-グルコシドDHA	手元のピント調節機能を助けると共に，目の使用による肩・首筋への負担を和らげます。
A8	H27.4.15	蹴脂粒	株式会社リコム	1	キトグルカン（エノキタケ抽出物）：エノキタケ由来遊離脂肪酸混合物	脂肪が気になる方，肥満気味の方に適しています。
A9	H27.4.16	メディスリム（12粒）	株式会社東洋新薬	1	葛の花由来イソフラボン	内臓脂肪（おなかの脂肪）を減らすのを助ける機能があります。
A10	H27.4.16	メディスキン	株式会社東洋新薬	1	米由来グルコシルセラミド	肌の保湿力（バリア機能）を高める機能があるため，肌の調子を整える機能があることが報告されています。

● 5 サプリメント

　日本におけるサプリメントとは，機能性食品と同様に機能性成分を含む食品の総称であり，明確な定義はなされていない。一般的に「サプリメント」は，機能性成分と賦形剤（あるいは，機能性成分を溶解させる基材）の単純な組成で成り立っているものを指すことが多いため，外見は粉末や錠剤，カプセル錠，あるいは液状など

表15-6　各国におけるサプリメント（ダイエタリー / フードサプリメント）の定義と関連法規

コーデックス委員会*1	カプセル，錠剤等少量単位で摂取するようデザインされ，通常の食品の形態ではなく，食餌の補充に役立つもの（CAC/GL55-2005）
アメリカ	食品を補完する事を目的とし，カプセル，錠剤等通常の食事としての摂取を想定しない食品（DSHEA, 1994）
E U	食事を補完する目的で，カプセル，錠剤等少量で摂取できるもの（2002/46/EC）。
オーストラリア*2	ハーブ，ビタミン，ミネラル，栄養補助食品等は補完医薬品（complementary medicine）として医薬品法で規制されているものの，形状についての言及はない（The therapeutic goods act 1989）
ニュージーランド*2	アミノ酸，可食物質，ハーブ，ミネラル，合成栄養素あるいはビタミンからなり，液体，パウダーあるいはタブレットなど少量を経口で摂取できるもの（The dietary supplement regulations 1984）
日　本	明確な定義はない。「錠剤，カプセル状等の形状の食品」との記載あり（薬食発第0201001号）
中　国	「健康食品」としての定義はある。特定の健康機能をもつもの，あるいはビタミンやミネラルを補完するものであり，病気の治療を目的とせず，急性，亜急性または慢性の危険性を生じないもの（国家薬品食品監督管理局）

*1　1963年にFAO（Food and Agriculture Organization of the United Nations：国際連合食糧農業機関）及びWHO（World Health Organization：世界保健機関）により設置された国際的な政府間組織

*2　オーストラリアとニュージーランドは，タスマニア相互承認条約に基づいて双方の国で生産・輸入されたサプリメントが販売できる。両国の制度を統一して規制できるように2003年にFood Standards Austria New Zealand（FSANZ）を設置し，食品の健康表示に関するガイドラインを制定している。

になっており，医薬品と類似した形態をとる。しかし，サプリメントは食品であるため，消費者庁の認可を受けない限り，特定保健用食品や他の機能性食品と同様に，治療を目的とした効能は表示できないので注意が必要となる。

　欧米での機能性食品は，上述の「サプリメント」の形態で販売されることが圧倒的に多い。各国におけるサプリメント（ダイエタリーサプリメントやフードサプリメントとよばれる）に関する定義を表15-6にまとめた。消費者の健康の保護，食品の公正な貿易の確保等を目的として国際食品規格の策定などを行っているコーデックス委員会は，サプリメントを「カプセル，錠剤等少量単位で摂取するようデザインされたもの」と定義しており，「食品の形態をとらない」と言及している。アメリカでは，1994年に可決された Dietary Supplement Health and Education 法に基づいて FDA（Food and Drug Administration）がサプリメントの規制を行っている。

表15-7　サプリメントに含まれる成分の例

ビタミン類	ビタミン A，ビタミン B 群（B₁，B₂，ナイアシン，パントテン酸，ビタミン B₆，ビタミン B₁₂，葉酸，ビオチン），ビタミン C，ビタミン D，ビタミン E，ビタミン K
ミネラル類	亜鉛，カルシウム，銅，セレン，鉄，マグネシウム，マンガン，ヨウ素
アミノ酸類（誘導体やペプチド，タンパク質も含む）	構成アミノ酸（アスパラギン，アスパラギン酸，アラニン，アルギニン，イソロイシン，グリシン，グルタミン，グルタミン酸，スレオニン，システイン，セリン，チロシン，トリプトファン，リジン，ロイシン，バリン，フェニルアラニン，プロリン，ヒスチジン，メチオニン）
	その他のアミノ酸（D体の各種アミノ酸）
	アミノ酸誘導体（カルニチン）
	ペプチド（グルタチオン，カルノシン，アンセリン）
	タンパク質（コラーゲン）
脂　質	長鎖脂肪酸（α-リノレン酸，アラキドン酸，DHA（ドコサヘキサエン酸），EPA（エイコサペンタエン酸））
	リン脂質（ホスファチジルコリン，ホスファチジルセリン）
	ステロール（植物性ステロール）
	動植物抽出物（肝油，亜麻仁油）
糖　類	オリゴ糖（イソマルトオリゴ糖，ガラクトオリゴ糖，キシロオリゴ糖，乳化オリゴ糖，大豆オリゴ糖，フラクトオリゴ糖，ラクチュロース）
	多糖類（フコイダン，ヒアルロン酸，β-グルカン）
食物繊維	植物由来（リグニン，小麦ふすま，アルギン酸，グアーガム，ペクチン，グルコマンナン，ポリデキストロース，アガロース等）
	動物由来（キチン，キトサン，コンドロイチン硫酸）
	微生物由来（キサンタンガム，カードラン）
	デンプン誘導体（難消化性デキストリン）
フィトケミカル	イソフラボン，カテキン，テアニン，リコピン，各種ポリフェノール
微生物	乳酸菌，ビフィズス菌，ケフィア，納豆菌，酵母
生薬抽出物	朝鮮人参，霊芝，ウコン，生姜，甘草，肉桂
その他	ローヤルゼリー，プロポリス，メラトニン，CoQ 10，αリポ酸

日本と同様に，各種疾病の治療や診断に役立つ旨の表示(健康強調表示:ヘルスクレーム)を禁止しており，サプリメントの種類によっては過剰摂取や組み合わせによって人体にリスクを及ぼす場合があることを公表している。形状も「通常の食品としての摂取を想定しないもの」と定義している。

　また，EU では，2002年に設立された EFSA (The European Food Safety Authority) がサプリメントに関する規制を行っており，個々のサプリメントに対し，ヘルスクレームの審査や承認を行っている。こちらも形状を「少量で食事の補完ができるもの」としており，日本で認められるような菓子や清涼飲料水の形状を取らない。ニュージーランドも欧米とほぼ同様の定義を行っている。しかし，オーストラリアにおいては，サプリメントの形状についての具体的な言及はなく，補完医薬品 (complementary medicine) として扱われている。

　一方，中国や韓国などでは，日本の特定保健用食品と同様の制度を導入しており(中国では「保健食品」，韓国では「健康機能食品」とよばれる)，その形態は食品に準ずるため，多種多様であり，欧米同様にサプリメント形状の食品も存在する。

　サプリメントに含まれる機能性成分には，栄養素の補給を補助するためのビタミン類や，ミネラル類，アミノ酸類，糖質類，脂質類がある。また，ポリフェノール類や食物繊維，植物抽出液，微生物など，栄養素の補給以外を目的としたものがある。(表15-7)

● 6 　機能性食品の活用法

(1)　機能性食品の安全性

　機能性食品は，上手に使えば，健康維持に効果を発揮できるが，使い方によっては害になることもある。

　機能性食品の安全性に関しては，科学的根拠に基づいて，それぞれに使用基準が定められているので，それに従い，使用することが重要である。保健機能を有しているからといって，機能性食品をたくさん摂れば，より効果が高くなるわけではない。それぞれの食品が，効果を発揮できる量が決まっているので，薬と同様に使用量を守ることが大切である。

　また，個人によって効果の現れ方も異なるので，からだに合わなければ，医師に相談することも有効である。

(2)　医薬品との相互作用をチェック

　機能性食品には，医薬品の効果を過剰に促進したり，逆に，効果を阻害するものも知られている。

① 特定保健用食品と医薬品との相互作用

　グァバ葉ポリフェノールは，トクホに使用されているが，医薬品のグルコバイなどのα-グルコシダーゼ阻害薬と同時に摂取されると，その効果が増強される。

　血圧が高めの方に利用されるトクホのペプチドは，アンジオテンシン変換酵素を阻害することから，医薬品で同様のメカニズムで血圧を下げるものと同時に摂取すると，降圧効果が増強される可能性があるので，注意が必要である。

　食物繊維は，強心薬のジゴキシンや貧血治療薬の吸収を阻害することが知られている。したがって，医薬品を飲んでいる人が，機能性食品を摂取する場合は，かかりつけの医師に相談してから摂取したほうが安全である。効果があるからといって，たくさん摂ることは，副作用を引き起こすことがあるので，注意が必要である。

② サプリメントと医薬品との相互作用

　サプリメントとして利用されているビタミンやミネラルは，医薬品の効果に影響を及ぼすものもある。

　血液の凝固を抑え，血栓の形成を抑える医薬品であるワルファリンは，血液凝固因子産生に必須のビタミンKの拮抗薬である。したがってビタミンKと併用してはいけない。またビタミンEは，抗酸化作用をもつと同時に，血液の凝固を阻止する効果をもっている。したがってワルファリンと併用すると，血液が固まりにくくなり出血しやすくなる可能性がある。

　ビタミンDは小腸でのカルシウム吸収促進作用を有するため，骨粗しょう症の予防に利用される可能性がある。骨粗しょう症の治療薬であるアルファカルシドールを服用している人が，ビタミンDのサプリメントを摂取すると，カルシウムの吸収量が増えるため，高カルシウム血症を引き起こす可能性がある。

　ミネラルを強化した機能性食品にも，医薬品の吸収を抑制するものがある。カルシウムを豊富に含んだ乳や乳製品，Ca含有ミネラルウォーター，Ca補給健康食品は，ビスホスホネート剤と結合して不溶性の塩を形成して，薬の吸収率が低下している。鉄のサプリメントや貧血治療薬は，骨粗しょう症治療薬として使われているビスホスホネート剤，テトラサイクリン系抗菌薬，ニューキノロン系抗菌薬と結合し，不溶性の塩を作成するため，腸管からの吸収が抑制される。いずれの場合も，2〜4時間の間隔をあけて服用すれば，お互いの影響は生じないため，問題はない。

(3) 機能性食品の上手な活用法

　機能性食品は薬と違って，生活習慣病の原因となる要因に対して保健機能を示す食品であることから，その予防に繋がることが期待できる食品である。そのためには普段の食生活において，どのような栄養素が足りないかをきちんと調べておく必要がある。まずは，その日に食べた食事の内容を分析することが大切である。大まかでよいので食事内容からそのなかに含まれる栄養素を計算し，一覧表に記入して

みる。そして，それぞれの摂取推奨量を満たしているか否かをチェックし，足りない場合には，それを補える機能性食品の摂取を考えればよい。特にビタミンやミネラルの不足に関しては，栄養機能食品が有効である。

　また毎年受診している健康診断の結果をチェックし，自分の体の状態を知ることも大切である。健康診断での各測定項目において，正常値でない場合に，それらを改善できる特定保健用食品があれば，それを利用することで，生活習慣病の予防が可能となる。

　このように普段から自分の体の調子をきちんと把握し，機能性食品を有効に利用することで，健康維持が可能となる。

●確認問題　＊　＊　＊　＊　＊
　1. 食品と医薬品の違いを説明しなさい。
　2. 特定保健用食品，栄養機能食品並びに機能性表示食品の違いを説明しなさい。
　3. 特定保健用食品に表示できるヘルスクレームとその寄与成分をすべて書きなさい。
　4. 機能性食品の上手な利用法を説明しなさい。

解答例・解説：QR コード(p.9,10)

〈参考文献〉
　健康食品学(第4版)，一般社団法人　日本食品安全協会(2012)
　「[トクホ]のごあんない2013年版-消費者庁許可　特定保健用食品-」，公益財団法人　日本健康・栄養食品協会(2013)
　吉川敏一，桜井弘共編：サプリメントデータブック，オーム社(2005)

索　引

編著者紹介

西村　敏英(にしむら　としひで)

　　　　　女子栄養大学栄養学部(教授)，広島大学名誉教授
　　　　　東京大学農学部農芸化学科を卒業，同大学院農学研究科博士課程を修了後，
　　　　　　東京大学農学部助手，広島大学生物生産学部助教授，教授，同大学院生物
　　　　　　圏科学研究科教授，日本獣医生命科学大学応用生命科学部教授を経て，
　　　　　　2017年より現職。1989〜1990年，米国州立アリゾナ大学に研究員として留学
　　　　　研究分野：食品化学，特に食肉のおいしさと健康に関わる研究
　　　　　主な著書：「食品加工貯蔵学第2版」，「タンパク質・アミノ酸の科学」，
　　　　　　「最新畜産物利用学」(分担)，「食品と味」など。

関　泰一郎(せき　たいいちろう)

　　　　　日本大学生物資源科学部(教授)
　　　　　日本大学大学院農学研究科農芸化学専攻博士前期課程修了後，日本大学助手，
　　　　　　専任講師，助教授，准教授を経て2010年4月より現職。博士(農学)東京大
　　　　　　学，1994〜1996年米国ミシガン大学医学部人類遺伝学科博士研究員
　　　　　研究分野：栄養科学，生理学
　　　　　主な著書：「健康栄養学第3版」(編著)，「新・血栓止血血管学」(分担)，
　　　　　　「食品因子による栄養機能制御」(分担)など。

分担執筆者紹介

西村　敏英　　女子栄養大学栄養学部(教授)
浦野　哲盟　　静岡社会健康医学大学院大学(副学長)，浜松医科大学(名誉教授)
増澤(尾﨑)依　日本大学生物資源科学部(助教)
関　泰一郎　　日本大学生物資源科学部(教授)
草野　由理　　中部大学応用生物学部(准教授)
細野　崇　　　日本大学生物資源科学部(准教授)
細野　朗　　　日本大学生物資源科学部(教授)
新藤　一敏　　日本女子大学家政学部(教授)
武藤　信吾　　鎌倉女子大学家政学部(専任講師)
江草　愛　　　日本獣医生命科学大学応用生命科学部(准教授)

　　　　　　　　　　　　　　　　　　　　　　　　　　(章順)

新編 食品の保健機能と生理学

初版発行　2024年3月30日

編著者Ⓒ　西村　敏英
　　　　　関　泰一郎

発行者　森田　富子
発行所　株式会社 アイ・ケイコーポレーション
　　　　　〒124-0025　東京都葛飾区西新小岩4-37-16
　　　　　　　　　　　メゾンドールI&K
　　　　　Tel 03-5654-3722（営業）
　　　　　Fax 03-5654-3720

表紙デザイン　㈱エナグ 渡辺晶子
組版　㈲ぷりんてぃあ第二／印刷所　㈱エーヴィスシステムズ

ISBN 978-4-87492-388-7　C3043